개정판

小 形 모 터

電氣學會 情密小形電動機調査專門委員會 編

金永祚 · 申載華 共譯

普 文 堂

小形モータ[SMALL MOTORS] edited by 社団法人電気学会[The Institute of Electrical Engineers of Japan]

First Published in Japan in 1991 by CORONA PUBLISHING CO., LTD.
Korean translation rights arranged with CORONA PUBLISHING CO., LTD.
through Japan Foreign-Rights Centre/Bookpost Agency

머리말

일렉트로닉스와 자동제어 분야의 발달에 따라 전기에너지를 기계에너지로 변환하는 중요한 요소로서, 일명 지혜의 모터라고 불리우는 정밀 소형 모터는 반도체제품과 함께 "산업의 쌀과 소금"으로서 유지되어 왔다.

소형모터는 주변기기 장치로서의 액츄에이터화와 로봇산업의 발달에 의해 점차 소형모터 산업의 입장을 강화해 가고 있다.

소형 모터에는 마이크로 모터, 코어리스 모터 등의 DC 모터와 더불어 유도 모터, 동기모터, 히스테리시스 모터 등이 있고, 그외에도 스텝 모터, 유니버설 모터, 타이밍 모터, 리니어 모터 등이 있다.

금후 소형 모터에 관한 분류 방법과 성능, 특성, 신뢰성의 평가에 관한 규격화, 표준화를 위한 노력이 계속될 것이다.

또한 소형 모터와 그 제어의 첨단 기술을 요하는 우주 과학 분야에서부터 정보기기, 사무기기, FA산업기기, 우주항공 및 자동차산업, 계측기에 이르기까지 정밀 소형 모터가 사용되고 있음은 주지의 사실이다.

본서는 이러한 사실에 기초하여 썼기 때문에 용어, 평가방법 등이 이 책을 참고로 하여 정식 규격화가 행하여지기를 바란다. 내용적으로 기업(생산자와 사용자)의 기술자 및 대학, 전문대학의 전기 · 전자 · 정보계 및 정밀기계를 전공하는 학생을 대상으로 한 교재이다.

소형 모터에 관한 책은 많이 보이지만 이 책과 같은 요지로 쓰여진 책은 많지 않음으로 보다 많은 여러분들께 활용되어지기를 바란다.

2005년 2월

편역자

Contents

4장 브러시리스 DC 모터 / 85

5장 서보모터(servo motor) / 121

6장 스테핑 모터 / 157

7장 유니버설 모터 / 183

8장 타이밍 모터 / 199

9장 성능평가 / 233

10장 응용 사례 / 265

제 1 장

소형모터의 현황

1-1 소형 모터의 현황 및 용도

요즘의 정밀소형모터의 용도와 기종별 생산비율의 개략을 그림 1-1, 1-2에 나타낸다. 그러나 이후 기종이 어떻게 발전될 것인지를 예측하는 것은 대단히 어렵다.

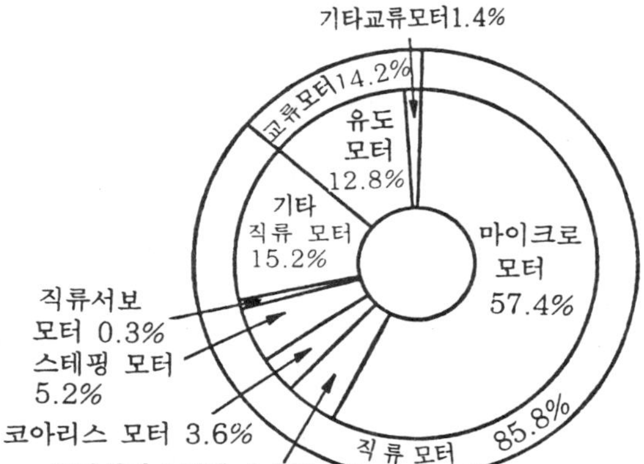

그림 1-1 소형 모터의 기종별 생산현황

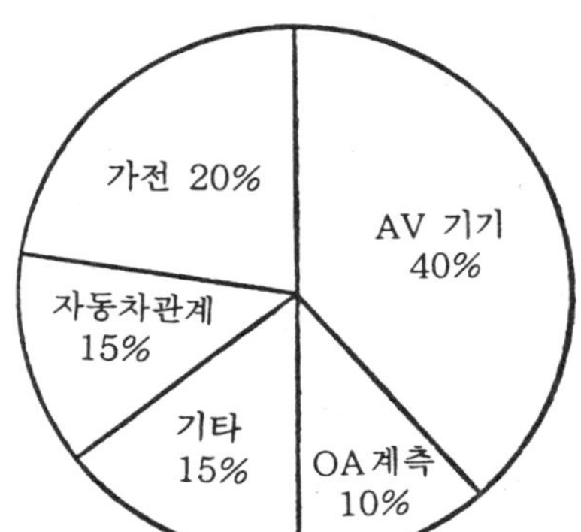

그림 1-2 용도별 생산 대수

각종 소형모터의 기종별 발전될 모습을 예측하여 보면, 현재 브러시부착 DC모터가 전 생산대수의 70% 이상을 차지하는데 금후 어떻게 될지는 흥미있는 문제이다. 고급 기종에서는 전용의 IC를 이용한 브러시리스화와 고성능 · 고기능화의 방향이 지향되고 있다.

이 종류 모터를 일명 「지혜의 모터」(intelligent motor)라고 부르고 있는데 모터의 하드(hard)기술의 추구만으로는 한계가 있고 경제성에 역행한다. 이 때문에 제어소프트 기술로 성능 · 기능의 향상을 적극적으로 도모하려고 하는 의식이 있고 주로 AV기기, 특히 VTR(video tape recorder), DAT(digital audio tape) 등에서 이러한 경향을 볼 수 있다.

세계의 대표적인 정밀모터 메이커의 일례를 나타내 보면, 미국의 인랜드 모터(Inland Motor), 스위스의 폴테스캡(Poltescap), 독일의 로보트 보시(Robot Bosch) 등이 있고 그 기술 개발력, 독창성, 성능의 우수함 등 배워야 할 점이 많다.

이외에 HA(Home Automation), 가전용 모터인 GE(General Electric), 애마손사(Emarson) 등 미국 메이커의 생산력은 대단하다. 주로 단상 모터지만 양산화, 자동화 등으로 작업시간의 단축이 가능한 분야에서 매우 발전되고 있다.

1-1-1 주변기기 · 장치로서의 엑추에이터

소형모터에 대하여 용도면을 중심으로 검토해 보면 종래의 용도는 스핀들 용이 주체였던 것임에 대해 최근 그의 주변기기, 주변장치의 용도가 증대하고 있는 점이 눈에 띈다. 주변기기(장치) 용도의 특징은 위치결정 등 단시간 사용 용도가 많은 것이다.

대표적인 사례로서 복사기와 자동차 전장품이 있다. 모두 반복의 위치결정 구동이며, 본질적으로는 스핀들 모터(spindle motor)의 출력을 기계적인 연결장치 등을 이용하여 순서에 의해 구동하는 여러 가지 용도의 경우가 있는데, 소형 · 경량화 및 저소음화의 목적에서 각부의 동작을 독립하여 소형모터로 구동하고 전기신호로 전체를 제어하는 방식이다.

복사기의 경우 초기의 제품은 메인 모터(main motor)라 불리는 대형의 단상콘덴서 모터나 직류모터를 사용하고, 많은 체인이나 기어를 넣어 각부를 구동하였다. 그러나 이 방식에서는 정밀한 동작은 고사하고 소음진동이 커서 OA기기로써 그다지 만족할 수 없으며 또한 소형 · 경량화도 할 수 없었다.

그래서 최근에는 각부의 동작에 대해 독립한 모터를 준비하고 전체를 전기신호로 제어하는 방식을 각 사들이 채용하고 있다. 이와 같은 방식을 일명 「개별구동방식」이라 부른다. 그림 1-3에 대표적인 복사기의 일례를 나타냈는데 보통 7~8개의 소형모터가 사용되고 있다고 한다. 또 자동차 전장품의 예로써 고급승용차에 대해 검토해 보자.

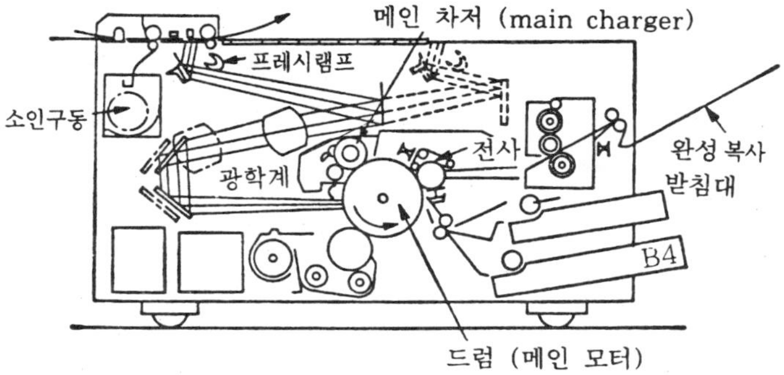

그림 1-3 복사기의 구조 예

그림 1-4에 자동차의 경우의 일례에 대해 나타낸다. 1986년 예에서는 최대 45개의 소

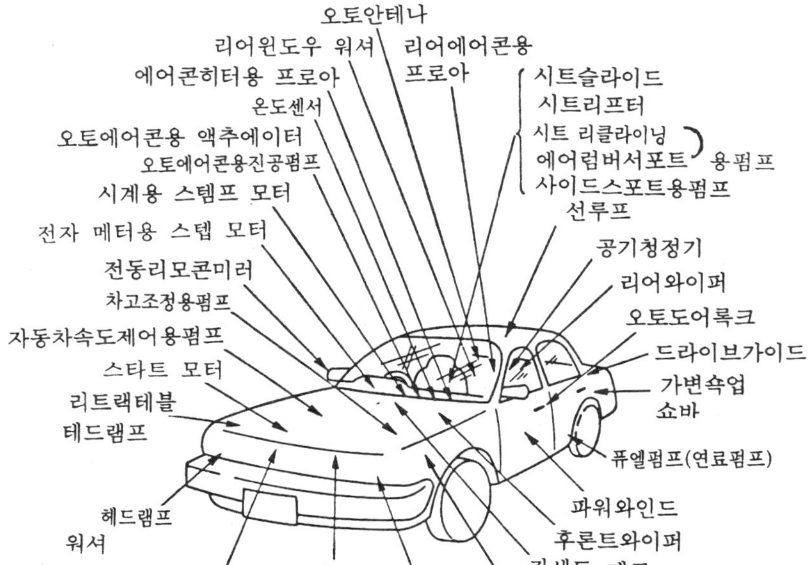

그림 1-4 고급승용차로의 파워 모터, 엑추에이터의 사용

형모터/엑추에이터(actuator)가 1대의 고급승용차에 사용되고 있다고 한다. 다시 말하면 세계에서 가장 많은 모터를 사용한 승용차의 예는 독일 BMW사의 67개였다고 한다(1987년).

이 종류의 모터의 특징으로는 복사기의 경우와 같으며 위치결정을 목적으로 한 안테나나 파워윈도우, 미러(mirror) 구동 등이며 주로 단거리구동의 반복 간헐운동이다. 모터의 회전운동도 감속기어나 웜 기어(worm gear)를 끼우고 직선운동이나 저속 때 토크의 회전운동에 변용하여 사용하고 있다. 이처럼 모터 단독으로 사용되는 일은 드물고 반드시 감속기구나 캠이나 연결장치로 조합된 형태로 사용되고 있다.

이와 같은 사용방법의 구동장치를「엑추에이터(actuator)」라 부르고 있다. 복사기나 승용차에 한하지 않고 최근 소형모터의 사용개수가 증가한 분야의 주요 용도는 주변장치용으로서의 엑추에이터라고 보아도 좋을 것이다. 이밖에 자동차의 경우 연료분사제어 등 솔레노이드 엑추에이터(solenoid actuator)도 사용되고 있는데 엑추에이터의 주류는 감속장치와의 조합에 의한 모터 구동장치이다.

금후 소형모터의 용도로서 크게 기대할 수 있는 분야는 이러한 주변기기장치로서의 엑추에이터라고 보아도 될 것이다. 물론 그 숫자는 증가 일로 추세이다.

1-1-2 기종별 최적용량범위의 존재

이와 같이 생각해 가면 각종 소형모터에는「기종별 최적용량범위」라는 것이 존재한다고 여겨진다. 물론 이 최적용량범위의 평가계수로서「경제성, 운전효율, 모양, 중량」등을 종합적으로 생각한 결과이다.

그림 1-5에 기종별 대표적인 운전효율을 그림 1-6에 기종별 최적용량범위를 나타냈다.

이 최적 용량범위의 그림은 필자의 제안에 의한 것이며 금후 개발동향이나 사용에 있어서의 적용·선택의 근거가 될 것이다.

여기서 특히 운전효율에 대한 평가인데 최근 AV, OA, FA(factory automation) 기기는 특히 고급품이 될수록 발열과 그 열처리의 문제가 클로즈업되고 있다(이것은 전기요금의 문제가 아니다).

이상의 제 사실을 알고 난 후 소형 모터의 개발을 전망해 볼 필요가 있다고 생각한다.

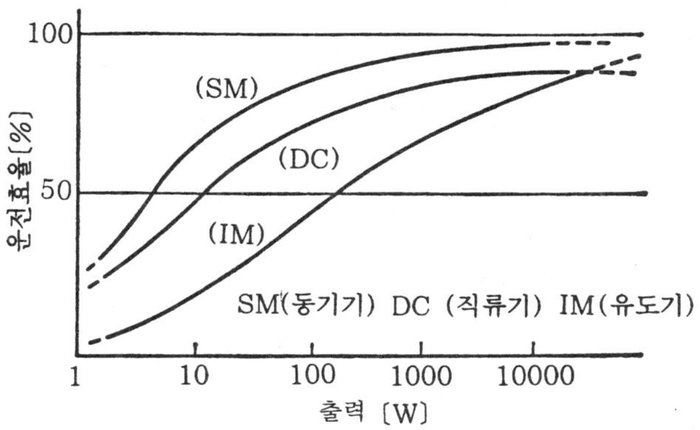

그림 1-5 각종 제어용 모터의 운전효율

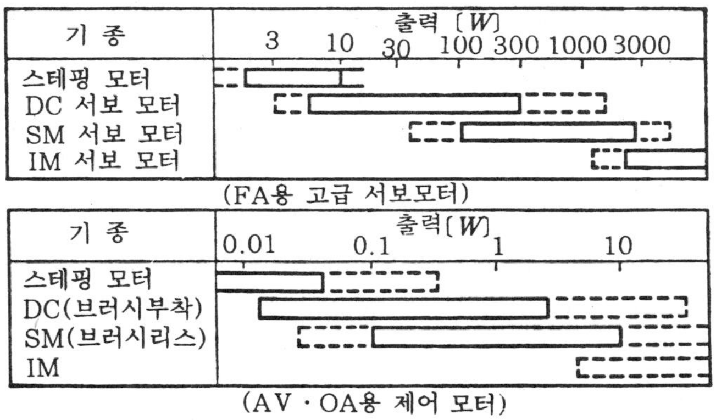

(SM : 싱크로 노스 모터, IM : 인덕션 모터)

그림 1-6 서보 모터 제어용 모터의 기종별 최적용량범위

1-2 소형모터의 규격화

소형모터의 경우에는 모터단체(單體)의 전용규격이나 표준화 레벨에서가 아닌 안전성을 주체로 한다. CSA, UL, DIN 등에 의해 서로 간에 규제하고 있는 것은 사실이다. 그러나 각국 모두 소형모터의 표준화, 국제규격화에 동의하고 있다.

1-3 소형모터의 분류방법과 표준화

최근 소형모터의 수요가 급격히 많아진 점 및 새로운 형식의 모터나 용도별의 모터가 많아짐에 따라 전에는 특별히 문제시되지 않았던 분류방법 및 용어문제가 클로즈업되어 왔다.

스테핑 모터의 보기에서는 미국의 슈페리얼 · 일렉트릭사가 리더로서 외형모양의 표준화나 드라이버의 표준화, 용어 및 성능 평가법 등을 추진하였다.

그밖에 카세트 테이프나 VTR 등 대표적인 상품에 관해서는 β와 VHS는 예외로 하고 세계적인 컨센서스의 규격화, 표준화가 진행되고 있다. 이와 같은 행동통일이 가능한 조건으로서는 리더로서의 특정의 유력한 메이커가 존재하는 것이다. 현 상태에서 최소한 기종별의 분류방법과 용어를 통일하는 것이 급선무라고 생각되며 용어를 통일하지 못하기 때문에 일어나는 혼란을 최소한 방지하는 것이 필요하다.

1-3-1 분류방법

과거에 공표, 실용화되어 있던 모터에 대해서는 그만큼 큰 문제는 없다고 생각하지만 소형모터에는 아이디어 차원의 모터도 많고 새로운 원리의 모터라고 불리는 모터가 매년 몇 개씩 발표되고 있으며 이것들을 포함한 모터의 분류방법은 어렵다. 현재에도 스테핑 모터를 DC 모터로 분류하는 사람과 AC 모터로 분류하는 사람이 있다. 또 동기모터의 인버터 구동모터에 대해서도 AC 모터로 하는 사람과 DC 모터로 분류하는 사람이 있어 통일되어 있지 않다. 유니버설 모터에 대해서도 마찬가지이다.

종래 전기기계 이론에서는 모터의 구동전원이 AC(교류)인가, DC(직류)인가, 즉 모터 단자에 공급되는 전원의 종류에 따라 분류되고 있는 것이 사실이다. 그러나 반도체제어소자의 진보에 의해 AC, DC, 맥류(펄스) 등의 각종 전원이 간단하게 만들어지게 된 오늘날에는 AC와 DC만의 구별로는 실정에 맞지 않게 되었으며 나아가 현실적인 분류방법이 요구된다.

그러나 이러한 분류방법은 간단히 산업계의 외향만으로 결정할 수는 없으며 전세계의 학문의 장으로써 통일이 필요하다. 이런 점을 근거로 하여 검토한 결과 기종별 분류방법으로써 유효한 방법으로 다음의 ①~④ 4개의 모터의 특징을 나타내는 커다란 요인을 생각할 수 있다.

① 전원의 종류에 의한 방법(AC, DC, 맥동/펄스, 정전 INV)

② 토크 발생원리에 의한 방법(DCM, SM, IM, VR, 진동형, 정전형)

③ 구조에 의한 분류방법(MA, MM, MC)

④ 용도 및 동작형태에 의한 분류(회전, 직선, 진동)

이밖에 제어방법에 따른 인버터 드라이브, 펄스 드라이브, AC-DC 변환 등 여러 가지가 있는데, 이 제어방법에 따른 분류와 모터하드의 분류를 분리하여 분류방법의 단순화를 시도하고 있다. 실제로 많은 문제를 발생시키고 있는 점은 이 반도체 제어와 모터의 조합에서 생기고 있다. 예를 들면 브러시리스 DC 모터이다. 이것은 동기기의 인버터 드라이브에 대한 명칭이며 인덕션 모터를 인버터 드라이브에 대한 명칭이며 인덕션 모터를 인버터 드라이브하여도 브러시리스 DC 모터라고는 부르지 않는다.

표 1-1

① 전원의 종류 AC, DC, 맥동(펄스), 정전, INV(제어)	② 토크 발생의 원리 DCM, SM, IM, VR 진동형, 정전형
③ 구조 MA, MM, MC	④ 용도 및 동작 회전, 직선, 진동접촉형

[구분류]		[보조분류]	
기종＋드라이브		용도・동작＋구조	
SM	ID	회전	MA
DC(정류자부착)		리니어	MA
SM	PD	진동	MC
IM	VD	진동	MC
유니버설		접촉형	
VR	(AC)		
특수	(DC)		

* MA : moving amature, MM : moving magnet, MC : moving coil
ID : inverter drive, PD : pulse drive, VD : voltage control drive

표 1-2

정밀소형모터 (70(W)미만)			
직류 모터		마이크로 모터	고정자에 영구자석을 사용한 초소형 정밀 모터
		코아리스 모터	고정자에 영구자석을 사용하고 회전자에 철심을 넣지않은 소형 모터
		브러시리스모터	회전자에 영구자석을 넣은 브러시없는 소형의 정밀 모터
		스테핑 모터	고정자 권선에 초고주파 펄스 전원을 넣고 회전자를 스텝상으로 회전시키는 소형의 정밀 모터
		DC서보 모터	평활전기자의 구조로 한 특수 직류 모터
교직양용 모터		유니버설 모터	고정자와 회전자의 쌍방에 권선을 가진 교직양용의 소형 정밀 모터
교류 모터		유도 모터	유도전류에 기준한 (유도토크를 이용한 소형의 정밀 모터)
	동기모터	반작용 모터	반작용 토크를 이용한 소형 정밀 모터
	동기모터	히스테리시스 모터	회전자에 히스테리시스재료를 사용한 것으로 일반적으로 히스테리시스토크를 이용한 소형 정밀 모터
	동기모터	인덕터 모터	회전자에 영구자석과 다극의 유도자를 가진 소형의 정밀 모터

이처럼 반도체제어에 의한 구동의 경우에는 모터하드의 분류에 대해 ID, PD의 첨자를 붙여 구별하도록 요망한다. 이하 분류방법의 기본은 세계의 주류를 이루고 있는 모터 하드에 의한 분류를 주제로 하고 여기에 제어일체형의 경우, ID, PD, VD의 첨자를 붙여 구별하였으면 한다.

이 ①~④를 각 요인별로 분류하고 제어일체의 경우 ID, PD, VD의 첨자를 붙이면 거의 완벽한 분류방법을 기대할 수 있는데 너무나도 오래된 라틴어에 의한 학명같은 표현이 되어버렸다. 그래서 본서에서는 이러한 ①~④의 요인 중에서 그 기종의 특징을 가장 잘 표현할 수 있다고 여겨지는 두 개의 요인의 조합에 따라 표현하는 것이 가장 현실적이라고 생각하고 표 1-2에 나타내는 분류방법을 제안하고 있다.

표 1-3

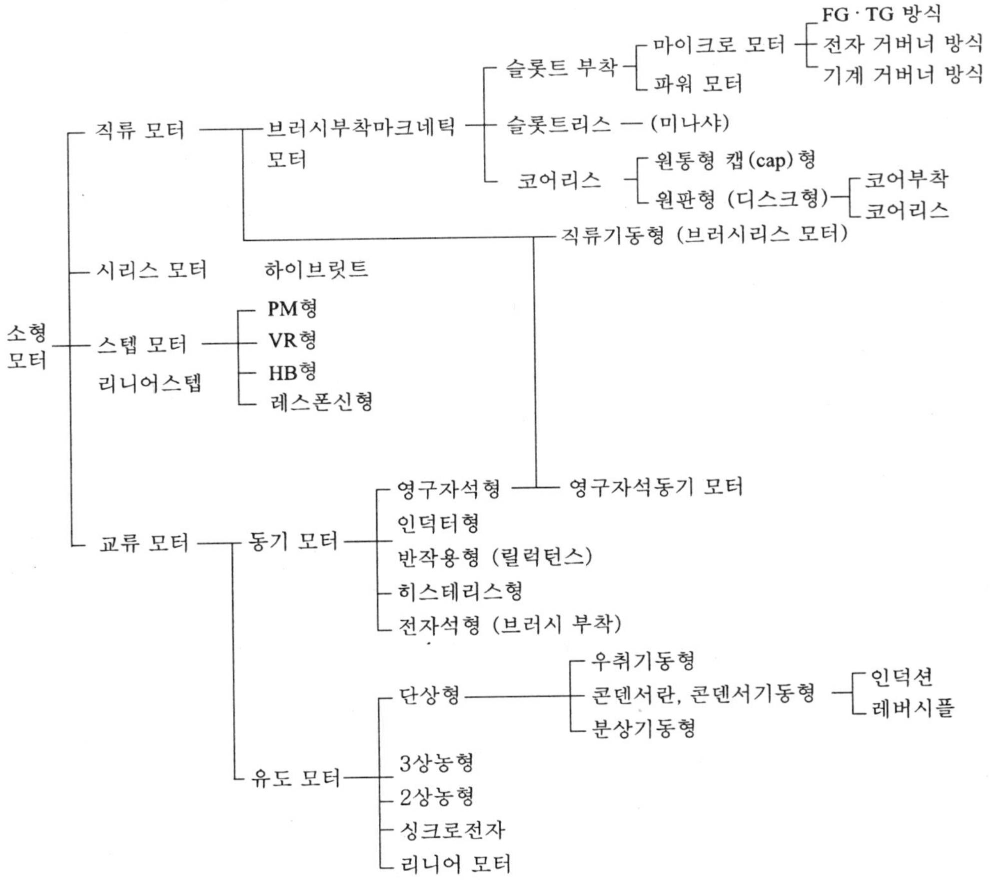

표 1-4

- 제어용 제어 기구 부착 모터
  - 위치제어
    - DC서보 모터
      - 슬롯트부착 서보 모터
      - 슬롯트레스 서보 모터
      - 코아리스 서보 모터
        - 원통형 컵형 서보 모터
        - 원판형 (디스크형) 서보 모터
        - 서보 모터
    - AC서보 모터
      - 유도형 서보 모터
        - 2상 서보 모터
        - 3상 서보 모터
        - 싱크로 전기기계
      - 동기형 서보 모터
    - 스텝 모터
      - PM형
      - VR형
      - 하이브라드형
      - 레스폰신형
    - 리니어 모터
      - 리니어 모터
      - 스테핑 리니어 모터
  - 속도제어
    - 거버너부착 DC모터
    - FG · TG부착 DC 모터
      - 철심 모터
      - 코아리스 모터
    - TG부착 유도 모터
      - 인덕션 모터
      - 레버시블 모터
    - 브러시리스홀 모터
    - FG부착 동기 모터
  - 토크 모터
    - 직류 토크 모터
      - 무빙코일형
      - 무빙마그넷트형
    - 교류 토크 모터
- 동력형 모터
  - 팬 모터
    - AC유도팬
      - 축류팬
      - 시로코 팬 (플로워)
    - 브러시리스 팬
    - DC 팬
      - 축류팬
      - 시로코 팬 (플로워)
  - 가드 모터
    - DC 가드 모터
    - 유도가드 모터
    - 워렌 모터
  - 구동용 모터
    - AC 모터
      - 유도 모터
      - 동기 모터
    - DC 모터
      - 유철심 모터
      - 코어리스 모터
      - 브러시리스 모터
    - 호키 모터
      - 캔드 모터

[주] 2개의 요인만으로는 표현 곤란한 경우에는 제3의 분류요인의 사용도 가능하다.
또 표 1-2, 1-4의 분류표에는 ①, ②의 전원의 종류와 토크발생원리에 의한 종래의 학술적인 분류방법과 ③, ④의 구조 및 용도에 의한 분류방법의 2개에 대한 업계의 사례가 나타나 있는데 모두 완전한 것은 아니다.

[주] 본 방식에 따르면 통상 영구자석형 브러시리스 DC 모터와 마그네틱 동기 모터 ID라는 것이 되며 AC 모터로 분류된다. 또 PM형 유니콜라 스테핑 모터는 "PM 스테핑 모터 PD"가 되고 맥동구동으로 분류된다(종래의 DC). 이것을 상용전원으로 구동하면 "PM 스테핑 모터 AC"가 되며 교류기로 분류된다. 유니버설 모터는 "계자권선부 DC 모터"가 되고 DA 모터로 분류된다.

1-4 소형모터의 대상과 범위

소형모터로서는 입력 또는 출력용량으로서 100 [W](입력)/70 [W](출력) 이하의 용량범위를 일단 표준으로 한다. 다만 상용전원에 직접 접속하여 사용하는 진공청소기(400~750 [W]), 가정용모터 등 400~750 [W] 정도의 단상모터의 범주에 들어있다.

결국 좋게 생각하면 DC 전원을 사용하는 것의 소형 DC 모터를 주체하는 손바닥에 얹을 정도의 모터에 대해서는 70 [W] 이하를 대상으로 하는데, 넓게 보면 소형모터 "핸드모터"로서는 상용전원에 접속하여 사용되는 주로 가전제품에 해당하는 클리너, 쿨러, 믹서, 전동공구류(DIY : do it yourself) 등의 고속모터는 1 [kW] 이하를 소형모터의 범주로 한다.

이밖에 에너지원으로서 직접 전기 에너지를 이용하여 구동하는 모터, 엑추에이터를 대상으로 하고 에어터빈이나 유압모터와 같은 유체를 매개로하여 구동하는 모터류는 제외한다. 이런 의미에서 정전모터나 초음파모터와 같은 특수모터도 대상이 되어 있다. 그러나 전자인덕션에 의한 회전형 모터가 어디까지나 주체이다.

1-5 핑거모터와 핸드모터

소형모터의 정의는 아직 전 세계에 공식으로는 존재하지 않지만 업계에서는 70 [W] 이하의 모터를 대상으로 소형모터라 부르는 경우가 많다. 그러나 저속모터에서는 70 [W]라도 상당히 큰 것이 되며 소형모터라고는 부르기 힘든 경우도 있다. 결국 출력 또는 입력으로 표현해야 하는가, 외형모양(크기의 대소) 또는 중량으로 표현해야 하는가를 생각해 보면 문자로 나타내는 대로 "외형모양 및 중량"이라는 감각적인 표현방법이 가장 적절할 것이다.

그러나 모터의 용량과 직접의 관계가 없다고 하는 결점은 있다. 그래서 출력제한을 설정하고 최대 1[kW] 이하이며 손바닥만한 모터라는 감각적인 표현을 채용하기로 하였다. 이처럼 적당히 애매함도 때로는 필요하다. 이와 같은 정의를 사용함에 따라 종래의 입력 3[W] 미만(micro motor) 및 출력 70[W] 이하의 소형모터의 분류와 핑거모터(finger motor), 핸드모터(hand motor)의 관계는 아래에 서술하듯이 서로 좋은 대응관계가 이루어지고 보다 국제적인 표현방법이 된다. 손끝만한 모터 또는 손가락만한 크기의 모터(핑거모터)와 손바닥만한 모터 또는 주먹만한 크기의 모터(핸드모터)의 2종류로 분류한다.

이 분류방법에 의하면 종래의 AV, OA기기용의 수 [W] 이하 DC 모터는 핑거모터로 분류되고 수십 [W] 이상의 단상모터나 가전용 유니버설 모터는 핸드모터로 분류되게 되는 셈이다.

이와 같이 종래의 입력 3[W] 미만 모터는 거의 핑거모터에 해당하고 70[W] 이하의 모터가 핸드모터로 분류되므로 이상적인 분류방법이라 할 수 있다. 게다가 수백 [W]의 유니버설 모터나 저속모터에 대해서도 무리없이 분류할 수 있게 되었다. 통계상 출력표시가 필요한 경우에는 왓트 표시를 추가하면 된다.

마이크로 모터라는 용어는 적절한 표현이 아니라 어느 회사의 상품명이기 때문에 공식용어로서는 부적당하다고 생각된다.

1-6 사용단위계

국제도량형 위원회(ISO)에서는 SI단위계를 정식단위계로 하여 사용하도록 정해져 있다. 모터관계에서는 특히 전기설계관계는 세계적으로 CGS 단위계가 주류이다. 본서에서는 극력 SI 단위계로 통일하려고 노력하고 있는데 세계의 소형 모터계에서 통하는 단위계를 사용하는 것도 필요하다.

특히 소형 모터관계에서는 MKS 단위계보다도 CGS 단위계에 가깝고 더욱 실용적인 경우가 많으므로 금후라도 CGS 단위계가 어느 정도 남는다고 생각된다. 이 의미에서 본서에서는 주체를 SI 단위계로 하고 CGS 단위계도 필요에 따라 함께 병기하고 있다. 또 이들에 대한 대조표를 표 1-5에 나타내었다.

표 1-5 단위환산표

양	유리계 mks단위	CGS정전단위	CGS전자단위	실용제단위
길이	1 m	10^2 cm	10^2 cm	1 인치(inch)=25.4 mm 1 야드(yard)=0.304 m
질량	1 kg	10^3 g	10^3 g	1 야드(yard)=0.914 m 1 마일(mile)=1.609 km
시간	1 s	1 s	1 s	
힘	1N(newton)	10^5dyne	10^5dyne	1 kg · 중=9.8 N
일	1 J(joul) 10^7 egr	10^7 egr		$\frac{1}{60\times60\times10^3}$ kW · h
공률	1 W	10^7 egr/s	10^7 egr/s	1 대차력=746 W
토크	1 N · m	10^7 dyne-cm	10^7 dyne-cm	1 미터=736 W
기전력	1 V	$\frac{1}{300}$ esu	10^8 emu	1(m · HP)=736 W
전류	1 A	3×10^9 esu	10^{-1} emu	
전기저항	1 Ω	$\frac{1}{90\times10^{11}}$ esu	10^9 emu	
기자력	1 AT	$12\pi\times10^9$ esu	$\frac{4\pi}{10}$ gilbert	
자계의 강도	1 AT/m	$12\pi\times10^7$ esu	$4\pi\times10^{-3}$ öersted	
자속	1 Wb(maxwell)	$\frac{1}{300}$ esu	10^5 maxwell	
자속밀도	1 Wb/m^2	$\frac{1}{3\times10^6}$ esu	10^4 gauss	
자기저항	1 AT/Wb	$30\pi\times10^{11}$ esu	$4\pi\times10^{-9}$ emu	
인덕턴스	1 H	$\frac{1}{90\times10^{11}}$ esu	10^9 emu	
정전용량	1 F	9×10^{11} esu	10^{-9} emu	
진공투자율	$4\pi\times10^{-7}$ H/m	$\frac{1}{9\times10^{20}}$ $[s/cm]^2$	1 emu	
진공유전율	8.855×10^{-12} F/m		$\frac{1}{9\times10^{20}}$ $[s/cm]^2$	

참고문헌

(1) 秋山, 他 : 電気学会, 回転機研究会資料 RM-89-24

(2) 秋山 : 小形モータの開発動向と課題, メカトロニクス(1988・3)

(3) 秋山 : 最近の小形モータの利用技術と今後の課題, モータドライブ技術(1987・9)

(4) 湧井, 秋山 : 精密小形モータの現状と将来展望, 昭 62年電気学会全国大会, S 10-1

제 2 장

직류모터

직류모터(DC motor)는 최초에 발명된 전지로도 회전하는 모터이다. 여기에서 직류모터(DC motor)는 엄밀하게는 직류 정류자 모터이며, 소위 브러시부착 모터이다. 교류모터의 속도제어법의 진보와 브러시리스 DC 모터의 등장으로 직류모터는 상당히 그 사용분야를 압박당하고 있다. 그렇지만 원리의 명쾌함, 제어법의 단순함과 가격 등의 면에서 현재에도 널리 이용되고 있다. 본 장에서는 직류모터의 원리, 제어법, 종류 등을 서술한다.

2-1 구조

사진 2-1에 표준이 되는 소형 직류모터의 구조를 나타낸다. 간단하게 각 부에 대하여 설명을 한다.

- 계철 : 자극과 자극을 자기적으로 접속하는 역할을 하고 있다.
- 계자용 영구자석 : 주자속으로 발생한다. 대용량기에서는 전자석이 이용된다.
- 고정자 : 계철, 계자용 영구자석 등을 포함하는 회전기의 주요 정지 부분이다.

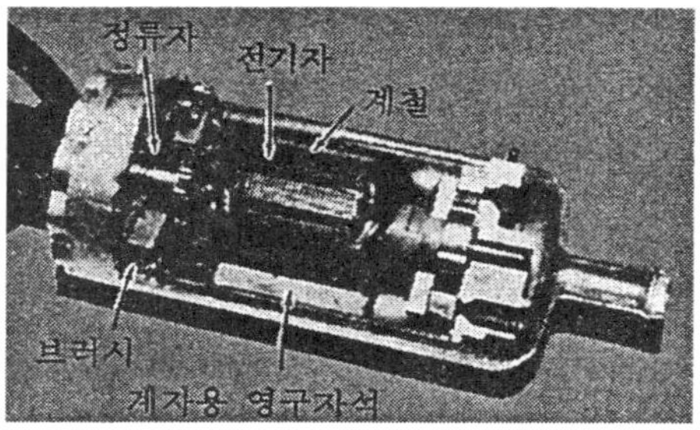

사진 2-1 직류모터의 구조

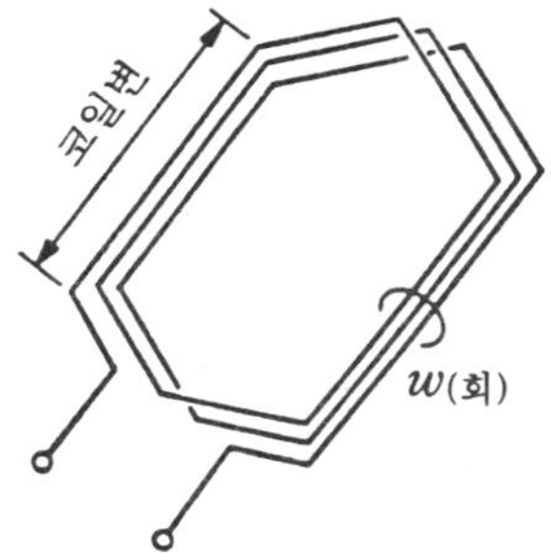

그림 2-1 단위코일

- 전기자(armature) : 자계와의 상대운동에 따라 인덕션기전력을 발생하는 권선을 가진 부분이며 이 권선을 전기자 권선(armature coil)이라 한다.
- 회전자 : 회전하는 부분으로서 직류기에서는 전기자라고 한다.
- 브러시(brush) : 전원에서의 전류를 전기자권선에 공급함과 더불어 정류자와 공동으로 정류를 실행한다.
- 정류자(commutator) : 서로 절연된 정류자편(통상, 통제)으로 구성되고 브러시와 함께 정류작용을 한다.

그림 2-2에 2극기의 중권(겹쳐감기)의 예를 나타낸다. 이 경우, 전권선은 그림 2-2(b)에 나타나듯이 병렬회로를 형성하고 있다. 코일은 그림 2-1에 나타나는 단위코일로 구성되어 있는데 단위코일에는 w를 한 조(turn)로 하여 감겨져 있다. 따라서 코일수를 전기자의 도체수를 z로 하면 다음 식이 성립한다.

$$z = 2cw \tag{2-1}$$

2-2 원리

직류모터의 원리는 전에는 전자석간의 흡인력을 이용하는 것이었지만 현재에는 그림 2-3과 같이 자계중에 놓여진 코일에 작용하는 전자력으로 설명하는 쪽이 합리적이다. 자계중의 코일에 화살표 방향으로 전류를 흘리면 도체 1에는 하향하고, 도체 2에는 상향하는 힘이 작용하여 시계방향으로 회전한다. 그러나 그대로 놓아두면 도체가 회전하여 반대

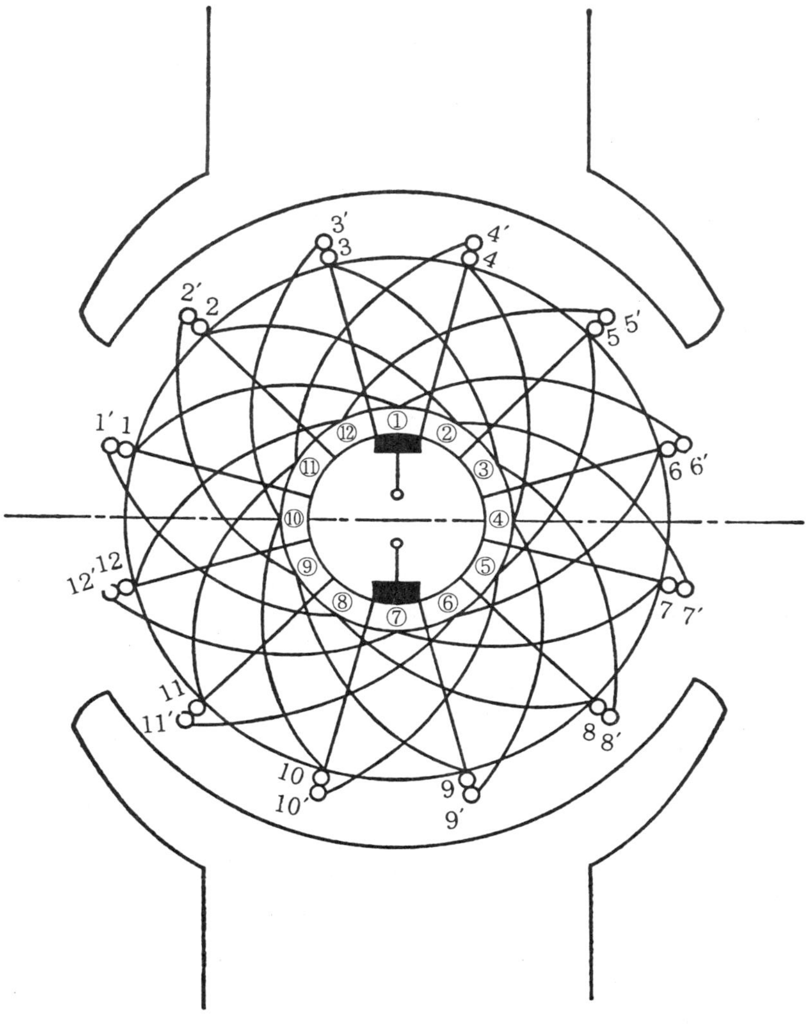

(a) 권선의 구조

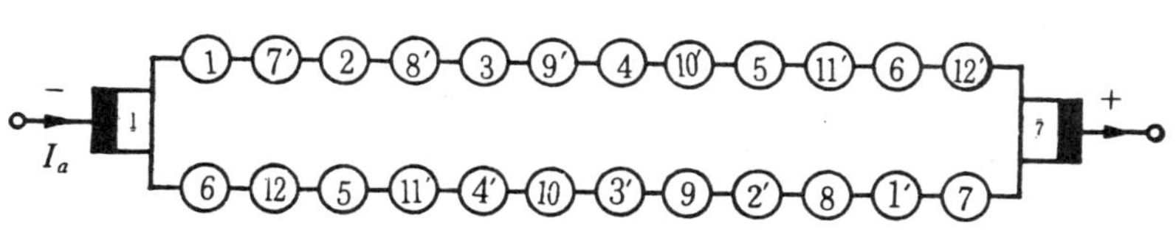

(b) 권선의 접속도

그림 2-2 중권의 예

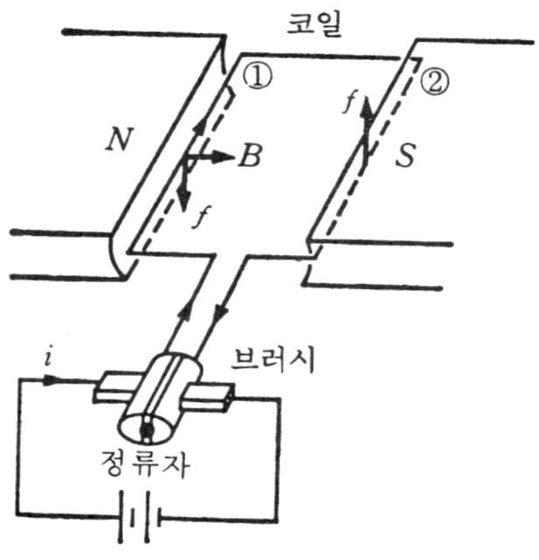

그림 2-3 직류모터의 원리

측으로 갔을 때에는 힘의 방향이 반대가 되어 회전하지 않는다. 그래서 회전하는 도체에 접속한 정류자편(commutator bar)과 정류자편에 접촉하여 움직이는 고정 브러시 기구(정류기구)에 의해 도체가 *N*극 아래에서 *S*극으로 *S*극 아래에서는 *N*극으로 이동할 때에 전류의 방향을 역전시켜 같은 방향의 회전력을 발생 시키도록 되어 있다.

실제 모터에서는 공간의 이용율을 높이고 또 토크의 발생을 원활하게 하기 위해 다수개의 도체와 정류자를 설치하고, 자속을 통하기 쉽게 하기 위해 철심의 홈속에 도체를 넣은 구조로 되어 있다.

코일에 걸리는 자계를 발생시키는 장치는 계자(field)라 불리우며 전류를 흐르게 하는 전자석은 영구자석(permanent magnet)으로 만든다. 소형 모터에서는 영구자석을 사용하는 일이 많다. 회전자 권선을 전기자 권선이라 부른다.

전기자권선(armature coil)은 그림 2-4에 나타난 것과 같은 각종의 형태가 있고 요구되는 성능, 형상, 가격 등에 맞춰 구분 사용되고 있다.

철심의 홈 속에 권선을 넣은 형식은 작업성이 좋고 소형이기 때문에 가장 많이 제작되고 있는데, 코일의 인덕턴스가 크기 때문에 정류에 동반되는 접촉 불량, 전기 노이즈 발생 등의 장해가 일어나기 쉽고 철심의 홈에 기인하는 토크 맥동을 발생하는 등 문제점도 있다. 따라서 이러한 문제점들을 제거하기 위해 저관성의 평활 철심형 또는 컵 코일형이 사용된다. 원판전기자도 철심형의 결정을 보완하여 비교적 저렴하게 만들어지므로 얇은 형태가 필요한 곳에 이용되고 있다. 즉 이와 같은 회전부에 철심을 갖고 있지 않은 모터

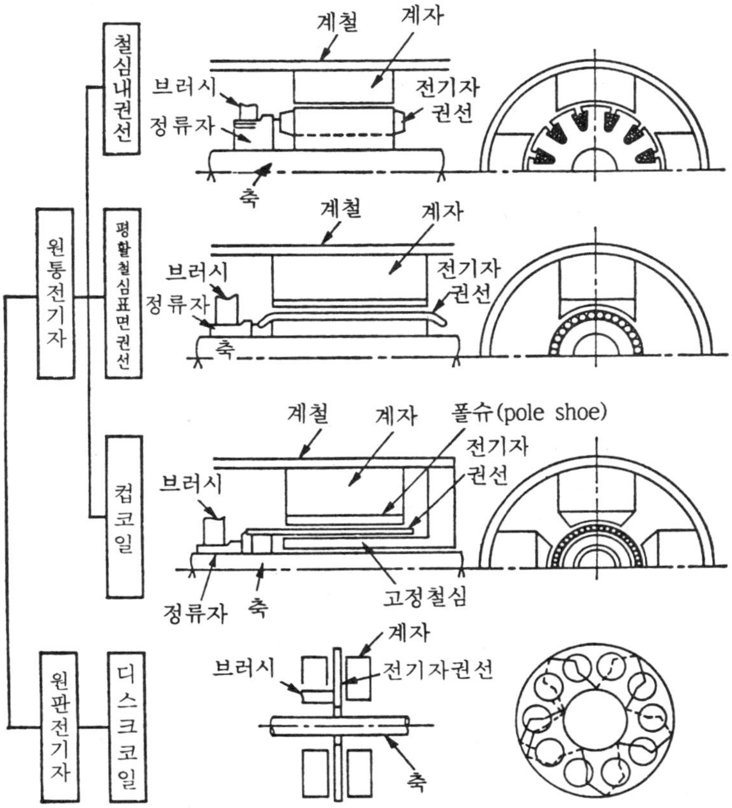

그림 2-4 현재 사용되는 직류모터의 종류

를 코아리스 모터라 한다.

직류모터의 경우 정류의 문제를 제외하면 회소성이 매우 좋아 사용하기 쉬운 모터라 할 수 있다. 이것은 모든 특성이 비례관계가 되는 선형성을 가진 것에서 오는 것이다.

직류모터의 원리 중에서도 중요한 작용은 브러시와 정류자의 기능이다. 이 기본적인 것을 그림 2-3에 의해 설명한다. 이런 경우 정류자는 2개의 정류자편으로 구성되고 두 개의 코일 구출선은 각각의 정류자편에 접속되어 있다. 그림의 상태에서는 코일의 좌우 코일변 ①, ②에는 반시계방향으로 코일을 회전시키는 것과 같은 방향으로 전자력 $f(=iBl)$가 발생하고 있다. 코일이 90° 회전했을 때 브러시와 정류자의 작용에 의해 코일에 흐르는 전류가 역전하고 N극측으로 들어간 코일변 ②에는 이전의 코일변 ①과 같은 방향의 전류가 흘러 발생하는 회전력은 반 시계방향으로 유지된다. 이와 같이 코일이 90° 회전할 때마다 그 전류의 방향을 반전시키는 것을 정류(commutation)라 한다.

코일이 다수있는 경우도 마찬가지로 그림 2-5에 나타나듯이 회전자는 회전하고 있어도 브러시와 정류자의 기능에 의해 각 코일변의 전류방향은 공간적으로(자극에서 봐서) 고정되는 것이 된다.

다음으로 직류 모터의 기본인 유도기전력(모터의 경우는 역기전력)과 발생토크에 대해 설명한다.

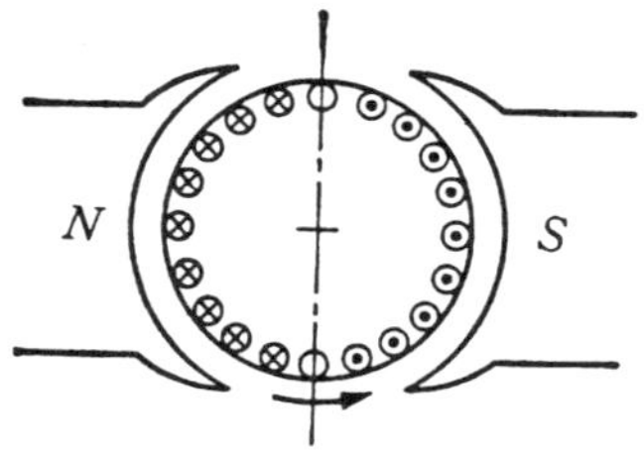

그림 2-5 전기자의 전류분포

(1) 유도기전력(induced electromotive force)

2극기의 경우 1개의 도체당 인덕션기전력 e_0는 다음 식으로 주어진다.

$$e_0 = vBl \tag{2-2}$$

여기에 v : 도체의 속도, B : 자속밀도, l : 도체의 길이

1극 아래의 자속분포는 그림 2-6과 같다. 따라서 평균유도기전력은 $\bar{e}_0$는

$$\bar{e}_0 = \frac{1}{\tau}\int_0^{\tau} vBldx = v\frac{\phi}{\tau} \tag{2-3}$$

여기에 τ : 자극 간격, ϕ : 1극당 자속 수

1개의 코일의 유도기전력은 $2\omega\bar{e}_0$, 1병렬회로의 코일수는 $\frac{c}{a}$ 이므로 전 기전력 E_0는

$$E_0 = \frac{c}{a}2\omega\bar{e}_0 = \frac{z}{a}\cdot v\frac{\phi}{\tau} \tag{2-4}$$

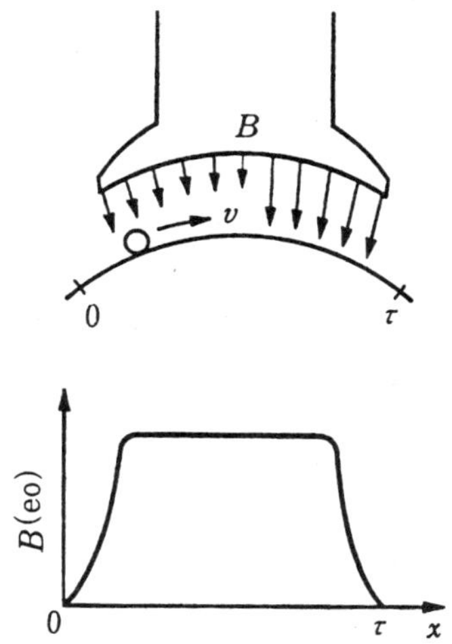

그림 2-6 기전력의 발생

여기에 a : 병렬 회로 수, n : 회전속도, D : 회전자의 직경으로 하면 $v=\pi Dn$, 이 $\tau=\pi D/P$이므로 1극 하에서의 식 (2-4)는

$$E_0=\frac{z}{a}n\phi=\frac{z}{2\pi a}\phi\,\omega_m \tag{2-5}$$

여기에 ω_m : 회전자 각속도

다극기의 경우 이 경우에는 τ와 D의 관계는 그림 2-7로부터 다음 식과 같다.

$$\tau=\pi D/P$$

여기서, P : 극수

따라서 식 (2-4)는

$$E_0=\frac{z}{a}Pn\,\phi=\frac{Pz}{2\pi a}\omega_m\,\phi \tag{2-6}$$

식 (2-6)에서 $K_E=\dfrac{z}{2\pi a}P\phi$는 기전력정수라고도 한다.

다극기의 경우 기계적으로 1회전하면 전기적으로는 p 사이클 변화하게 된다. 따라서 기계적 각속도 ω_m과 전기적 각속도 ω 사이에는 다음의 관계가 있다.

$$\omega = P\omega_m \tag{2-7}$$

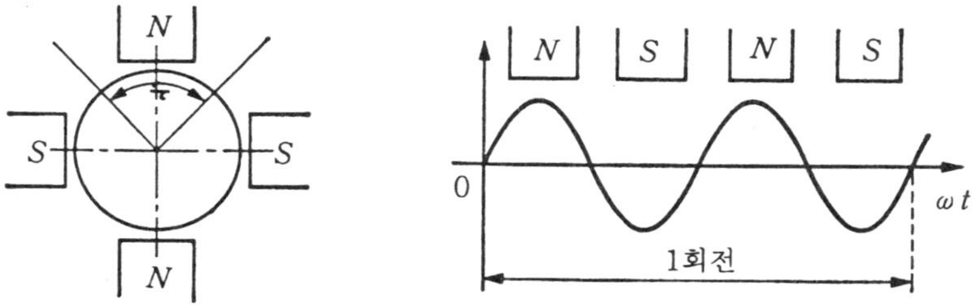

(a) 극 간격 (b) 전기적 사이클

그림 2-7 4극기의 경우

(2) 토크 발생의 원리

모터라 함은 전기에너지를 기계에너지로 변환하고 전자력에 의한 토크(torque, 회전력)를 발생하여 회전하는 것으로 되어 있다. 가장 기본적인 전자력은 그림 2-8에 나타난 프레밍의 왼손법칙에 의한 것이다. 자속밀도 B[Wb/m^2] 중에 놓여진 길이 l[m]의 도체에 전류 I[A]를 흘렸을 때에 도체에 작용하는 힘은 식 (2-8)처럼 나타난다.

$$F = IBl\ [N] \tag{2-8}$$

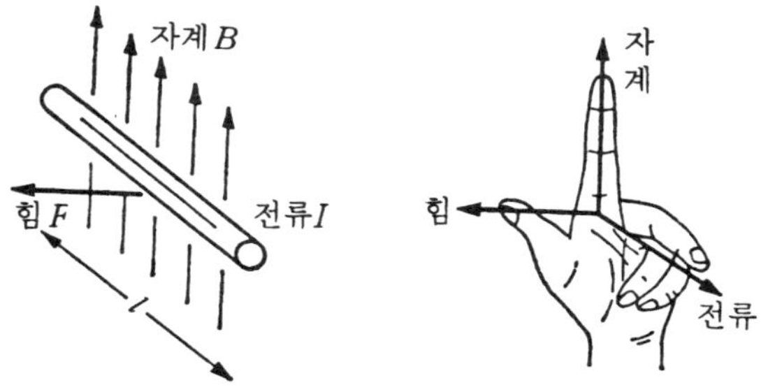

그림 2-8 플레밍의 왼손법칙

전자력에는 이 도체에 미치는 힘 외에 철심 및 영구자석에 미치는 힘이 있고 엄밀하게는 식 (2-9)로 미소 부분에 미치는 힘 f로서 나타낼 수 있다.

$$f = i \times B - \frac{1}{2} H^2 \operatorname{grad} \mu_\gamma + H \operatorname{div}(-J) \tag{2-9}$$

여기에 i : 전류밀도, B : 자속밀도, H : 자계의 세기, μ_γ : 비투자율, J : 자화의 세기

이 식의 제1항은 식 (2-8)과 같은 것으로써 도체에 미치는 힘이다. 나중에 설명하는 코아리스 모터처럼 권선이 모두 자계중에 있는 경우에는 이 힘만으로 된다. 제2항은 철심의 표면에 미치는 힘으로 철심의 홈속에 권선을 넣은 형식의 모터에서는 주로 이 힘이 작용한다. 제3항은 영구자석의 자극에 미치는 힘이었으므로 영구자석회전자는 이 힘으로 회전한다.

그렇지만 이 식을 이용하여 직접 작용점의 전자력에서 토크를 계산하는 것은 어려우므로 일반적으로 자장에너지 W_m의 변화에서 가상작업의 원리(미소거리이동시킨 경우의 일이 그때의 자장에너지 변화량과 비슷하다)를 이용, 식 (2-10)을 기본으로 하여 계산하는 일이 많다.

$$F = \frac{\partial W_m}{\partial x}, \quad T = -\frac{\partial W_m}{\partial \theta} \tag{2-10}$$

즉 힘 F는 W_m의 방향 x에 관한 편미분이고 토크 T는 각도 θ에 관한 편미분이 된다. 또 권선이 철심 홈속에 있는 경우에도 B를 공극 자속밀도의 평균치를 이용하여 식 (2-8)로 계산할 수 있는데 세부적으로 엄밀성이 부족한 경우가 있다. 이밖에 발전기와 모터의 가역성이나 에너지 밸런스 등을 이용하여 토크를 계산할 수 있다.

토크(Torque)

자극아래의 평균자속밀도는 $B = \frac{\phi}{\tau l}$ 이므로 1개의 도체에 작용하는 힘 f_0는 그림 2-9로부터 다음식과 같다.

$$f_0 = I_c B l = I_c \frac{\phi}{\tau}$$

따라서 토크 T_0는

$$T_0 = f_0 \frac{D}{2} = I_c \frac{\phi D}{2\tau} \tag{2-11}$$

도체수는 z개이므로 전 토크 T는

$$T = zI_c \frac{\phi D}{2\tau} \tag{2-12}$$

여기에서 $\tau = \pi D / P$, $I_c = I_a / a$이므로

$$T = \frac{z}{a} \cdot \frac{P\phi}{\pi} I_a = \frac{Pz}{2\pi a} \phi I_a = K_T I_a \tag{2-13}$$

식 (2-13)에서 $K_T = \frac{Pz}{2\pi a}\phi$는 토크정수라 한다. 여기서 토크 는 식 (2-13)처럼 계자자속 ϕ와 전류 I_a에 비례한다. 따라서 영구자석 계자처럼 자속이 일정하면 토크는 전류를 조절하는 것만으로 간단히 제어할 수 있다.

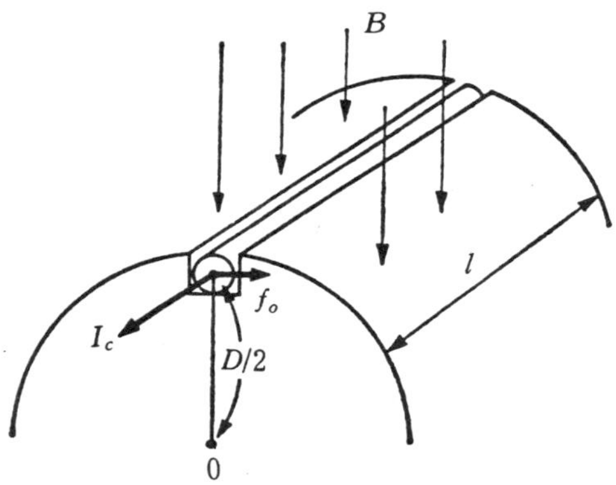

그림 2-9 토크의 발생

2-3 기본식과 특성

그림 2-10에 직류모터의 기본회로를 나타낸다. 부하토크를 T_L, 모터의 발생토크를 T로 하면 다음의 관계가 있다.

$T > T_L$: 가속상태,

$T = T_L$: 정상상태,

$T < T_L$: 감속상태

또 회로의 전압방정식은 모터의 기본식으로부터 다음식이 성립한다.

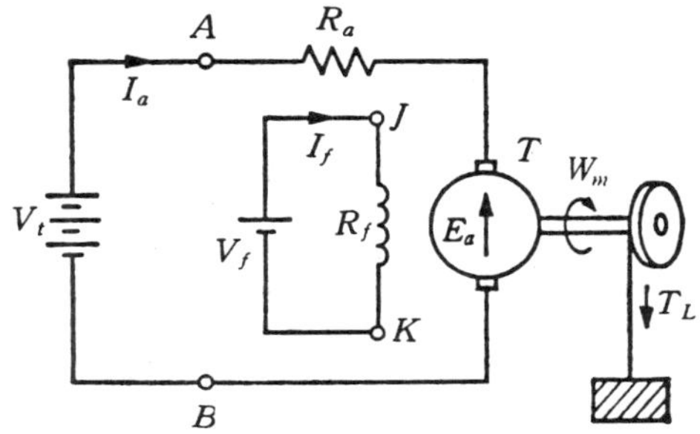

그림 2-10 직류모터의 기본회로

$$V_t = I_a R_a + E_a \tag{2-14}$$

$$E_a = K_a \phi \omega_m \tag{2-15}$$

$$T = K_a \phi I_a \tag{2-16}$$

여기에 $K_a = \dfrac{Pz}{2\pi a}$ 로 하고 있다.

따라서 모터 및 부하의 전 관성 모멘트를 J로 하면 다음 식이 얻어진다.

$$T - T_L = J\frac{d\omega_m}{dt} \tag{2-17}$$

식 (2-14)~(2-17)이 기계적 과도상태를 포함한 모터의 기본식이다. 여기에서 정상상태 ($T = T_L$)를 생각해 보자.

식 (2-14), (2-15)에서 다음이 구해진다.

$$\omega_m = \frac{V_t - R_a I_a}{K_a \phi} \tag{2-18}$$

따라서 정상상태에서는 그림 2-11에 나타나듯이 부하토크 T_L가 결정되면 전기자전류

I_a가 결정되고 그 결과 모터의 회전속도 ω_m이 정해지게 된다.

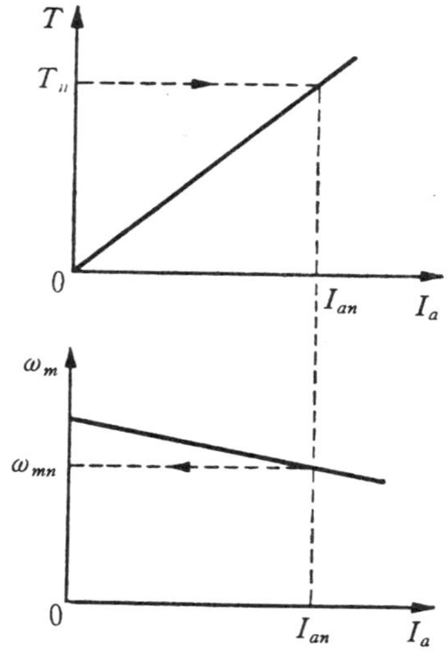

그림 2-11 부하토크와 회전속도와의 관계

또한 식 (2-18)과 (2-16)에서 ω_m과 부하토크 T_L 관계는 다음 식과 같이 된다.

$$\omega_m = \frac{V_t}{K_a \phi} - \frac{R_a}{(K_a \phi)^2} T_L \tag{2-19}$$

따라서 어떤 부하토크에 대하여 회전각속도를 바꾸는 방법으로서는 다음의 3가지가 있다.

① V_t를 바꾼다. (전압제어)
② ϕ를 바꾼다. (계자제어)
③ R_a에 직렬저항을 삽입한다. (저항제어)

소형 모터에서는 계자에 영구자석을 이용하고 있으므로 ②의 ϕ를 바꾸는 방법은 이용되지 않고 전압제어가 주가 된다. 여기에서는 일반적으로 이 3가지의 방법에 대해 간단하게 설명한다.

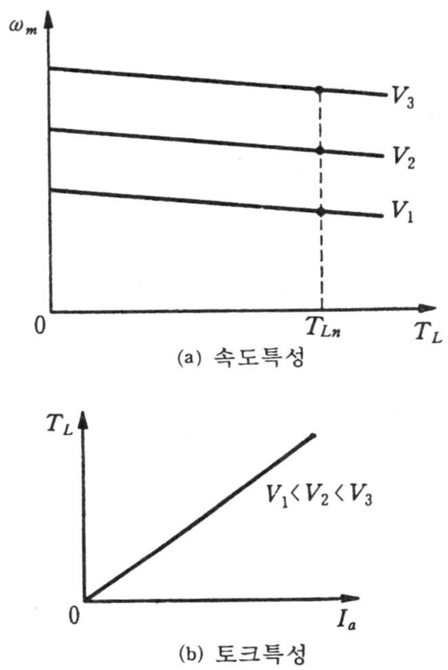

(a) 속도특성

(b) 토크특성

그림 2-12 전압제어

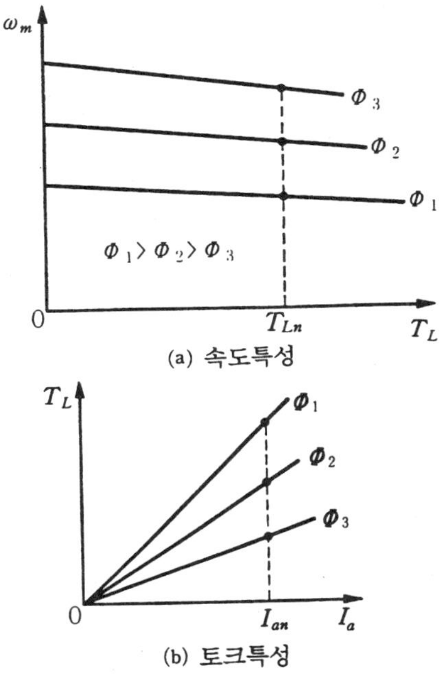

(a) 속도특성

(b) 토크특성

그림 2-13 계자제어

전압제어(armature-voltage control)　식 (2-18)에서 V_t를 바꾸면 특성은 그림 2-12처럼 되고 속도는 0에서 광범위하게 변화할 수 있음을 안다. 이런 경우 $T_L = K_a \phi I_a$의 관계는 변화하지 않으므로 정격전기자 전류에 대한 발생토크 T_n은 바꾸지 않는다(정 토크구동).

계자제어(field control)　식 (2-18)에서 ϕ를 변화시키면 (각)속도 특성은 그림 2-13처럼 되고 ϕ에 의한 속도제어가 가능하다는 것을 안다.

ϕ는 계자가 전자석의 경우 계자전류에 의해 간단하게 변할 수 있는데 자기 회로의 포화특성 때문에 상당히 큰 ϕ를 만들 수는 없다.

또, $T_L = K_a \phi I_a$의 관계는 변화하므로 정격전기자전류 I_{an}에 대한 발생토크는 변한다. 그러나 $\omega_m T = V_t I_a$이기 때문에 ϕ를 바꾸어도 I_{an}에 대한 출력은 거의 일정하다(저출력구동).

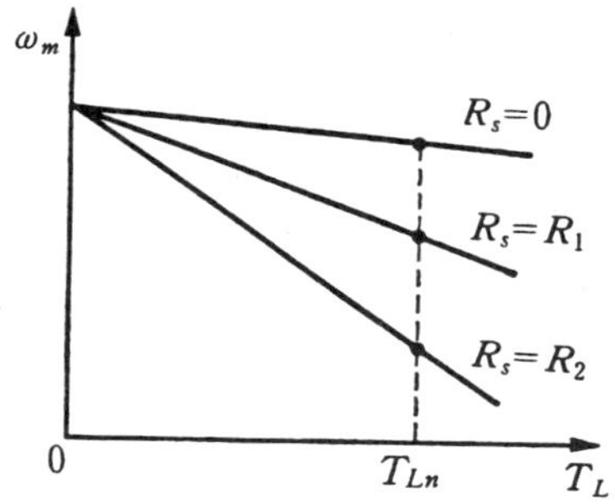

그림 2-14 저항제어

저항제어(rheostatic control) 전기자회로에 직렬로 저항 R_s를 삽입하고 식 (2-18)의 R_a를 바꾸면 특성은 그림 2-14처럼 변화한다. R_s에 의해 용이하게 속도제어가 생긴다고 하는 장점이 있다. 그러나 경부하에서의 제어가 곤란하고 속도변동율이 커지게 되고 저항에 대한 손실이 크며 효율이 나쁜 것 등 단점이 있다.

소형 모터에서는 효율은 별로 문제가 되지 않는 경우도 있는데 아래에 모터 내의 손실과 효율에 대하여 간단하게 서술한다.

손실과 효율 손실은 다음과 같이 분류된다.

- 손실
  - 무부하손 (고정손)
    - 기계손
    - 철손
  - 부하손 —— 동손
    - 전기자 저항손
    - 브러시손

기계의 효율은 식 (2-20) 혹은 식 (2-20)′로 정의된다.

$$\eta = \frac{\text{출력}}{\text{입력}} \tag{2-20}$$

$$\eta = \frac{\text{출력}}{\text{출력} + \text{손실}} \tag{2-20$'$}$$

2-4 정류현상

직류기의 정류는 이미 서술한 바와 같이 그림 2-5와 같은 전기자전류 분포를 유지하기 때문에 코일전류를 자극간의 중성점에서 반전시키는 작용이다.

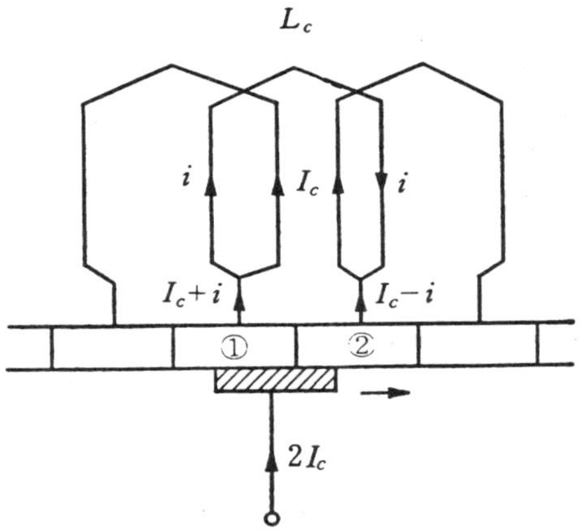

그림 2-15 정류코일의 전류

그림 2-15에 정류되는 코일 L_c와 정류자, 브러시와의 관계를 나타낸다. 브러시가 정류자편 ①에서 ②로 이동하면 정류코일의 전류는 시계방향에서 반시계방향으로 그 방향을 바꾼다. 정류 중의 전류변화는 다음의 정류방정식으로 나타낸다.

$$L_c\frac{di}{dt}+R_1(I_c+i)+R_2(i-I_c)=0 \tag{2-21}$$

여기에서 R_1, R_2는 브러시가 정류자편 ①, ②와의 접촉저항이며, R_0를 브러시와 정류자편이 전면접촉하고 있을 때의 저항으로 하면 다음 식으로 나타낸다.

$$R_1=\frac{R_0}{1-t/T_c},\quad R_2=\frac{R_0}{t/T_c} \tag{2-22}$$

여기서 T_c : 정류주기

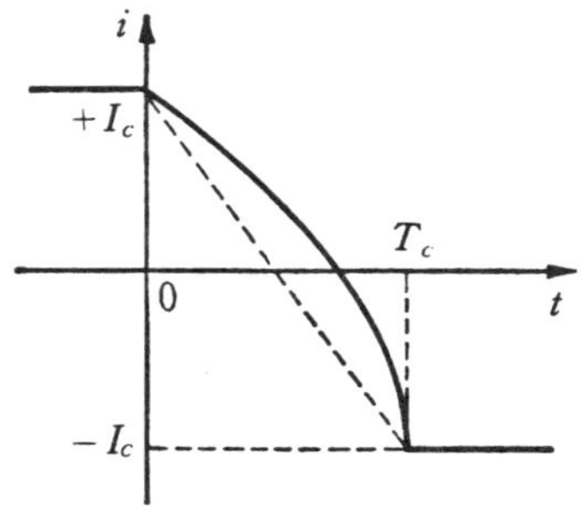

그림 2-16 정류곡선

따라서 반전시의 코일전류는 그림 2-16의 변화를 하고 정류코일에 인덕턴스가 없으면 그 변화는 직선적으로 된다(직선정류 : 그림의 파선). 실제에는 인덕턴스가 존재하기 때문에 전류변화는 늘고 소위 부족정류가 된다(그림의 실선).

이 경우 정류의 말기에 있어서도 정류자편 ①에서 코일로 흐르는 전류는 강제적으로 차단시키게 되며 불꽃정류를 발생하는 가능성이 생긴다.

정류를 종료할 때에는 불꽃(arc)이 발생하는 지의 여부에 대한 판정법에 대해서는 다음과 같이 생각하고 있다.

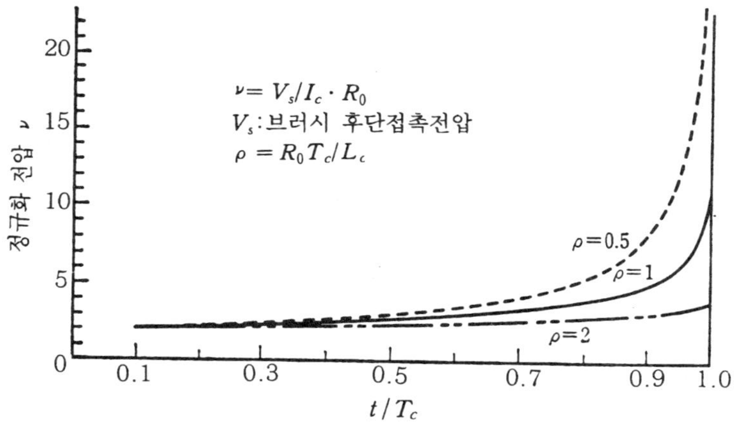

그림 2-17 브러시 후단 접촉전압의 변화

정류가 진전함에 따라서 브러시 후단의 접촉면적은 감소하는 데 전류의 변화는 늦기 때문에 브러시 후단의 전류밀도는 상승하고, 접촉전압강하는 증가한다(그림 2-17). 접촉점 근처의 온도가 올라가고 정류의 말기에는 재료의 내열한계(금속의 경우에는 비점이지만 탄소에서는 승화점 이하일 것이다)를 넘어 금속적 접촉(metallic contact)이 파괴된다. 또 접촉점 최고 온도와 접촉 전압강하와의 사이에는 일의적인 관계가 성립하므로($\phi-\theta$ 관계)[(2)], 재료에는 금속적 접촉 등 유지할 수 있는 최대의 접촉전압강하 V_{th}가 존재한다고 생각해도 된다.

따라서 정류 중의 브러시의 접촉전압강하가 V_{th}에 도달하면 정류주기 T_c로 되기 전에 정류는 사실상 끝난다. 이 때 정류하지 않고 남아 있는 전류 i_c가 재료의 최소 아크 전류 I_{min} 이상이면 아크가 발생한다.

그림 2-18은 이 모델을 프로챠트로 만들어 본 것이다.

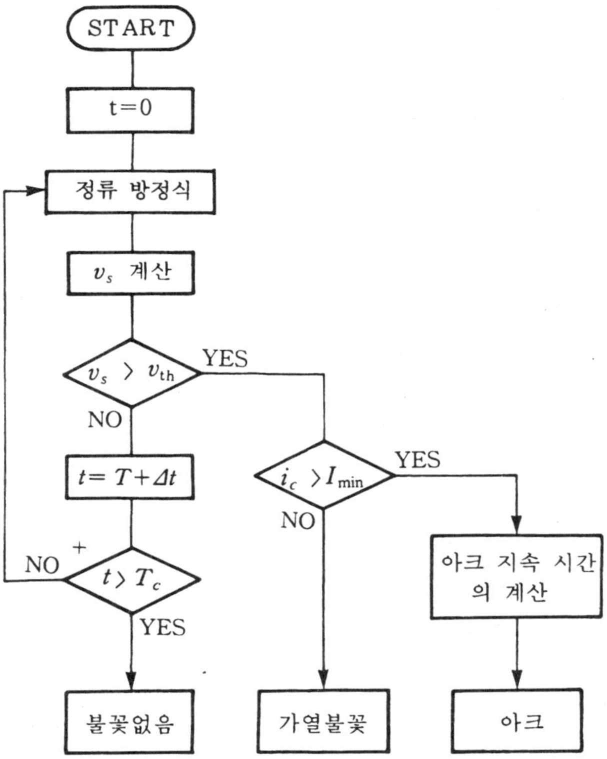

그림 2-18 정류불꽃 발생 모델

2-5 브러시 · 정류자 재료

직류모터의 중요한 특징의 하나는 전절에서 서술한 정류작용이다. 대부분의 경우 이것의 좋음과 나쁨이 모터의 성능을 결정한다. 따라서 이제까지도 브러시와 정류자 재료에 대해서는 많은 연구가 이루어져 왔다. 여기에서는 주로 소형 모터에 이용되고 있는 브러시와 정류자 재료의 현상을 간단하게 종합한다.

브러시 재료 브러시의 종류와 분류는 종래 대용량기를 대상으로 한 것도 있지만 소형 모터용의 브러시에 대해서는 별로 없다. 표 2-1에 소형 모터용 브러시의 분류와 각각의 주요한 용도를 나타냈다.

흑연계 브러시는 정류성능이 우수한 점에서 비교적 출력이 큰 모터에 이용된다. 마이크로 모터에서는 접촉전압강하가 작은 금속-흑연계 브러시가 사용된다. 금속으로서는 일반적으로 동이 사용되지만 특히 접촉신뢰성이 요구되는 경우에는 은이 함유된다. 또 유기가스속 등의 특수한 환경용으로서 금속-흑연질 브러시가 개발되고 있다. 초소형 모터에서는 귀금속을 주체로 한 금속브러시가 사용된다.

표 2-1 브러시의 종류와 용도

<table>
<tr><th>종류</th><th>성분상의 분류</th><th>주요용도</th></tr>
<tr><td rowspan="3">흑연계브러시</td><td>수지결합질 브러시</td><td>유니버설 모터
(쥬서, 믹서, 크리너)</td></tr>
<tr><td>탄속흑연질 브러시</td><td>전동공구용 모터
크리너 모터</td></tr>
<tr><td>전기흑연질 브러시</td><td>서보 모터
전동공구용 모터</td></tr>
<tr><td rowspan="3">금속흑연질브러시</td><td>동흑연질 브러시</td><td>파워 모터, 드라이어, 프린터 모터
자동차전류용 서보 모터, AV 모터</td></tr>
<tr><td>은흑연질 브러시</td><td>카메라 모터, 타코 제네레이터, 세퍼 모터
싱크로 모터</td></tr>
<tr><td>금흑연질 브러시</td><td>초저속, 저전류 모터, 유해 가스 중의 모터</td></tr>
<tr><td rowspan="2">금속브러시</td><td>단일금속 브러시</td><td rowspan="2">전자조속기 모터, 형삭반(shaper), AV 모터
(선, 판, 도금 망상가공)</td></tr>
<tr><td>합금 브러시</td></tr>
</table>

사진 2-2에 소형직류모터용 브러시 종류의 예를 나타낸다.

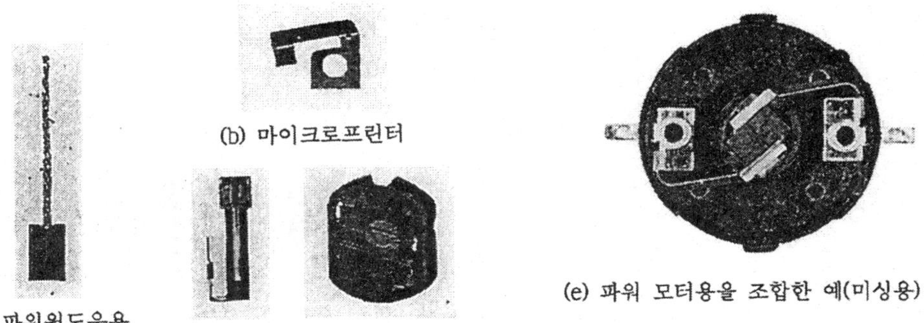

(a) 파워윈도우용 (b) 마이크로프린터 (c) VTR용 (d) 비디오 카메라줌용 초크 브러시 (e) 파워 모터용을 조합한 예(미싱용)

사진 2-2 소형모터의 브러시의 예

정류자 재료 표 2-2에 주요 정류자 재료와 그 용도를 나타냈다. 타프핏치 동(tough pitch copper)은 주로 대용량에 이용되고 있으며 저렴하나 성능은 안정된다. 최근 타프 핏치 동을 대신하여 무산소동이 사용되는 경향이지만 전기적 특성과 가공신뢰성이 좋은

표 2-2 주요 정류자의 재료

재료명	성분(중량%)	모터의 용도
터프피치동	99.90 Cu	크리너, 쥬서, 믹서, 헤어드라이어 완구
무산소강	99.98 Cu	크리너, 쥬서, 믹서, 헤어드라이어 카메라
은함유동	0.03 Ag : Cu	자동차전장, OA 기기, 산업기기
은함유동	0.20 Ag : Cu	OA 기기, 산업기기
은도금	90 Ag : Cu 약한 베이스(base)	음향기기, VTR 카메라, 카메라
은도금	70 Au : Ag 90 Au : Ag	VTR 카메라, 음향기기

정류자 재료는, 브러시와의 상관관계에 따라 선정된다.
일반적으로 동계정류자에는 동카본브러시, 은도금 혹은 금도금계.
정류자에는 카본브러시나 귀금속브러시가 사용되고 있다.

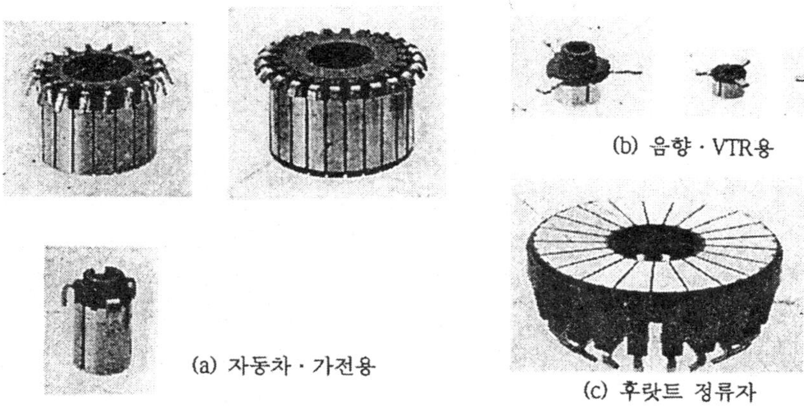

(a) 자동차 · 가전용 (b) 음향 · VTR용 (c) 후랏트 정류자

사진 2-3 소형모터용 정류자의 예

점이 이유이다. 동에 소량의 은을 첨가한 은첨가 동은 내마모성이 향상한다. 소용량으로 고 신뢰성이 요구되는 용도에서는 박상의 은 혹은 금 등을 크래드한 귀금속정류자가 사용된다.

사진 2-3에 소형 모터용 정류자의 예를 나타낸다.

2-6 각종 직류모터

소형직류모터에는 표준적인 모터 이외에 각종의 모터가 있다.

마이크로모터 고정자에 영구자석을 사용한 저출력의 정밀모터는 마이크로모터(micro motor)라 불리고 있다. 이런 종류의 모터는 3극(3 slot) 구조의 적층철심에 집중권 코일이 감겨있는 것이다. 그림 2-19는 그 전형적인 구조예이다. 이런 예는 속도조절용 전자회로를 만들어 넣은 마이크로 모터이며 전자 조속기(governor) 모터라 불리운다.

마이크로모터에서 슬롯트 구조가 이용되는 것은 구조상 권선작업이 용이하다는 것, 정류자 편수가 3매로 적어 경제적인 것 등의 이유에서이다. 브러시는 주로 박상 금속편에 귀금속을 도금한 것이 이용된다.

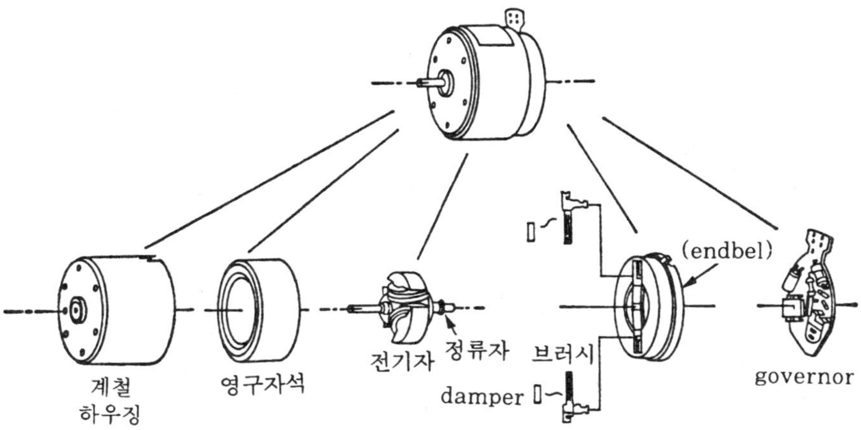

그림 2-19 마이크로모터 구조

코아리스 모터 회전자에 철심을 갖지 않은 직류모터를 코아리스 모터(coreless motor)라 한다. 그림 2-20처럼 회전자가 컵(cup)상의 코일에서 형성되어 있는 것과 디스크형이 있다. 전기자 권선이 홈 속에 들어 있지 않으므로 코일의 누설인덕턴스가 작고 정류조건이 좋다. 또한 관성모멘트가 낮고 철손이 적으며, 자기저항의 변화가 적기 때문에 코깅 토크가 적은 것 등의 장점이 있다. 따라서 수명이 길고 회전이 원활하기 때문에 DC 속도계용 발전기(DC tachometer generator)에 사용되고 있다. 결점은 코일의 열용량이 적기 때문에 큰 출력의 것은 만들 수 없다.

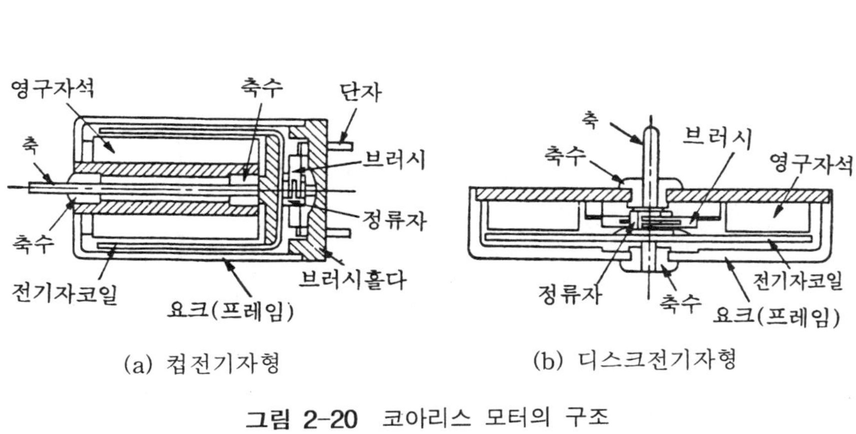

그림 2-20 코아리스 모터의 구조

2-7 제어 응용예

여기에서는 마이크로 모터의 속도제어로 널리 사용되고 있는 전자조속기 방식과 모터의 응용예를 설명한다.

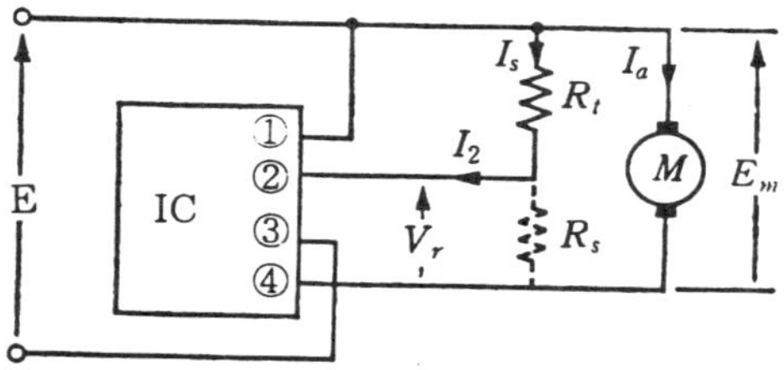

그림 2-21 전자가버너의 기본회로

전자조속기의 기본방식 그림 2-21은 전자조속기 모터의 기본회로이다. 모터의 전압 E_m은 식 (2-13)과 식 (2-15)에 의해 다음 식과 같다.

$$E_m = I_a R_a + E_a \tag{2-23}$$

$$E_a = K_a \phi I_a \omega_m \tag{2-24}$$

따라서 전기자전류(부하전류) I_a가 변화하더라도 E_m은 일정하여야 하므로 I_a의 변화에 맞추어 E_a 즉 회전속도(ω_m)가 변하게 된다. I_a가 변화하여도 $E_a(\omega_m)$를 일정하게 하기 위해서는 I_a에 맞춰서 E_m을 바꿀 필요가 있다. 이것을 실현하기 위해 그림의 IC에 다음과 같은 기능을 갖추었다.

(a) 단자 ②와 ④ 사이에 기준전압 V_r을 발생시킨다.

(b) 단자 ②에 유입하는 전류 I_2는 단자 ④에 유입하는 모터전류 I_a의 $\frac{1}{K_a}$이 되도록 한다.

이런 경우 모터에 인가된 전압은 다음식과 같다.

$$E_m = V_r + R_t I_2 = V_r + R_t \frac{I_a}{K_a} \tag{2-25}$$

따라서 식 (2-23)과 (2-25)에 의해 E_a는 다음식과 같다.

$$E_a = V_r + \left(\frac{R_t}{K_a} - R_a\right) I_a \tag{2-26}$$

이것에 따라 부하전류에 대하여 E_a를 일정하게 하기 위해서는 제2항이 0이 되도록 저항과 정수 K_a를 변화시키면 된다는 것을 알 수 있다.

$$R_t = K_a R_a \tag{2-27}$$

이 결과 $E_a = V_r$가 되고 속도는 V_r에 의해 결정된다.

또 속도를 조절하기 위해서는 단자 ②와 ④사이에 저항 R_s를 삽입한다. 이런 경우 E_a와 V_r의 관계는 다음 식과 같다.

$$E_a = \left(\frac{R_s + R_t}{R_s}\right) V_r = \left(1 + \frac{R_t}{R_s}\right) V_r \tag{2-28}$$

R_s를 바꿈에 따라 E_a를 조정할 수 있음을 알 수 있다.

CD 플레이어 헤드 구동　CD 플레이어(compact disc player) 헤드 구동기구는 픽업슬라이드 기구에 의해 개략의 헤드위치를 조정하고 나아가 정밀한 고속응답 트레킹(tracking) 제어는 보이스 코일형 리니아 엑추에이터 등에 의해 실행해지고 있다. 그림 2-22는 픽업슬라이드 기구의 예이며 이 구동모터로써 직류모터가 사용되고 있다.

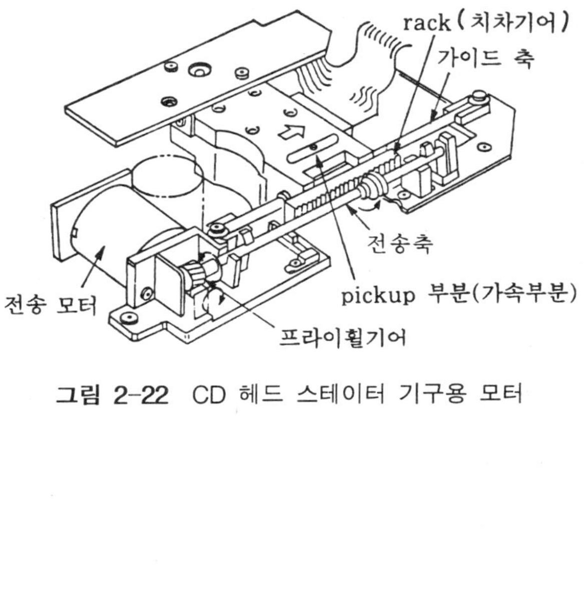

그림 2-22 CD 헤드 스테이터 기구용 모터

참고문헌

(1) 見城, 永守 : DC サーボモータ, 総合電子出版(1986)

(2) R. Holm : Electric Contacts, Springer-Verlag(1967)

(3) 山田博監修 : 情密小形モータ活用技術, 工業調査会(1986)

(4) 坪島, 中村 : モータ活用マニュアル, オーム社(1987)

(5) 糸見和信監修 : 制御用モータ技術活用マニュアル, 総合電子出版(1987)

연습문제

(1) 직류모터의 정수가 다음과 같이 나누어져 있다. 토크정수 $K_T=400$[g · cm], 전기자 권선저항 $R_a=25$[Ω]이다. 이 모터를 전원전압 24[V]에 연결하여 운전했다. 다음 물음에 답하시오.

(a) 무부하속도를 N_0[rpm]를 구하여라.

(b) 부하시 100[g · cm]의 토크를 걸었을 때 전기자전류와 회전속도를 구하시오.

(c) (b)의 부하에서 회전속도를 무부하속도와 같게 하기 위해서는 전원전압을 몇 V로 하면 좋은가?

[답] (a) 5,849[rpm], (b) 97.49[rps], (c) 30.25[V]

(2) 정격전압 200[V], 전기자의 정격전류 11[A], 정격출력 2000[W]의 직류타여자 모터가 있다. 이 모터의 정격회전수는 1260[rpm]이다. 단, 기계손, 철손을 무시할 때 계자저항손이 15W일 때의 정격시의 효율과 이 모터의 전기자저항[Ω] 및 속도변동률을 구하라.

[답] 효율 : 90.3[%], 전기자저항 : 1.14[Ω], 속도변동율 : 18[%]

(3) 정격전압 100[V], 정격전기자전류 20[A], 정격회전수 1200[rpm], 전기자저항 0.06[Ω], 계자저항 100[Ω]의 직류분권모터가 있다.

(a) 이 모터의 정격시의 효율을 구하라. 단 철손과 기계손은 310[W]이다.

(b) 이 모터의 무부하속도를 구하라.

[답] (a) 79.3[%], (b) 1,215[rpm]

(4) 직류직권모터가 정격전압 200[V]인가시에 정격부하전류 40[A]에서 1200[rpm]으로 회전하고 있다. 인가전압은 그대로이고 부하전류를 1/2로 반감할 때의 회전수와 부하토크를 1/2로 반감한때의 회전수를 구하라. 단 계자와 전기자의 합성저항은 0.8[Ω]이라 한다.

[답] $N_i=2{,}628.4$ rpm, $N_t=1{,}792$ rpm

(5) 무부하에서 정격전압 200[V]인가시에 1800[rpm]의 가동외분권의 직류복권모터가 있다. 이 모터의 직권계자를 단락하고 분권모터로 사용할 때 정격전압 200[V]이고 8[A]의 전기자전류를 흘릴 때의 모터 속도를 구하라. 단 전기자저항은 1.2[Ω]이다.

[답] 1,713.6[rpm]

제 3 장

교류모터

3-1 인덕션 모터

3-1-1 원리

(1) 개설

인덕션 모터(induction motor)는 유도 전동기라 부르며 고정자에 감긴 1차권선에 의해 만들어지는 회전자계에 의해 회전자에 감긴 2차권선 내에 인덕션작용에 의해서 발생하는 인덕션전류와 회전자계가 작용하여 힘을 발생하고 모터로서의 기능을 발휘한다.

(2) 기본 원리

인덕션 모터의 기본 원리는 아라고(D. F. Arago)에 의해 실험된 것으로서 아라고의 원판이라 부른다. 이것은 회전에 가능한 금속원판에 따라 그림 3-1과 같이 자계를 회전하는 대신에 자석을 이동하면 도체의 원판도 자석의 이동방향으로 회전하는 현상이며 인덕션 모터도 이와 같은 원리로 회전한다. 이 경우 위쪽을 N극, 아래쪽을 S극이라 하면 알루미늄 원판 내에는 전류가 흐른다. 이 전류와 자석의 자속이 작용하여 원판도 자석의 이동방향으로 향하여 회전한다. 모터로서 작용하기 위해서는 자석을 움직이는 대신에 권선에 전류를 흘리고 다상교류전류에 의해서 회전하는 자계를 만들 필요가 있다. 이 동작은 다음과 같이 설명되고 있다. 원판상의 임의의 폐회로에 유도되는 전압은 파라데이의 전자유도법칙에 의한 식 (3-1)로 주어진다.

$$E = -\frac{d\phi}{dt} \tag{3-1}$$

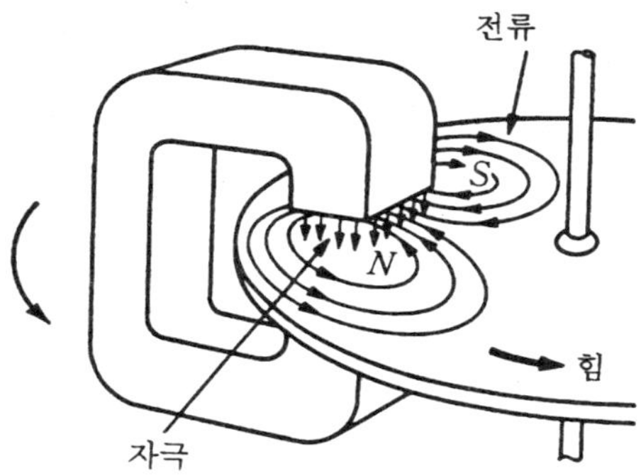

그림 3-1 아라고의 원판 현상

N극 자석이 회전하는 앞쪽에서는 자속이 증가하므로 그것을 방해하는 방향으로 전류가 흘러 N극을 발생한다. 또 회전의 후방에서는 거꾸로 S극을 발생한다. 이러한 것들이 영구자석의 자극과 반발 흡인을 일으켜 원판은 자석에 의해 회전하게 된다.

실제의 인덕션 모터에서는 회전자석 대신에 고정자 권선으로 만든 회전자계가 사용되고 금속원판 대신에 철심의 홈 속에 넣어진 도체양단은 링으로 단락한 형상의 농형 회전자가 사용된다. 그렇다면 회전자계는 어떻게 해서 발생하는 것일까? 이것을 2상과 3상 모터로 설명한다.

(3) 2상권선에 의한 회전자계

회전자계를 만들려면 2상 이상의 교류전원이 필요하다. 그림 3-2는 A상 및 B상의 2개의 정현파교류이고, i_B는 i_A보다 90° 뒤진 전류이다. 이 2개의 전류를 그림 3-3에 나타낸 1차고정자권선에 흘리면 그림 3-2의 시간 t_1, t_2, t_3, t_4에 대하여 그림 3-4에 나타낸 바와 같은 자계가 되는 것을 알 수 있다. 이것을 회전자계 또는 이동자계라 부른다. 이 사이에 도체 즉 2차권선을 가지는 회전자를 넣으면 회전자계의 작용에 의해 회전한다.

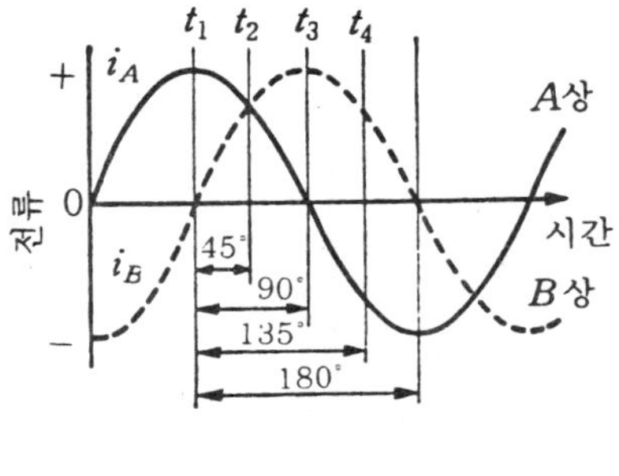

그림 3-2 2상교류

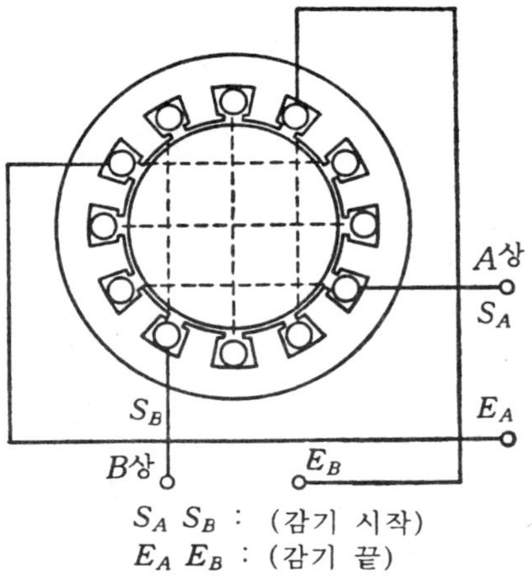

그림 3-3 2상권선의 고정자

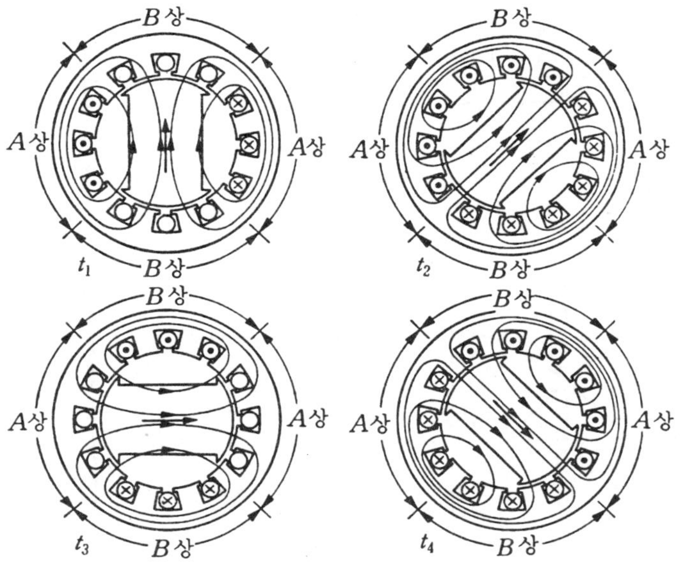

그림 3-4 2상에 의한 회전자계

(4) 3상권선에 의한 회전자계

3상교류는 그림 3-5에 나타낸 바와 같이 *U*상, *V*상, *W*상의 코일이 3상권선을 모델로 나타내면 원통철심의 내면에 3조(*U, V, W*상)의 코일이 120°씩 어긋나 분포한 형태가 된다. 각각에 서로 120°씩 위상차가 있는 3상교류전류 i_u i_v, i_w를 그림 3-6에 나타낸 고정자의 3조의 1차권선에 흘리면 그림 3-7에 나타낸 $t_1 \sim t_6$와 같은 회전자계를 만들 수 있다. 이 회전자계에 의해서 단락 2차권선을 가지는 회전자는 2상모터의 경우와 같은 모양인 인덕션전류의 작용으로 합성자계는 시간과 함께 회전하는 회전력을 발생한다.

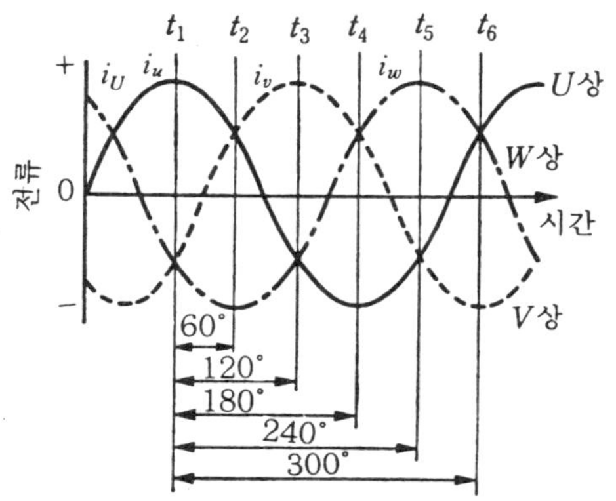

그림 3-5 3상교류

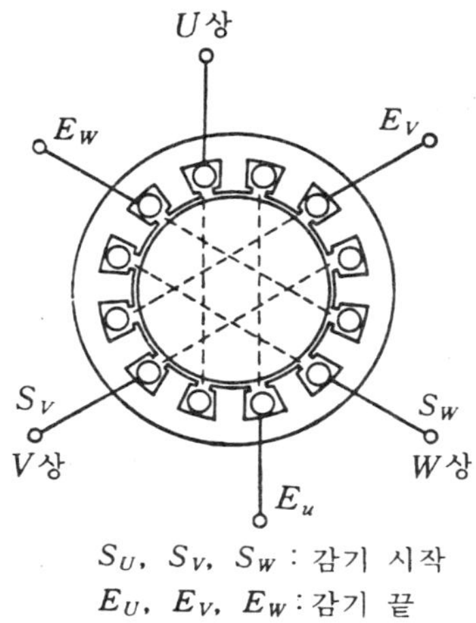

그림 3-6 3상권선의 고정자

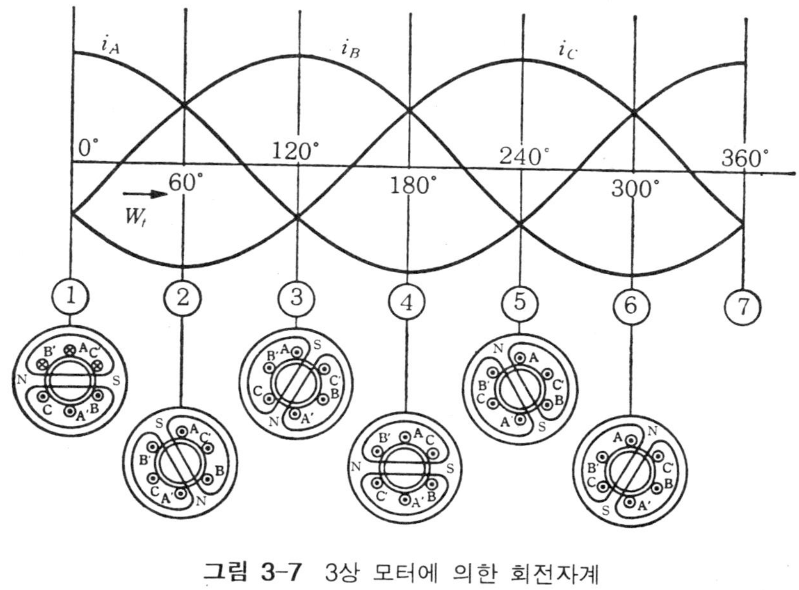

그림 3-7 3상 모터에 의한 회전자계

전원이 3상의 경우에는 전술한 바와 같이 회전자계를 발생하는데 단상전원의 경우에도 기동시에 어떠한 방법으로 회전 또는 이동자계를 만들어 가속하면 고속시에는 회전자의 유도전류가 작용하여 타원형 회전자계가 되고 회전을 지속한다. 단상 모터의 대표적인 예를 그림 3-8에 나타낸다.

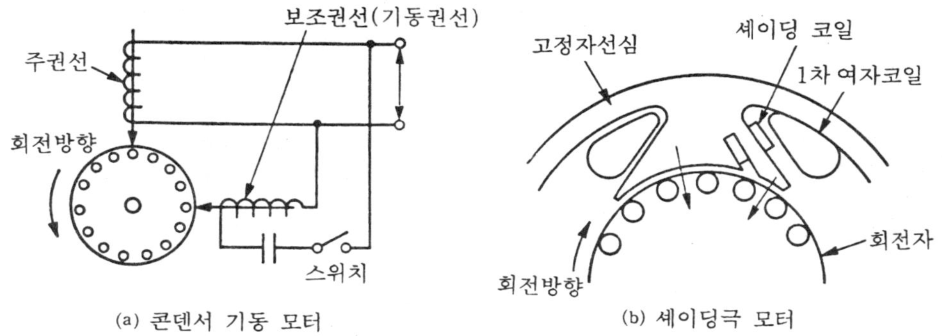

그림 3-8 단상 인덕션 모터
(보조권선이나 셰이딩 코일을 이용하여 기동시에 회전자계를 만들어 가속한다.)

콘덴서 기동모터에서 주권선과 전기각 90°의 위치에 설치한 보조권선에 콘덴서를 삽입하여 진행전류를 보냄에 따라 회전자계를 만들어 가속한다. 정상속도 운전시에는 스위치로 보조권선을 차단하는데 콘덴서 용량이 작은 것을 접속한 채로 운전하는 것도 가능하다. 세이딩 모터는 자극의 일부에 단락코일을 설치하여 자속을 늦어지게 함에 의해 이동자계를 만들어 기동하는데 세이딩 코일(shading coil)에는 상시전류가 흘러서 손실이 있으므로 효율이 나쁘다.

3-1-2 구조

(1) 개설

인덕션 모터는 교류전원에 접속해서 회전자계를 만들기 위한 1차 권선 즉 고정자권선(stator coil)을 감은 고정자(stator)와 0.3 [mm] 정도의 작은 공극을 두고 배치된 2차권선을 갖는 회전자(rotor)로 구성된다. 소형의 인덕션 모터는 2차권선에 그림 3-9에 나타낸 바와 같이 농형구조이며 간단한 구성으로 되어 있다. 이 종류의 회전자를 **농형회전자**(squirrel cage rotor)라 부르고 있다. 또 고정자를 기계적으로 보호해서 회전자에 발생한

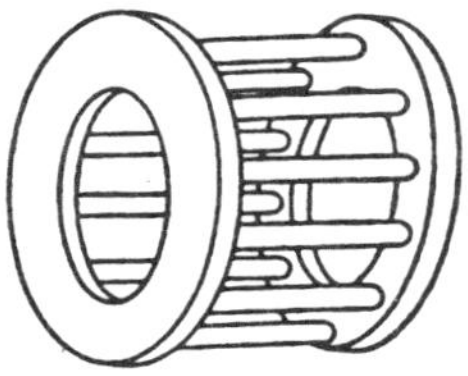

그림 3-9 농형회전자권선

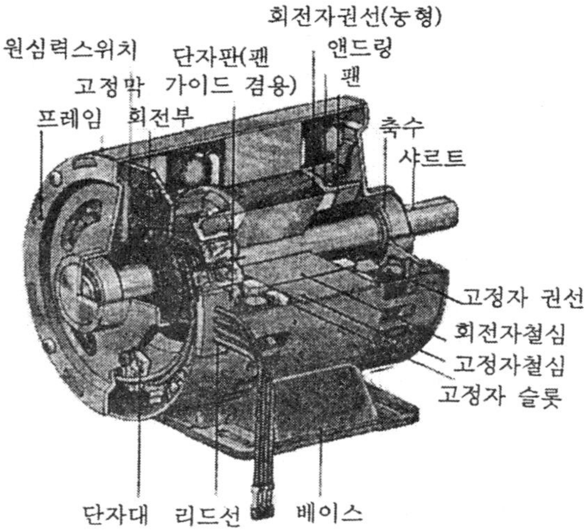

사진 3-1 인덕션 모터의 구조

토크를 모터의 외부로 끌어내는 축과 이것이 원활하게 회전할 수 있도록 지지하는 축수로 구성된다.

(2) 인덕션 모터의 구조

사진 3-1에 인덕션 모터의 구조를 나타낸다.

(3) 인덕션 모터의 전기회로

인덕션 모터는 일반의 상용전원이 3상과 단상 2종류이기 때문에 이것들에 대응해서 3상 인덕션 모터와 단상 인덕션 모터의 2종류로 크게 나누어진다.

3상전원의 경우는 그것에 의해서 회전자계를 만들 수 있지만 단상전원의 경위에는 그것만으로는 회전자계가 만들어지지 않으므로 여러 가지 고안을 한 제2의 권선을 만들어서 불완전한 채로 2상회전자계를 얻어 모터로 하고 있다.

통상 1차 권선 중의 제1의 권선을 주권선(main coil)이라 부르며 전원에 직접 접속되고 제2의 권선을 보조권선(auxiliary coil) 또는 기동권선(starting coil)이라 부른다. 제1의 권선과 공간위상을 90°(전기각) 차이 나게 하고 직렬로 콘덴서를 접속하기도 하고 저항을 삽입해서 주권선에 흐르는 전류와 위상차를 갖도록 하고 있다. 단상의 소형 인덕션

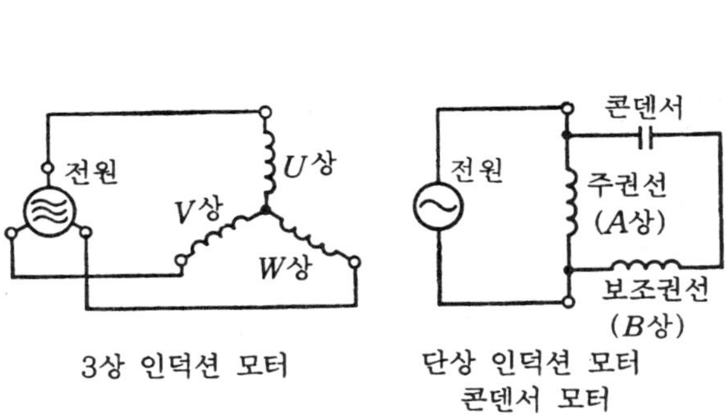

그림 3-10 인덕션 모터의 전기회로

모터는 콘덴서 모터라고 불리워지는 형의 인덕션 모터가 많이 사용된다. 그림 3-10은 3상 인덕션 모터와 단상 콘덴서 모터의 회로도를 나타낸다.

3-1-3 계산 기본식

(1) 3상 인덕션 모터

(a) 인덕션 모터의 기본　자극수 P의 고정자권선에 주파수 f_1[Hz]인 3상 교류전압을 가하면 전류의 기본파에 의해 회전자계의 회전속도는 동기속도 N_s로 나타내고 식 (3-2)에서 구해진다.

$$N_s = 120 f_1 / P \,[\mathrm{rpm}] \tag{3-2}$$

고정자에 유기된 1상분의 기전력 E_1은 식 (3-3)로 구해진다.

$$E_1 = \sqrt{2}\pi f_1 k_1 n_1 \phi = 4.44 f_1 k_1 n_1 \phi \tag{3-3}$$

회전자에 유기된 기전력 E_2는 회전자가 정지하고 있을 때에는 식 (3-4)로 구해진다.

$$E_2 = \sqrt{2}\pi f_1 k_1 n_1 \phi = 4.44 f_1 k_2 n_2 \phi \tag{3-4}$$

여기서 f_1 : 공급전압의 주파수[Hz]
n_1 : 고정자권선 1상분의 권수
k_1 : 고정자권선의 권선계수
ϕ : 회전자계의 매극당의 자속수[Wb]
n_2 : 회전자 1상의 권수(농형 권선에서는 $n_2 = 1/2$)

k_2 : 회전자권선의 권선계수(농형권선에서는 $k_2=1$)

회전자는 동기속도보다 조끔씩 늦은 속도 N[rpm]으로 회전하고 있을 때, 이 상대속도 (N_s-N)에 대한 동기속도 N_s와의 비율을 슬립(slip) S라 하고 식 (3-5)에서 구해진다.

$$S=(N_s-N)/N_s \tag{3-5}$$

따라서 슬립은 회전자계의 속도와 회전자 속도의 비로 나타낸다. 또 회전자도체는 회전자계에 대하여 그 상대속도는 N_s-N이다. 회전자계에 대한 상대속도가 N_s 즉 $N=0$ (구속상태)이라면 그때의 기전력이 E_2이고 주파수는 f_1이다.

회전자가 N[rpm]으로 회전하고 있을 때의 기전력을 E_2'라 하면 식 (3-6), (3-7)이 성립한다.

$$E_2'/E_2=(N_s-N)/N_s$$

$$E_2'=SE_2 \tag{3-6}$$

$$E_2'=4.44S\ f_1 k_2 n_2 \phi \tag{3-7}$$

즉 회전자측의 기전력 및 주파수는 정지시의 기전력 E_2에 대하여 $E_2'=SE_2$, $f_2=sf_1$으로 된다.

회전자권선의 1상분의 주파수 f_1에 대한 임피던스를 $r_2'+jx_2'$로 하면 $f_2=sf_1$에 대해서는 식 (3-8)로 된다.

$$Z_2'=r_2'+jsx_2' \tag{3-8}$$

따라서 회전자의 전류는 식 (3-9)로 된다.

$$\dot{I}_2=E_2'/(r_2'+jsx_2'),\quad \theta=\tan^{-1}(sx_2'/r_2') \tag{3-9}$$

이 전류에 의한 기자력은 sf_1이 되는 주파수를 가지고 그 기본파 자속은 회전자에 대하여 sN_s가 되는 속도로 회전한다.

회전자 자신은 고정자에 대하여 $N=N_s(1-S)$로 회전하므로 회전자 기자력의 기본파는 고정자에 대하여 $SN_s+N_s(1-S)=N_s$, 즉 회전자 속도에 관계없이 동기속도로 회전한다.

회전자권선의 상수를 m_2라 하면 그 기자력의 식 (3-10)이 성립한다.

$$H_2 = (m_2/2)(4/\pi)(k_2 n_2/2P)\sqrt{2}\, I_2 \tag{3-10}$$

(b) 등가변압기 인덕션 모터의 고정자와 회전자의 전압과 전류관계는 회전자정지시 ($S=1$)일 때는 고정자를 1차로 하고 회전자를 2차로 하는 변압기에 있어서 2차측을 단락한 것과 등가로 생각할 수 있다. 즉 변압기에서는 1차, 2차에 유기되는 기전력은 교번자계에 의한 것이지만 인덕션 모터에 있어서는 회전자계에 의해서 기전력을 발생하는 점이 다르다.

슬립이 S일 때는 2차 기전력이 정지시의 S배로 되고 2차 누설리액턴스도 S배로 된다. 이 때 전류도 변화하지만 1차측에 대한 반작용은 정지한 경우와 거의 같게 된다. 1차측에서 보면 2차측은 정지하고 있거나 회전하고 있어도 2차측의 전류에 의한 기자력은 언제나 동기속도로 회전하고 있으므로 1차측에서는 이 반작용을 제거하기 위한 만큼의 기자력에 상당하는 전류가 흐른다. 이것은 당연히 변압기라 말할 수 있을 것이다. 따라서 2차측에 흐르는 전류가 I_2일 때 1차측에 흐르는 전류를 I_1'라고 하면 1차측 권선의 기자력 H_1은 식 (3-11)로부터 구해진다.

$$H_1 = (m_1/2)(4/\pi)(k_1 n_1/2P)\sqrt{2}\, I_1' \tag{3-11}$$

$$I_1'/I_2 = (m_2 k_2 n_2)/(m_1 k_1 n_1) = U_i = \frac{1}{\alpha\beta} \tag{3-12}$$

또한

$$E_1/E_2' = E_1/sE_2 = (1/s)(k_1 n_1/k_2 n_2) = (1/s)\, U_e \tag{3-13}$$

고정자에는 I_1'이외에 회전자계를 만들기 위해 필요한 여자전류 I_0가 흐르므로 1차측의 매상의 전류는

$$I_1 = I_1' + I_0 \tag{3-14}$$

로 된다. 따라서 인덕션 모터는 그림 3-11과 같이 변압기와 등가인 회로라고 할 수 있다.

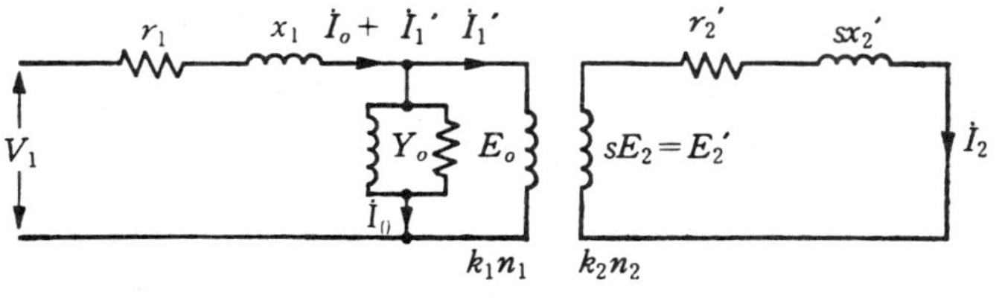

그림 3-11 등가회로

I_2는 그림 3-12와 식 (3-15)로부터 구할 수 있다.

$$I_2 = sE_2 / \sqrt{{r_2'}^2 + (s x_2')^2}$$
$$= E_2 / \sqrt{(r_2'/s)^2 + {x_2'}^2} \qquad (3\text{-}15)$$

이 식에서 2차(회전자)의 유기전압은 슬립 S일 때 E_2'로 되고 S의 변화에 대하여 2차측의 저항이 S에 반비례해서 변화하는 변압기의 등가로 된다. 이것을 도시하면 그림 3-12와 같이 된다. 이것은 인덕션 모터의 등가변압기라 부른다.

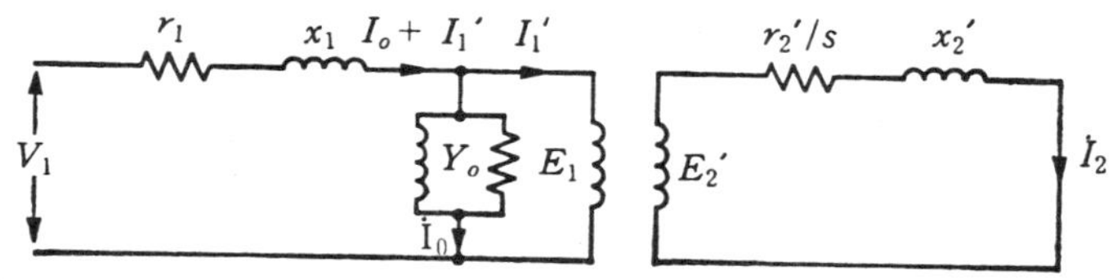

그림 3-12 등가 변압기

지금 이 등가변압기에 있어서 2차측의 제량을 1차측으로 환산하려면 식 (3-12)에 식 (3-13)를 대입하고 여기에 식 (3-15)를 대입하면 다음 식이 성립한다.

$$E_1 / I_1' = (U_e / U_i)\sqrt{(r_2/s)^2 + x_2^2} \qquad (3\text{-}16)$$

$$U_e / U_i = (m_1 k_1^2 n_1^2) / (m_2 k_2^2 n_2^2) = U^2 \qquad (3\text{-}17)$$

$$E_1 / I_1' = \sqrt{(U^2 r_2 / s)^2 + (U^2 x_2)^2} = \sqrt{(r_2'/s)^2 + {x_2'}^2} \qquad (3\text{-}18)$$

단, $r_2' = U^2 r_2$, $x_2' = U^2 x_2$

r_1 : 1차 1상의 저항[Ω]

x_1 : 1차 1상의 누설리액턴스[Ω]

r_2' : 1차로 환산한 2차 1상의 저항[Ω]

x_2' : 1차로 환산한 2차의 누설리액턴스[Ω]

V_1 : 1차 1상의 단자전압[V]

E_1 : 1차 1상의 유기전압[V]

I_1 : 1차 전류[A], I_1' : 1차로 환산한 2차 1상의 전류[A]

I_0 : 1차 전압 E_1에 대한 여자전류[A]

Y_0 : $g_0 - jb_0 =$ 여자 어드미턴스[Ω]

k_1 : 1차권선계수, k_2 : 2차권선계수

(c) 등가회로 이 모터에서는 토크를 발생하기 위한 회전자전류가 전자인덕션 작용에 의해 발생하므로 인덕션 모터라 부른다. 이 이론은 변압기와 거의 유사하여 2차측이 1차측에 대하여 상대적으로 이동회전하는 변압기로서 인덕션된다. 그 결과로써 각상의 등가회로는 그림 3-13처럼 된다. 식 (3-18)을 등가회로로 나타내면 그림 3-15로 되고 이 그림에서 여자전류 I_0가 r_1, x_1에 흐른다. 이 때의 전압강하가 소량일 때에는 이것을 무시하면 그림 3-14로 된다. 이러한 등가회로를 인덕션 모터의 간이등가회로라 한다. 이 등가회로를 사용하여 제 특성을 간단하게 계산할 수 있다.

그림 3-14의 간이등가회로에 있어서 $r_2'/s = r_2' + (1-s)r_2'/s$로 치환하면 그림 3-15에 나타낸 바와 같이 되고 이 $(1-s)r_2'/s$을 출력등가저항 또는 출력저항이라 부른다.

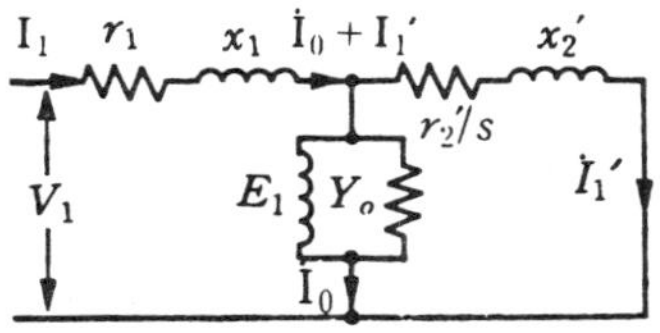

그림 3-13 등가회로

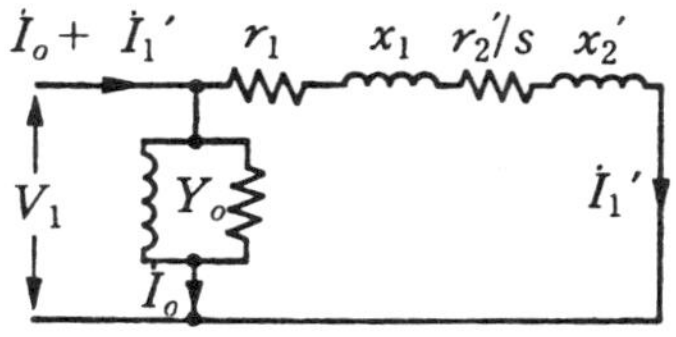

그림 3-14 간이등가회로

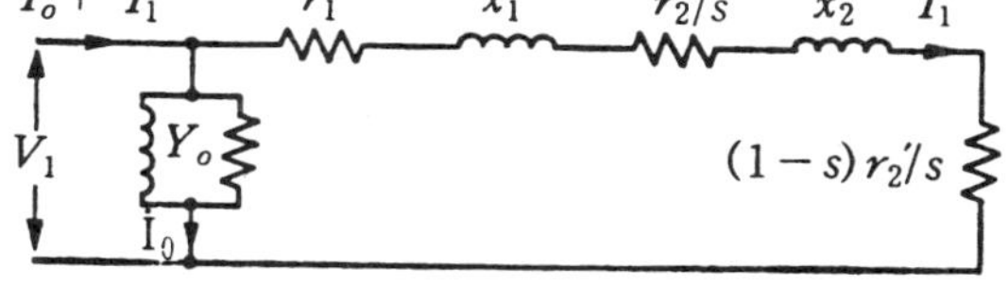

그림 3-15 특성 계산에 의한 간이등가회로

(d) 회전수와 제특성의 관계 이에 따라 토크특성을 그리면 그림 3-16과 같다. 어느 속도에서 피-크값을 가진 토크특성이 되며 2차저항 r_2'을 변화하면 최대 토크의 값은 일정하게 그 점의 슬립 S가 r_2'에 비례하여 이동하는 것이 특징이다.

단자전압을 일정하게 했을 때의 제특성을 그림 3-15로부터 구하면 인덕션 모터가 슬립

S로 회전하고 있을 때의 제특성은 다음 식으로부터 구해진다.

1차 전류

$$I_1' = V_1\sqrt{\{g_0+(r_1+r_2'/s)/z^2\}^2+\{b_0+(x_1+x_2')/z^2\}^2}\ [\mathrm{A}] \quad (3\text{-}19)$$

기계적 출력

$$W_2=\{(1-s)r_2'/s\}[m_1V_1^2/(r_1+r_2'/s)^2+(x_1+x_2')^2]\ [\mathrm{W}] \quad (3\text{-}20)$$

토크

$$T=(P/4\pi f_1)[m_1V_1^2(r_2'/s)/\{(r_1+r_2'/s)^2+(x_1+x_2')^2\}]\ [\mathrm{N\cdot m}] \quad (3\text{-}21)$$

1차 입력

$$W_1=m_1V_1^2[g_0+(r_1+r_2'/s)/\{(r_1+r_2'/s)^2+(x_1+x_2')^2\}]+L_m\ [\mathrm{W}] \quad (3\text{-}22)$$

여기에서 g_0 : 여자콘덕턴스, b_0 : 여자 서셉턴스, L_m : 기계적 손실

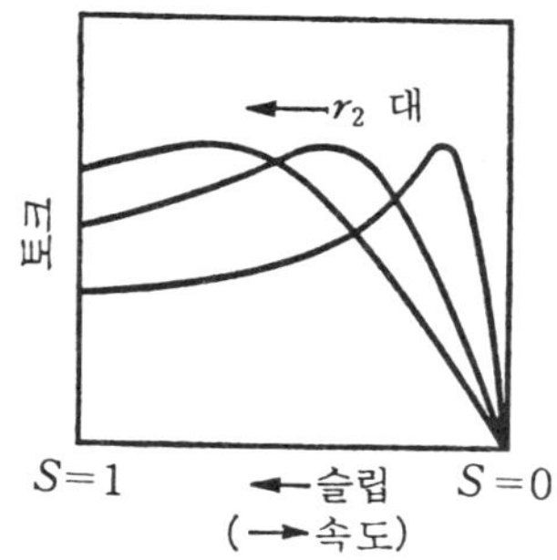

그림 3-16 3상유도 모터의 토크 특성

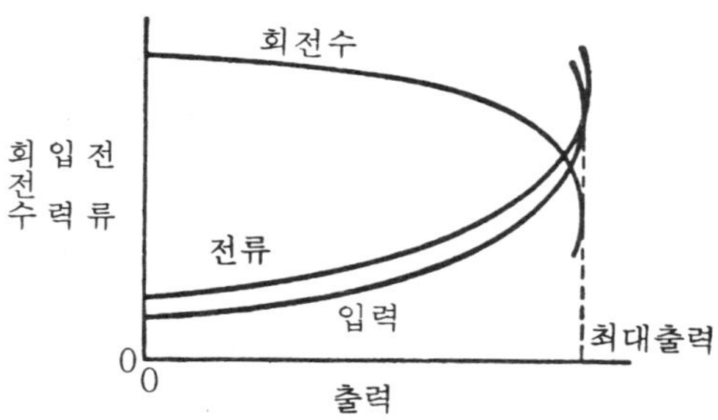

그림 3-17 출력특성

인덕션 모터의 제특성은 앞의 식 (3-19)~(3-22)로 산출할 수 있지만 이밖에 작도에 의한 원선도법에 의해서도 구할 수 있다.

(e) **특성곡선** 식 (3-19)~(3-22)에 의해서 나타낸 특성을 "회전수-토크"의 관계로 나타내면 그림 3-16과 같고 출력-전류, 입력, 회전수의 관계로 나타내면 그림 3-17과 같이 된다.

인덕션 모터는 식 (3-21)에서도 알 수 있듯이 전압 V 또는 주파수 f를 변화시켜서 토크제어하는 것이 가능하다. 일정전원주파수에서 전압을 변화시켰을 때의 속도가 변화하는 모습을 그림 3-18에 나타낸다. 모터특성과 부하특성의 교점인 속도에서 회전하는데 저전압에서는 속도가 불안정해지고 효율도 저하한다.

인버터는 주파수와 전압을 동시에 변화시켜서 속도를 변화시킨다. 그림 3-19에 이때의

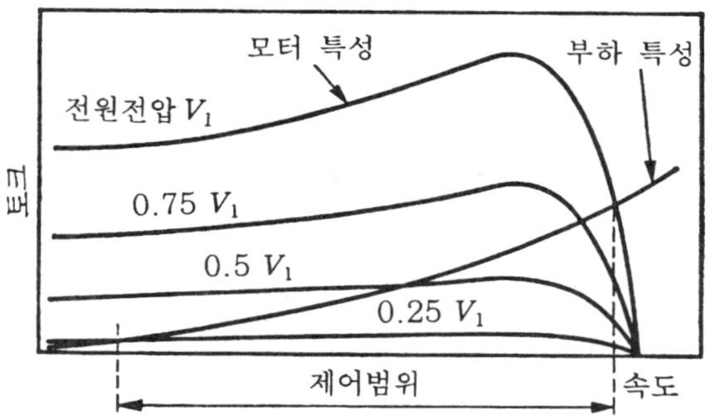

그림 3-18 1차 전압제어 특성(필요 토크가 속도와 함께 증가하는 듯한 부하의 경우는 전원전압의 변화만으로 속도를 바꿀 수 있다.)

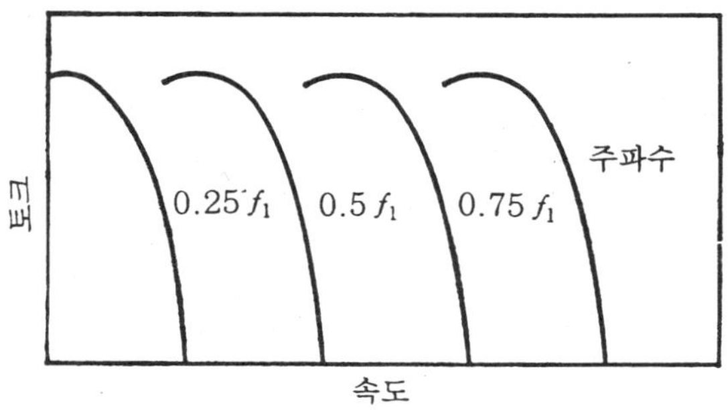

그림 3-19 전압/주파수 일정제어의 토크특성(V/F가 일정한 것에 인버터로 주파수를 변화시키면 토크곡선의 모양을 바꾸지 않고도 속도를 바꿀 수 있다.)

토크특성변화를 나타낸다. 저속시에도 발생토크가 크고 효율이 좋아 임의의 속도를 내는 것이 특징이다.

인덕션 모터는 견고한 구조를 갖추어 보급되고 있는데 정밀제어용으로써는 직류모터에 비하여 부적당하게 여겨져 왔다. 그것은 인덕션 모터의 경우 자속을 만드는 여자전류와 회전자에 전류를 흘려서 토크를 발생시키기 위한 토크전류를 같은 1차권선에서 공급하므로 각각의 전류성분의 분리제어가 어려웠기 때문이다. 이 문제를 해결한 것이 벡터제어이다.

벡터제어의 원리를 그림 3-20에서 간단하게 설명한다. 회전자의 자속과 동시에 회전하는 좌표계 dq상에서 소요되는 자속을 만드는 데 필요한 여자전류 I_m과 소요토크를 내는데 필요한 2차전류 I_2를 생각하고, 그 합성치를 I_1으로 한다. 이것은 회전좌표계로 보면 모두 직류값이다. 전류 I_1을 고정좌표계에 나타낸 전류(i_α, i_β)가 고정자에 흘려야 할 전류가 된다.

고정자(1차) 전류 i_α, i_β와 $(\omega_1 t + \theta)$의 정현파계수가 되므로 전류는 크기와 주파수뿐만 아니라 위상도 포함하여 그 순간에 필요한 최적치에 제어되는 것이다.

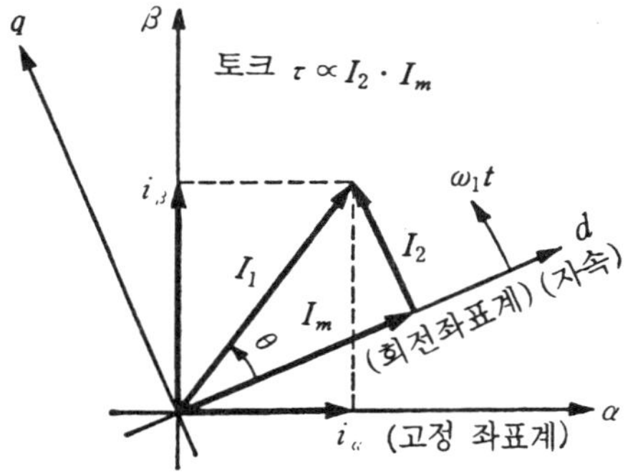

그림 3-20 벡터제어의 기본원리

벡터제어의 출현에 따라 직류모터와 마찬가지로 여자전류와 토크전류를 독립하여 제어할 수 있게 되고, 정밀제어용 모터로써의 길이 열리게 된 셈이다. 즉 벡터제어를 이용한 인덕션 모터는 인덕션형 AC 서보모터라 불리며, FA(factory automation)분야에 사용되고 있다.

(2) 단상 인덕션 모터

(a) 단상 인덕션 모터의 기본

그림 3-21과 같이 단상권선을 한 고정자 S_t 및 농형회전자 R_t가 되는 모터를 순단상 인덕션 모터라 부른다. 이 이론전개와 특성의 계산에 있어서는 회전자계설(rotating field theory) 또는 교차자계설(cross field theory)에 의해서 설명된다.

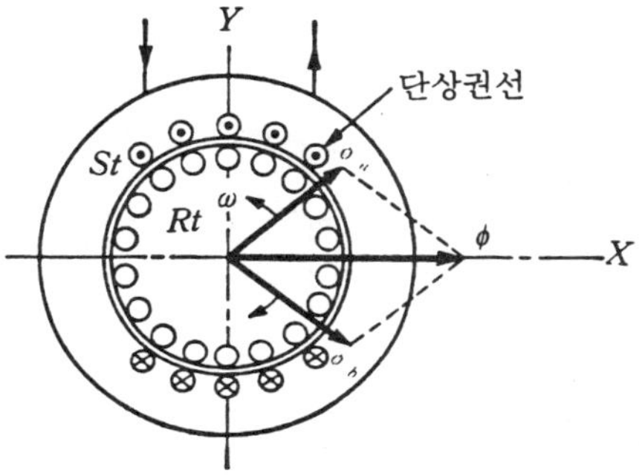

그림 3-21 단상 인덕션 모터

회전자계설에 의하면 1차의 단상권선에 단상교류를 흘리면 X축에 따라서 교번자계를 발생한다. 이것을 $\phi=\phi_m \cos \omega t$로 나타내면 $t=0$일 때 $\phi=\phi_m$이 된다. 지금 이 교번자계의 최대치가 $\phi_m/2$으로 동시에 같은 각속도 ω[rad/s]를 가져서 반대방향으로 회전하는 2개의 회전자계 ϕ_a 및 ϕ_b로 하면 시간 t에 있어서 Y축 및 X축에 걸친 각 자계의 성분의 합을 ϕ_y 및 ϕ_x으로 하면 이 합성자속 ϕ는 식 (3-23)으로 나타낸다.

$$\phi_y=\phi_a \sin \omega t+\phi_b \sin(-\omega t)$$

$$=(\phi_m/2)\{\sin \omega t+\sin(-\omega t)\}=0$$

$$\phi_x=\phi_a \cos \omega t+\phi_b \cos(\omega t)$$

$$=(\phi_m/2)\{\cos \omega t+\cos \omega t\}=\phi_m \cos \omega t$$

$$\phi=\sqrt{\phi_x^2+\phi_y^2}=\phi_y=\phi_m \cos \omega t \tag{3-23}$$

즉 단상 인덕션 모터는 상회전이 다른 2개의 회전자계를 합성한 것이라고 생각할 수 있다.

그림 3-22의 T_a는 회전자계 ϕ_a에 의한 토크곡선, T_b는 ϕ_b에 의한 곡선으로 하면 T_a, T_b를 합성시킨 T가 단상 인덕션 모터의 토크 곡선이며 정지상태($S_a = S_b = 1$)에서는 토크가 0으로 되어 자기동할 수 없다. 그러나 최초만 좌우 어느 한쪽 방향으로 회전하게 하면 그 방향에 토크를 발생해서 회전할 수 있다. 이와 같은 모터를 순단상 모터라 부른다.

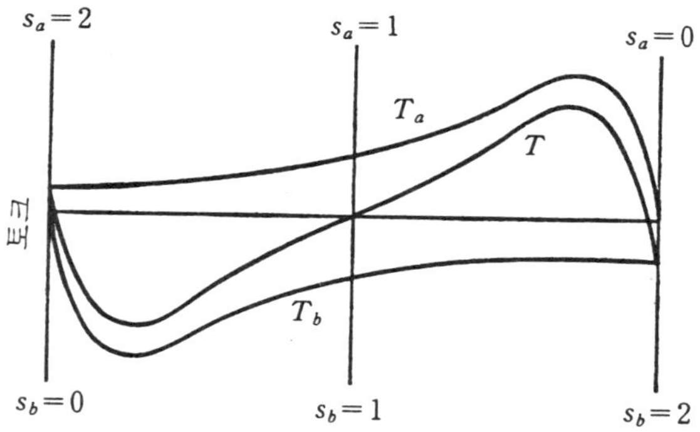

그림 3-22 단상 인덕션 모터의 토크 곡선

회전자계설은 단상 인덕션 모터를 2개의 회전자계(2대의 모터)로 치환해서 설명한 것으로 2전동기설(two motor theory)라고도 부른다. 즉 「하나의 축위에 회전자속의 방향이 서로 다른 2대의 2상 인덕션 전동기를 직결한 것」을 말한다. 3상 인덕션 모터에 비교해서 토크 특성과 효율의 점에서 열세이므로 대형의 것에는 그다지 사용되지 않지만 직접 전등선에서 전원을 취할 수 있어서 가정용 전기기기의 구동용 및 약 1[kW] 이하의 일반 전력으로 많이 사용된다.

(b) 등가회로

순단상 인덕션 모터에 있어서는 앞에서의 2전동기설로 설명한 바와 같이 정전자계에 의한 정상 모터와 방향이 반대의 역회전 자계에 의한 단상모터에 의해 양자의 작용이 포함되므로 그림 3-23에 나타낸 것과 같은 회로가 된다.

그림 3-23의 등가회로에 나타낸 모터는 그림 3-24(a)에 나타낸 바와 같이 오직 한 개의 단상권선만을 가지고서는 기동할 수 없으므로 일반적으로는 그림 3-24(b)에 나타낸 바와 같이 시간적, 공간적으로 위상이 다른 2상권선을 만들어 다상화해서 사용한다.

이 방법을 단상모터의 경우 "**분상화**"라 부르며 기동특성과 운전특성이 크게 향상한다.

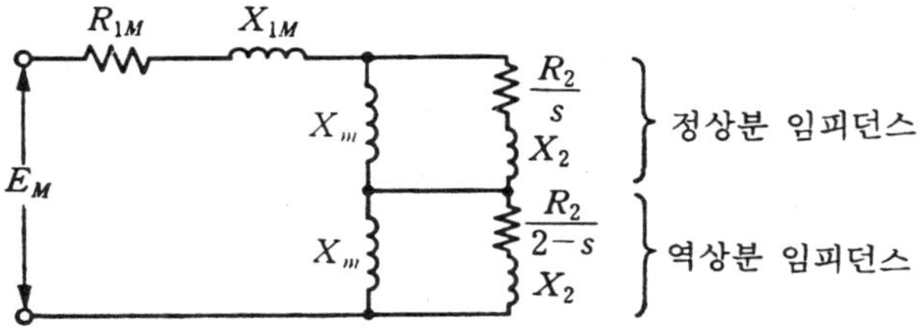

그림 3-23 단상 인덕션 모터의 등가회로

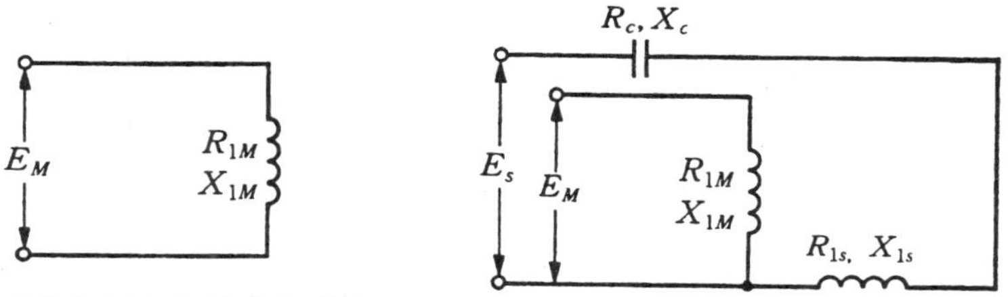

(a) 단상권선(주권선)만의 단상 유도 모터(단상 모터)

(b) 2상권선에 의한 단상 유도 모터 (분상 모터)

그림 3-24 단상모터와 분상모터

그림 3-24(b)에 나타낸 분상 모터의 등가회로는 그림 3-25, 그림 3-26에 나타낸 등가회로로 표시할 수 있다.

그림 3-25의 Z_c는 콘덴서형 단상 인덕션 모터의 경우로서 $Z_c=0$의 경우에는 분상형 단상 인덕션 모터의 경우이다.

콘덴서형 단상 인덕션 모터의 경우 역상분 토크가 발생하지 않는 $I_m+jaI_a=0$의 조건은 진동을 발생시키지 않으며 효율이 좋은 운전을 할 수 있는 조건으로 된다. 또 통상 등가회로 그림 3-25(c)의 주 권선측의 입력전압 V_m과 보조권선측 입력전압 $-j(V_a/a)$는

$$V_m=-j\frac{V_a}{a}$$

이다.

여기서, E_M : 주권선 단자공급전압[V]

E_s : 기동권선에 의한 보조권선 단자공급 전압[V]

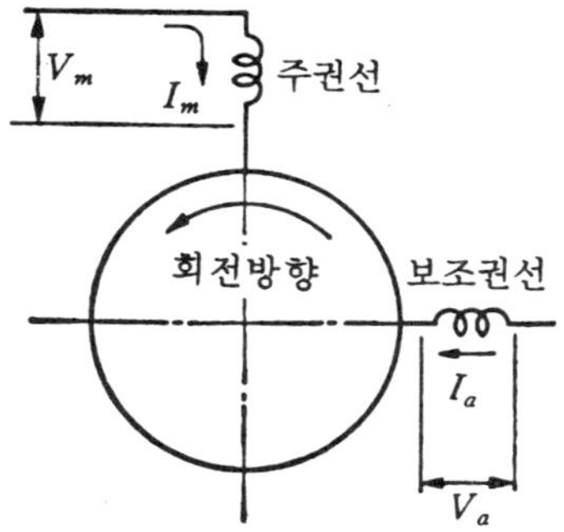

(a) 공간적인 전기각 90° 벗어난 2권선방식 단상 유도 모터

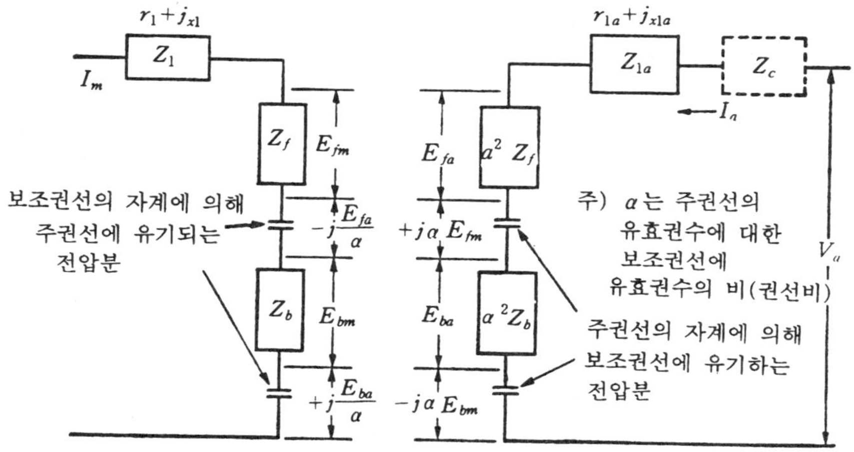

(b) 공간적인 전기각 90° 벗어난 2권선 방식 단상 유도모터의 전압전류(상분표시)

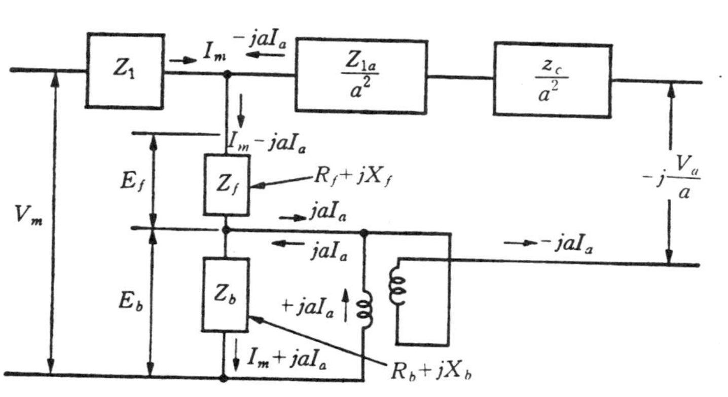

(c) 분상형단상 유도 모터의 (정, 역) 상분표시 등가회로

그림 3-25 분상형 단상 인덕션 모터의 (정, 역) 상분표시 등가회로

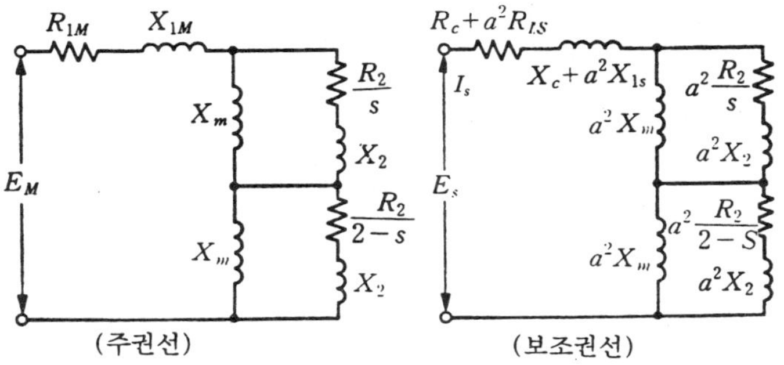

그림 3-26 2상권선에 의한 단상 인덕션 모터의 등가회로

R_{1M}: 주권선 저항[Ω]

N_{tqqm}, N_{tpps} : 주권선, 보조권선의 유효권수

R_{1s} : 기동권선 또는 보조권선저항[Ω]

R_2 : 1차로 환산한 2차 1상 저항의 1/2[Ω]

R_c : 콘덴서의 직렬등가저항[Ω]

X_m : 교번 주자속에 의한 여자 리액턴스의 1/2[Ω]

X_{1M} : 주권선의 리액턴스[Ω]

X_{1s} : 기동권선 또는 보조권선의 리액턴스[Ω]

X_2 : 1차로 환산한 2차 1상의 리액턴스의 1/2[Ω]

X_c : 콘덴서의 리액턴스[Ω]

α : N_{tpps}/N_{tppm}, 기동권선 또는 보조권선과 주권선과의 유효권수 비(권선비 : Turn Ratio)

(c) 회전수와 제 특성의 관계

그림 3-26에 나타낸 등가회로로 회전수와 제특성과의 관계를 구했을 때와 같게 된다.

$$R_f = X_m^2(R_2/s)/\{(R_2/s)^2+(X_2+X_m)^2\} \quad (3\text{-}24)$$

$$R_b = X_m^2\{R_2/(2-s)\}/[\{R_2/(2-s)\}^2+(X_2+X_m)^2] \quad (3\text{-}25)$$

$$X_f = X_m\{(R_2/s)^2+X_2(X_2+X_m)\}/\{(R_2/s)^2+(X_2+X_m)^2\} \quad (3\text{-}26)$$

$$X_b = X_m[\{R_2/(2-s)\}^2+X_2(X_2+X_m)]/[\{R_2/(2-s)\}^2+(X_2+X_m)^2] \quad (3\text{-}27)$$

여기서 R_f : 정전자계에 의하여 본 저항[Ω]

X_f : 정전자계에 의하여 본 리액턴스[Ω]

R_b : 역전자계에 의하여 본 저항[Ω]

X_b : 역전자계에 의하여 본 리액턴스[Ω]

s : 정전자계(정상분)에 대한 모터의 슬립(slip)

그림 3-26에 있어서 주권선 및 보조권선의 회로는 실제로는 같은 전원에 접속된 것이므로 단자 공급전압은 E_M으로 대표되고 각 권선에 흐르는 전류는 다음과 같이 된다.

$$I_M = E_M[\{R_c + \alpha^2(R_{1s} + R_f + R_b)\} + j\{X_c + \alpha^2(X_{1s} + X_f + X_b)\} + j\alpha\{(R_f - R_b) + j(X_f + X_b)\}]/\varDelta \tag{3-28}$$

$$\dot{I}_s = E_M[\{R_{1M} + R_f + R_b) + j(X_{1M} + X_f + X_b)\} - j\alpha\{(R_f - R_b) + j(X_f - X_b)\}]/\varDelta \tag{3-29}$$

$$\varDelta = \alpha^2\{(R_{1s} + R_f + R_b) + j(X_{1s} + X_f + X_b)\}\{(R_{1M} + R_f + R_b) + j(X_{1M} + X_f + X_b)\} - \alpha^2\{(R_f - R_b) + j(X_f - X_b)\}^2 \tag{3-30}$$

1차 전류

$$I = I_M + I_s + I_l\,[\mathrm{A}] \tag{3-31}$$

기계적 출력

$$W_2 = \{(I_M^2 + \alpha^2 I_s^2)(R_f - R_b) + 2I_M I_s \alpha(R_f + R_b) \cdot \sin\phi\}(1-s) - W_f\,[\mathrm{W}] \tag{3-32}$$

토크

$$T = [P/\{4\pi f(1-s)\}]\,W_2\,[\mathrm{Nm}] \tag{3-33}$$

1차입력

$$W_1 = CE_M\,[\mathrm{W}] \tag{3-34}$$

여기서 ϕ : I_M과 I_s의 상차각

I : $C + jF\,[\mathrm{A}]$

I_l : 철손과 표류부하손에 의한 전류[A]

W_f : 축받이 마찰에 의한 기계손, 풍손[W]

f : 전원 주파수[Hz]

다음에 주권선만에 의한 단상운전에 관하여 구해보면

1차 전류

$$I = E_M / \{(R_{1M} + R_f + R_b) + j(X_{iM} + X_f + X_b)\} [\mathrm{A}] \tag{3-35}$$

기계적 출력

$$W_2 = I^2 (R_f - R_b)(1 - s) - W_f \, [\mathrm{W}] \tag{3-36}$$

토크

$$T = [P / \{4\pi f (1 - s)\}] \, W_2 \, [\mathrm{Nm}] \tag{3-37}$$

(d) **특성 곡선**

식 (3-31)~(3-37)에 의해서 얻어지는 회전수-토크 특성을 그림 3-27에 나타낸다. 출력-전류, 입력-회전수의 운전중에 있어서의 특성은 3상 인덕션 모터의 경우와 거의 같은 경향을 나타낸다.

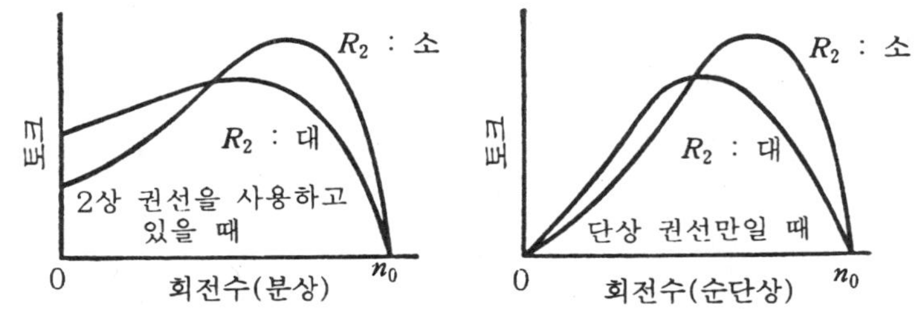

그림 3-27 단상 인덕션 모터의 토크 특성

3-1-4 응용예, 제어방법

(1) 응용예

각종 인덕션 모터의 특징을 표 3-1에 나타낸다.

표 3-1 인덕션 모터의 종류와 특징

종류	회로도와 토크	기동시 벡터도	특징	응용예
3상 모터	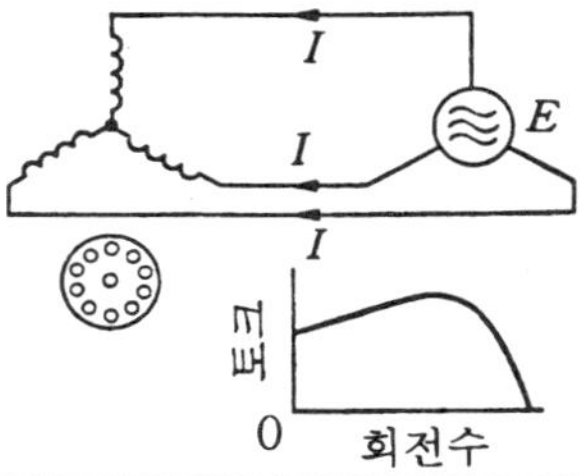	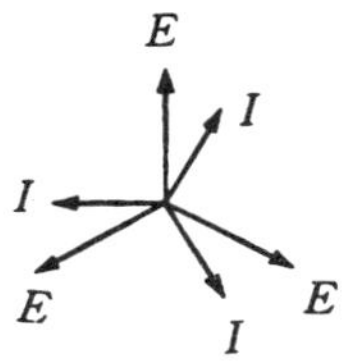	구조 간단 소형기는 기동 토크 크다.	일반용 (산업용)
분상기동 모터	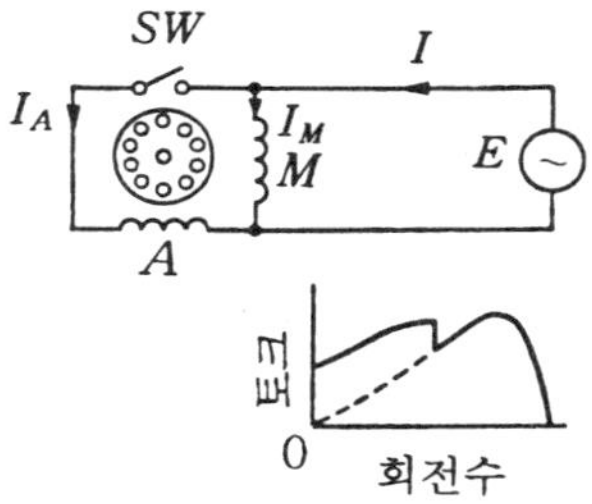		비교적 구조 간단 일반용으로서 가장 많이 보급 기동전류의 분할로 토크가 작다.	일반용
콘덴서 기동 모터	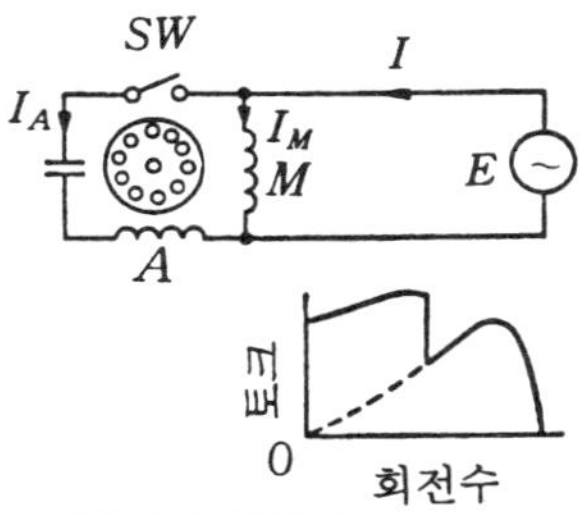	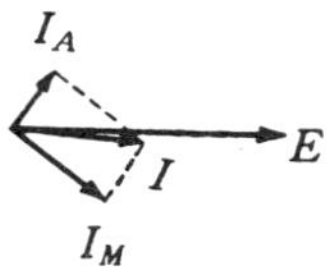	기동토크가 크고 기동전류가 작다. 콘덴서를 설치하기 때문에 극히 구조 복잡	콘프레서
콘덴서 모터	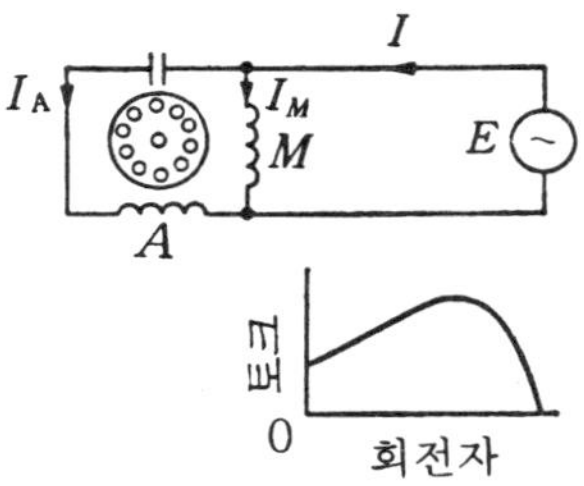	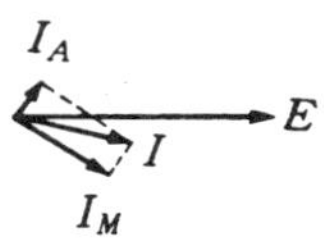	원심력 스위치가 없고 신뢰도가 높다. 기동전류가 작다. 역률이 비교적 좋다. 기동토크는 그다지 커질 수 있다.	세탁기 펌프 선풍기 그밖의 팬 가전용 사무기용
세이딩 코일 모터	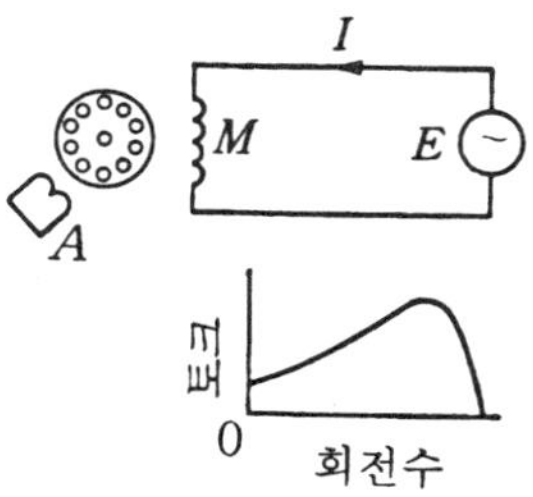	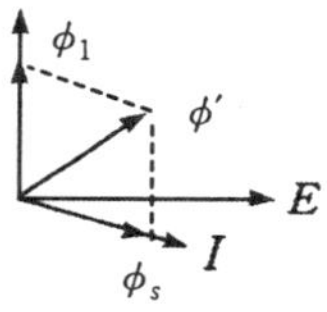	동손이 많고 기동토크가 작다. 구조가 극히 간단 기동토크가 작으므로 효율이 낮아 대출력에 부적합 소출력에 사용	천장형 선풍기 팬 그외 소동력용

종류	회로도와 토크	기동시 벡터도	특징	응용예
반발기동 모터	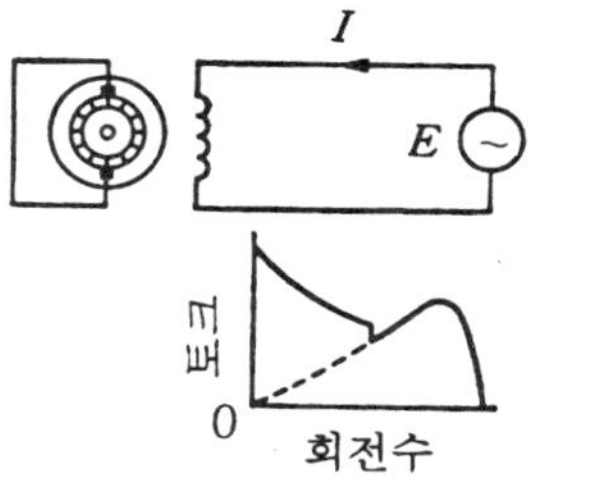	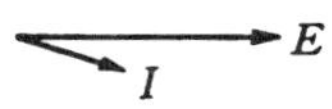	기동토크가 극히 크고 기동 전류가 작으며 구조가 복잡 마모부품을 포함	왕복동 (펌프)

(2) 제어방법

(a) 정역회전

인덕션 모터의 회전방향을 변화시키는 것은 회전자계의 방향을 변화시키면 된다.

i) 3상 인덕션 모터　회전방향을 변화시키려면 그림 3-30에 나타낸 바와 같이 3개의 상 중에서 2개의 상을 바꾸어 접속하면 회전자계의 방향이 역으로 되어 회전방향이 역전한다.

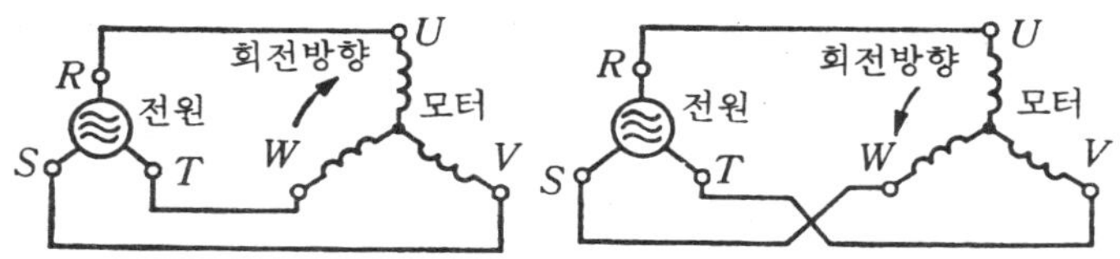

그림 3-28 3상 인덕션 모터의 회전방향 변화

ii) 단상 인덕션 모터　단상 인덕션 모터는 일반적으로 2조의 권선(2상 권선)으로 회전자계를 만들지만 이 때 회전자계의 방향은 그림 3-29에 나타낸 바와 같이 전류위상이 앞서는 권선에서 위상이 뒤진 권선으로 향하여 회전한다.

이 때문에 그림 3-30, 그림 3-31에 따라서 권선의 단자를 넣어서 변화시키는 것에 의해 회전방향을 변화시킬 수 있다.

그림 3-30의 예에서는 주권선 M에 대한 보조권선 A의 상대적인 방향을 변화시킴으로써 회전방향을 변화시킨다. 그림 3-33에 있어서는 그림 3-30이 상대적인 자속 ϕ_M과 ϕ_A의 방향을 변화시킴에 따라서 주권선 M과 보조권선 A에 흐르는 전류의 위상을 바꾸어서 회전자계의 방향을 변화시킨다. 이 방법에서는 양회전방향과도 같은 출력을 나오

게 하려면 각상 즉 주권선 M과 보조권선 A의 양쪽도 동일선경으로 동일 권수의 권선으로 할 필요가 있다. 그림 3-31에서도 설명한 바와 같이 세탁기모터와 같이 정전, 역전, 정지를 빈번하게 행하는 부하에는 최적의 방법이다.

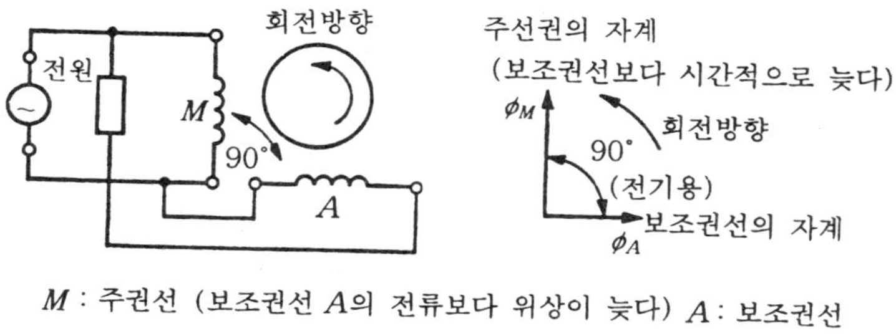

그림 3-29 2상권선과 회전방향

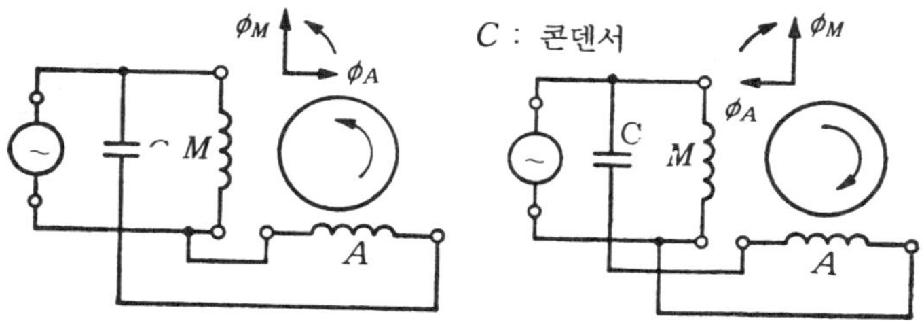

그림 3-30 단상 인덕션 모터의 회전방향 변화(1)

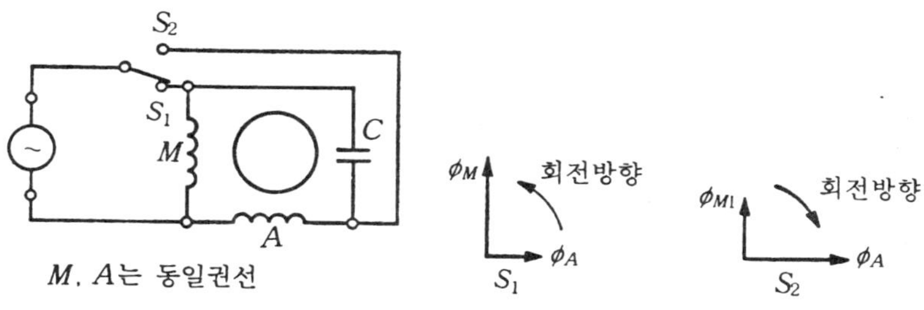

그림 3-31 단상 인덕션 모터의 회전방향 변환(2)

(b) 변속운전

모터에 의해서 구동하는 기기로는 일정속도로 운전할 수 있는 것도 필요하지만 한편으로는 기기의 회전속도를 적당하게 조정하고 싶다고 할 때가 있다. 이와 같을 때 동력원이 되는 모터의 속도를 조정하는 것이 가장 간단하면서 확실한 방법이다. 대형으로 공업용의 3상 인덕션 모터에서는 각종의 변속방법이 있지만 단상 인덕션 모터에서는 변속방법도 한정된다. 종래의 전압제어 방식에서는 단상 인덕션 모터의 변속범위가 상당히 좁게 되었지만, 반도체 제어에 의해 큰 폭의 속도조정이 가능하게 되었다. 아래에 변속제어의 대표적인 방법을 나열해 본다.

i) 전압제어법　　모터의 토크는 인가전압의 2승에 비례하므로 그림 3-32에 나타낸 바와 같이 모터의 속도는 전압을 제어하여 조절할 수 있게 된다. 이 경우는 단상 인덕션 모터이며 분상기동과 콘덴서기동과 같이 기동용의 원심력 스위치와 기동 릴레이(relay)가 붙은 것은 부적당하며 콘덴서 모터와 같은 상시 2상 운전의 모터를 사용하지 않으면 안된다.

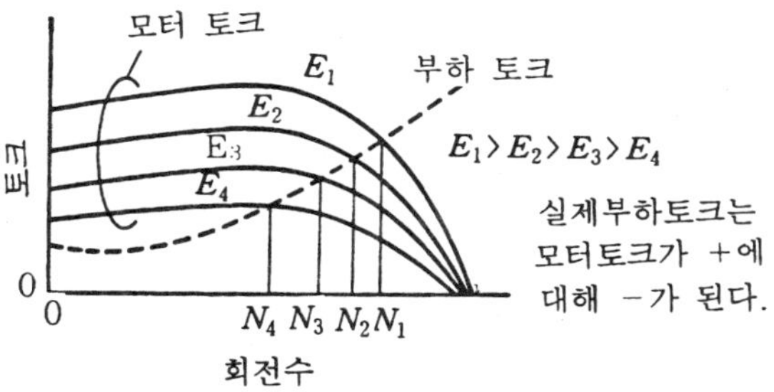

그림 3-32 전압에 의한 회전수제어

모터는 발생토크와 부하토크의 평형점에서 회전을 지속한다. 따라서 그림 3-32와 같은 부하 토크가 가해지고 모터의 전압을 E_1, E_2, E_3, E_4로 각각 변화시키면 그때의 모터의 토크 곡선과 부하토크 곡선의 평균점 N_1, N_2, N_3, N_4의 회전수로 운전할 수 있다. 이것이 전압제어법에 의한 변속법이다. 이 전압제어법에는 대표적인 방법으로서 그림 3-33과 같은 방식이 있다. 그림 3-33(a), (b), (c) 중에서 일반적으로는 (b)방식 또는 이것을 변형한 것이 많다. (c)방식은 연속제어 할 수 있는 장점이 있지만 모터에 가해지는 전압이 정현파 교류가 아니므로 진동 및 소음을 유발하는 것 외에 라디오의 중파대에 해당하는 잡음을 발생시킬 수가 있어서 사용하기에 따라서는 그 방지대책을 고려할 필요가 있다.

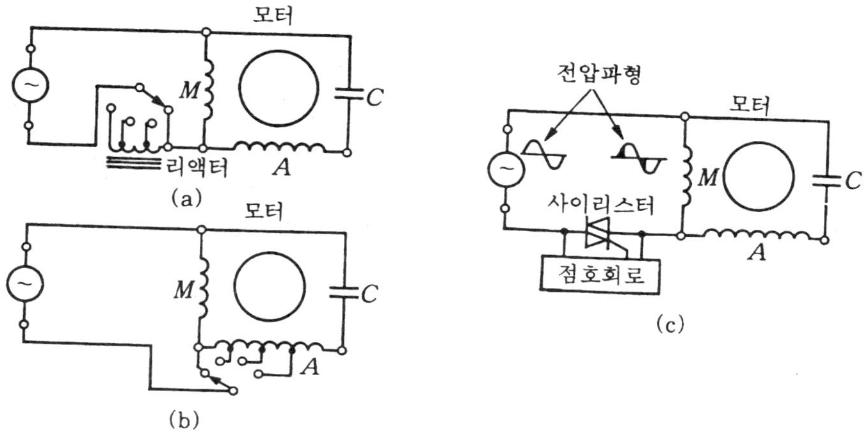

그림 3-33 전압제어법과 그 회로

그림 3-33(a)는 전원에 직렬로 리액터(reactor)를 삽입하고 이것에 의해 전압강하를 일으켜서 모터에 가해지는 전압을 조정하여 회전수를 조정한다.

그림 3-33(b)는 모터의 권선에 탭(Tap)을 설치해서 이것의 절환에 의해 보조권선의 발생기자력을 조정하는 방법이다. 전원전압을 변화시킨 경우와 같은 효과를 가지며 회전수를 조절할 수 있다.

그림 3-33(c)는 모터에 직렬로 트라이액(triac)을 넣고 이 트라이액의 점호각 제어에 의해 정현파 전압파형의 일부를 통전하여 모터에 가해지는 실효전압을 변화시켜 회전수를 조절한다. 이 방법은 회전수를 연속제어할 수 있다. 파형의 사선을 칠한 부분은 무통전 부분이다. 이와 같은 사이리스터(트라이액)에 의한 결점을 제거하려면 트랜지스터를 사용해서 정현파상의 진폭제어를 행하는 방법도 있다.

ii) 자동전압제어법　간단한 전압제어법으로는 그림 3-32에 나타낸 바와 같이 부하토크가 1개의 곡선으로 나타나는 팬(fan)부하와 같은 저감 토크 부하에는 적합하지만 부하가 변동하면 회전수도 변동하므로 실용적이지 못한 것이 많다. 즉 그림 3-32에 의해서 N_4에 회전수를 조정한 후 부하가 0까지 감소하면 회전수는 크게 상승할 것이다. 또 회전수를 낮게 설정하면 모터의 기동 토크도 저하해서 기동불능의 현상도 일어나게 된다. 이와 같은 점을 개량한 것이 자동전압제어법으로 그림 3-34와 같은 속도 특성을 얻을 수 있다. 이 경우 부하 토크는 사선을 그은 것과 같은 폭으로 변동하는 경우에서도 거의 안정하게 일정한 회전수로 운전을 지속할 수 있다(이것은 속도 피드백(feed back) 사이에 전압제어이며 주파수제어는 아니다).

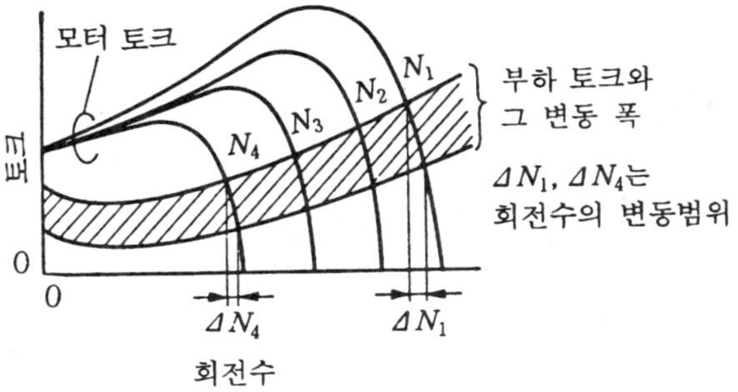

그림 3-34 자동전압제어에 의한 회전특성

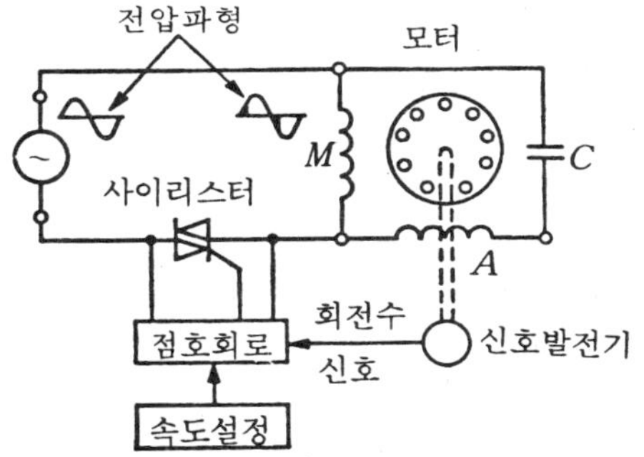

그림 3-35 자동전압제어법과 그 회로

이 방식은 반도체를 사용하여 모터에 가해지는 전압을 자동적으로 제어할 수 있으므로 자동전압제어라고 부르기도 하며 회전수를 연속으로 제어할 수 있다. 회전수의 조정범위도 고속과 저속으로 5 : 1 정도의 비까지 취할 수 있으며 큰 폭의 변속을 행할 수가 있다. 이 제어회로는 그림 3-35에 나타낸 바와 같고 그림 3-33(c)와 기본적으로는 같지만 점호회로는 그림 3-35에 나타낸 것과 같이 모터의 회전수를 피드백하여 목표의 회전수에 대응한 지령신호값을 입력시킨다. 지령신호와 회전수 신호의 비교가 이루어지며 양자의 차에 따라서 사이리스터의 점호시간(위상)을 연속적으로 동시에 자동적으로 제어하는 것이다.

지금 어떤 회전수로 운전하고 있는 모터의 부하토크가 증가했다고 하면 모터의 회전수는 저하해서 회전수신호가 작게 되고 지령신호와의 차가 ＋측에 크게 된다. 그러면 사이리스터의 점호가 빨라져서 모터에 보다 큰 전압을 가해 큰 토크를 나오게 해서 회전수를 높여 주어야 한다. 회전수를 이번에는 설정한 것보다 높게 하면 회전수 신호가 크게 되고 그것에 의해서 사이리스터의 점호를 지연시켜서 모터에 보다 작은 전압을 가해 토크를 적게하여 회전수를 낮춘다.

iii) 극수변환법 인덕션 모터는 회전자계의 회전속도 즉 동기속도에 가까운 속도로 회전한다. 동기속도 N_s는 식 (3-2)로 나타내지므로 극수 P를 변화시키면 극수에 응해서 단계적으로 속도를 변화시킬 수 있다. 이와 같이 권선의 극수를 변화시켜 변속하는 방법을 **극수변환법**이라 하며 두 개의 다른 속도를 얻을 때에는 이 방법이 사용된다. 이 경우 하나의 고정자 중에 두 개의 다른 극수의 권선을 감아 넣고 극수에 응해서 그것들을 선택하여 사용하는 경우(2권선방식)와 1종류의 권선을 감아서 그것을 적당히 접속 변경해서 2종류의 극수를 만들어 사용하는 경우가 있다(1권선방식).

전자의 방식은 각 극수의 출력특성을 자유롭게 선정해서 설계할 수 있는 이점이 있지만 2대분의 모터를 하나로 합쳐놓은 것과 같게 되므로 모터가 크게 되어 비경제적이다.

후자의 방식은 각 극수의 출력특성은 어느 쪽이 한쪽의 극수의 특성에 의해서 한정되지만 권선을 유효하게 사용할 수가 있다. 그 일례를 그림 3-36에 나타낸다.

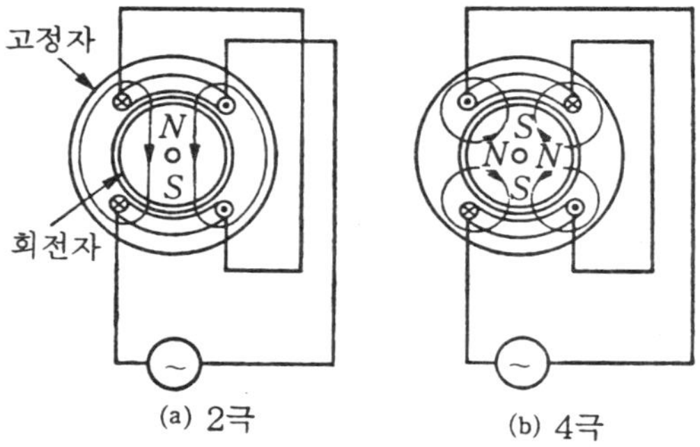

그림 3-36 권선의 접속변경에 의한 극수 변환원리(1권선방식)

iv) 주파수 변화에 의한 변속 인덕션 모터의 회전속도는 전원의 주파수로 결정되므로 주파수를 변화시키면 쉽게 변속할 수가 있다. 이 경우 인버터가 사용된다. 이 때에 전압을 일정하게 해서 주파수를 낮추면 모터의 임피던스가 작게 되어 전류가 증가하여 온도상승이 과대하게 될 우려가 있으므로 전압을 적당하게 낮출 필요가 있다. 또 주파수를 높이면 모터의 임피던스가 크게 되고 전류가 흐르기 어렵게 되므로 토크가 저하한다. 그래서 전압을 높일 필요가 있다. 이 때문에 전압과 주파수의 비를 일정하게 유지하는

VVVF(variable voltage variable frequency, 가변전압과 가변주파수) 방식의 인버터가 사용된다.

(c) 제동법

인덕션 모터는 회전자계에 의해 회전하고 있으므로 이 고정자의 회전자계를 정지자계로 하면 회전자도 정지해 버린다. 이 성질을 이용하여 회전하고 있는 모터를 제동할 수 있다. 즉 인덕션 모터를 교류전원에서 떼어내어 권선에 직류전류를 흘리는 방법이다. 이 방식을 DC 다이나믹 제동(dynamic brake)이라 부른다.

3-2 동기 모터

3-2-1 원리

그림 3-37에서 보는 바와 같이 그림 3-3과 같은 2상 권선을 한 고정자에 영구자석의 회전자를 넣으면 회전자는 회전자계에 따라서 회전하는 모터를 동기모터(synchronous

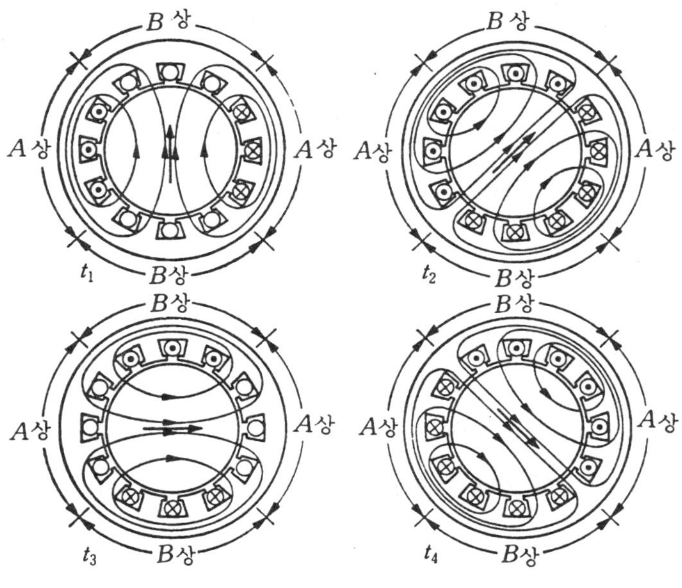

(a)

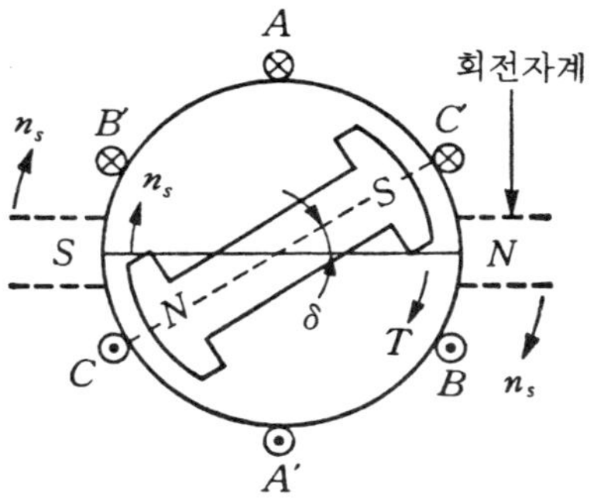

(b)

그림 3-37 동기 모터의 원리

motor)라 부르며, 그 속도가 전원주파수에 완전하게 대응하므로 인덕션 모터에서와 같은 슬립이 없다는 특징이 있다.

출력이 kW로 표시되는 것과 같이 대형의 모터에서는 영구자석에 상당하는 부분은 자극철심에 권선을 감고 외부에서 슬립링(slip ring)을 삽입해서 직류전류를 흘려 자계를 만든다.

소형의 동기모터에서는 회전자에 영구자석을 사용하는 방식 외에 여러 가지의 방법들이 적용되고 있다. 동기모터의 일반형은 그림 3-37(b)에 나타난 바와 같이 인덕션 모터와 같은 형으로 고정자 안에 영구자석 또는 돌극철심의 회전자를 장치한 구조를 가지고 있다. 전자를 자석형 동기 모터, 후자를 릴럭턴스(reluctance 또는 reaction) 모터라 부른다. 이 경우 회전자는 고정자로 만들어진 회전자계에 의해서 회전하는 형태이다. 따라서 속도는 회전자계와 마찬가지로 동기속도 n_s가 된다.

무부하 상태에서는 회전자계와 회전자의 자기 축이 일치하고 있는데(부하각 $\delta=0$), 부하가 걸리면 δ가 증가하고 토크가 발생된다. 영구자석 회전자에서는 $\delta=90°$, 돌극철심 구조에서는 $\delta=45°$를 넘으면 토크가 감소하여 회전자가 따라갈 수 없게 되어 정지한다(탈조라 한다). 각상의 토크는 각각 다음 식처럼 된다. N은 상권선수, ϕ는 상권선에 들어가는 자속수, λ는 상권선 아래의 투자도이다.

자석형 :

$$T=-NI\frac{d\phi}{d\delta} \cong k_1 \phi I \sin\delta \tag{3-38}$$

돌극철심형 :

$$T = -\frac{1}{2} N^2 I^2 \frac{d\lambda}{d\delta} \cong k_2 I^2 \sin 2\delta \tag{3-39}$$

동기모터는 동기상태에서는 상기의 토크를 발생하여 회전을 유지할 수 있는데 기동시에는 극히 저주파의 경우를 제외하고 얼마간의 별도의 수단으로 동기속도까지 끌어올려줄 필요가 있다. 일반적으로 농형 회전자를 같이 설치해서 인덕션 모터의 원리로 가속시키고 있다. 그림 3-38은 영구자석형 모터 구조의 일례이다. 2종류의 모터가 동거하는 형인데 규격이 커진다는 것이 결점이다. 고정자는 인덕션 모터 경우와 마찬가지로 3상 이외에 단상형식도 사용된다.

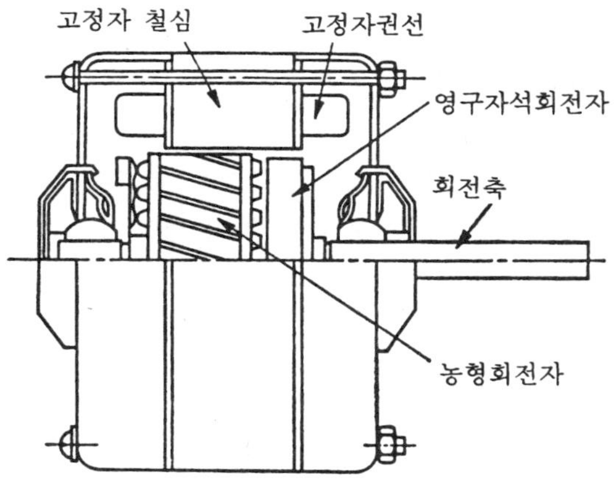

그림 3-38 영구자석 동기 모터의 구조(인덕션 모터로서 기동하면 동기에 들어간다.)

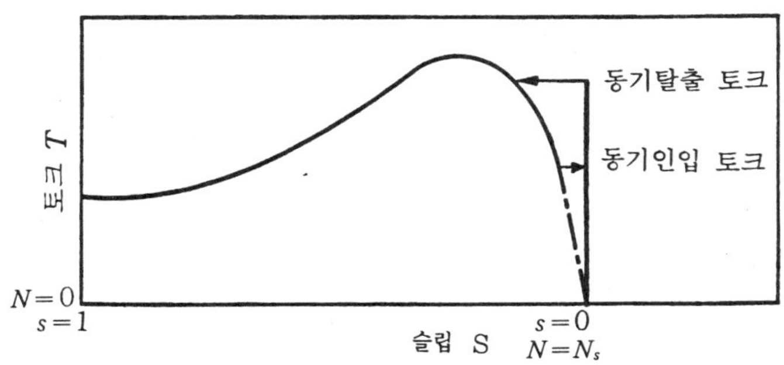

그림 3-39 동기모터의 속도-토크특성
(인덕션 모터로서 가속하고 s=0의 근처에서 동기운전에 인입된다.)

동기모터의 일반적인 특성을 그림 3-39로 나타낸다. 기동시는 속도 $0(s=1)$에서 인덕션 모터특성으로 가속하고, 동기속도 근처($s \approx 0$)에서 동기 인입 되어진다. 일단 같은 동기 인입 때의 토크 이상의 부하에 견딜 수가 있다.

동기모터의 철심에 다수의 기어를 설치하여 외관상의 극수를 증가하면 동기속도가 낮아지는데 다른 기동수단을 대신할 수 없고, 정지상태에서 동기에 직접 인입할 수가 있다. 이와 같은 모터를 **인덕터형 동기모터**라 칭한다. 구조적으로는 후술하는 스테핑 모터와 거의 같은 형태이다.

동기모터는 원리상 주파수를 변화시킴에 의해 속도를 변화시킬 수 있는데 이것을 발전시킨 것이 스테핑 모터나 브러시리스 모터의 제어라고 생각된다.

3-2-2 종류와 구조

(1) 릴럭턴스 모터

릴럭턴스(reluctance)와 자기저항을 갖는 릴럭턴스 모터와 인덕션 모터의 2차권선 즉 회전자부분의 철심이 그림 3-40에 나타낸 바와 같이 철극 구조로 되어 있는 것으로 기동기간 중에는 인덕션 모터로서 기동하고 운전 중에는 동기속도로 끌어들여서 회전한다. 이 방식의 모터를 **반작용(reaction) 모터**라고도 한다.

그림 3-40에 나타낸 회전자는 6극구조로 이것을 6극권선의 고정자와 조합시키면 6극의 동기속도로 회전하는 동기모터가 얻어진다. 이 모터의 토크 특성은 그림 3-41에 나타낸 것과 같이 되고 기동 토크와 최대 토크는 인덕션 모터의 토크 특성을 나타낸다. 모터의

그림 3-40 릴럭턴스모터의 회전자

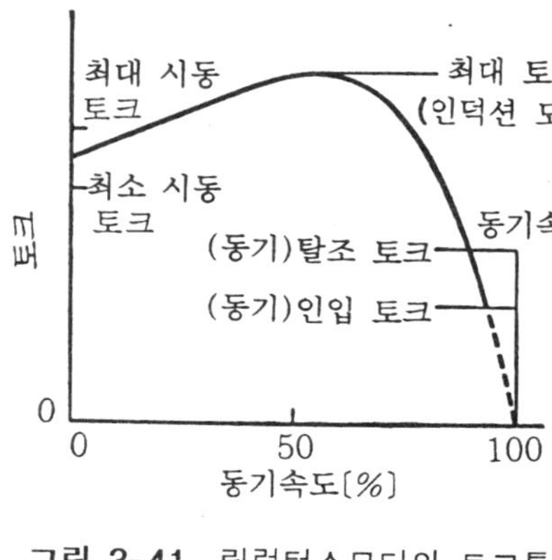

그림 3-41 릴럭턴스모터의 토크특성

부하가 증가해서 한계 토크에 달하면 동기속도를 유지할 수 없게 된다. 이 점을 **동기탈조 토크**라고 한다. 이 탈조 토크는 최대 토크의 약 1/3 정도이다.

그림 3-42는 단상의 콘덴서 모터방식의 릴럭턴스 모터의 회로도이며 콘덴서형 릴럭턴스 모터라 부르고 있다.

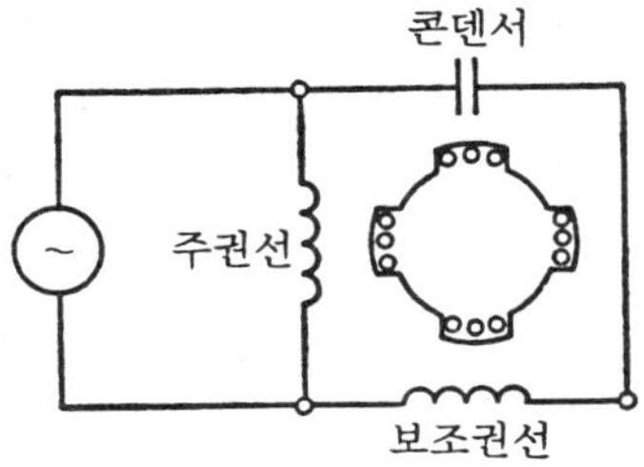

그림 3-42 콘덴서형 릴럭턴스

(2) 히스테리시스 모터(hysteresis)

히스테리시스 모터(hysteresis motor)는 그 자체로 기동함과 동시에 동기 회전이 가능한 모터이다. 고정자의 구조는 인덕션 모터나 동기모터와 같은 데, 회전자는 그림 3-43처럼 원통상의 반경자성재료(보자력 H_c가 비교적 작은 영구자석 재료)로 되어 있다. 영구자석형 동기모터와 다른 점은 H_c가 작기 때문에 고정자전류에 의해 회전자의 자화상태가 바뀌는 점에 있다.

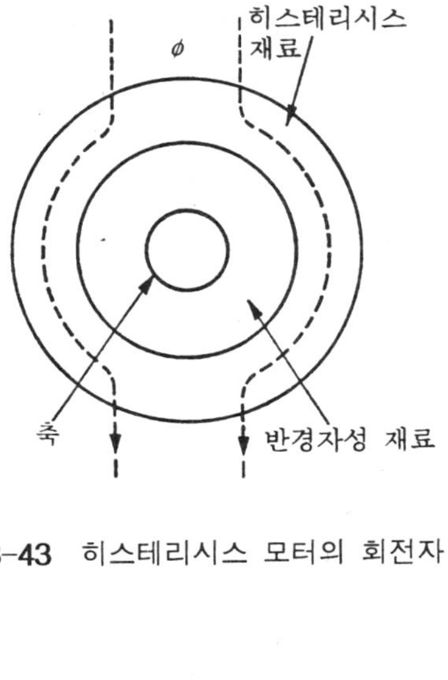

그림 3-43 히스테리시스 모터의 회전자 구조

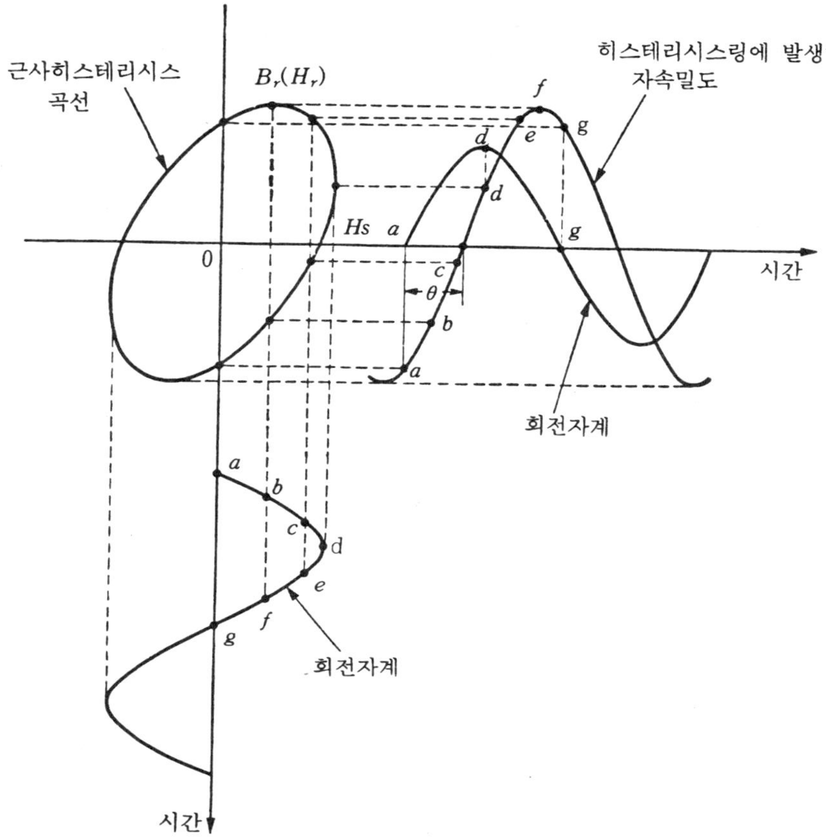

그림 3-44 히스테리시스 재료의 자화동작(회전자계의 영향하에 히스테리시스링의 자화는 일정각도 θ 늦게 그에 추종하고 회전자계와 회전자 자화의 사이에서 토크를 발생한다.)

히스테리시스 모터는 식 (2-9)의 제3항에 의한 토크에서 회전하는데 일반적으로 간단하므로 아래처럼 생각하여 토크를 유도한다. 히스테리시스 곡선은 그림 3-44처럼 타원과 유사하며 슬립이 있는 상태의 회전자 자속을 회전자계 기자력에 대하여 일정의 뒤진 각을 가지고 추종하는 관계가 된다. 이 뒤진 전기각을 θ, 기자력세기 및 회전자 자속의 최대치를 각각 H_s, B_r로 하면 토크는 동기모터의 식 (3-38)과 같은 형식의 식 (3-40)으로 나타낼 수 있다.

$$T \approx kH_s B_r \sin\theta \tag{3-40}$$

여기서 $H_s B_r \sin\theta$는 히스테리시스곡선 내의 면적에 상당하며 θ는 보통 30°정도가 된다. θ는 재료의 히스테리시스 곡선에 의해 결정되는 값이므로 비동기시의 토크는 거의 일정하게 되고 동기상태로는 연속적으로 이행한다. 히스테리시스 모터의 토크 속도 특성을 그림 3-45에 나타낸다. 동기상태에서는 끌어 넣어지는 시점의 착자(着磁)상태를 가진 영구자석의 동기모터로서 동작한다.

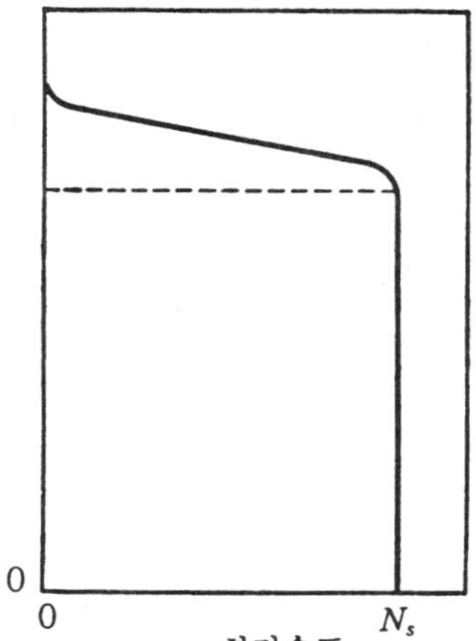

그림 3-45 히스테리시스 모터의 특성(비동기 상태의 토크는 일정하다.)

히스테리시스 모터는 회전자에 홈이 없으므로 회전속도의 변화가 작고 자기동이 가능하는 등의 뛰어난 특성을 가지고 있는데 부하각 θ가 작기 때문에 거의 대형이며 효율이나 역율이 낮다는 결점도 가지고 있다. 회전자의 형상이 단순하고 견고하므로 초소형 동기모터와 초고속모터 등에 사용된다.

히스테리시스라는 것은 자화이력현상을 말하는 것으로 히스테리시스 모터의 고정자는 인덕션 모터와 같은 모양의 회전자계를 만들기 위한 1차권선이 감겨 있다. 회전자는 히스테리시스 곡선의 잔류자기가 큰 영구자석 재료로 만들어지며 고정자 기자력으로 회전자의 자성체가 자화되어서 토크를 발생한다. 그림 3-46에 회전자의 구조를 나타낸다.

회전자가 자화되었을 때 회전자의 자성체는 히스테리시스 특성에 의해 자속의 변화에 지연이 생긴다. 이 관계를 그림 3-47에 나타낸다. ϕ_s는 고정자 자속으로 화살표 방향으로 회전할 때 회전 자속 ϕ_r는 각 α만큼 늦어진다. 이 각 α는 자성체의 히스테리시스 관계와 여자전류에 관계하여 이 α에 의해 토크가 발생한다. 이 토크는 그림 3-48에 나타낸 바와 같이 회전수에 무관하지만 실제로는 회전자의 자성체가 도체이므로 인덕션 모터

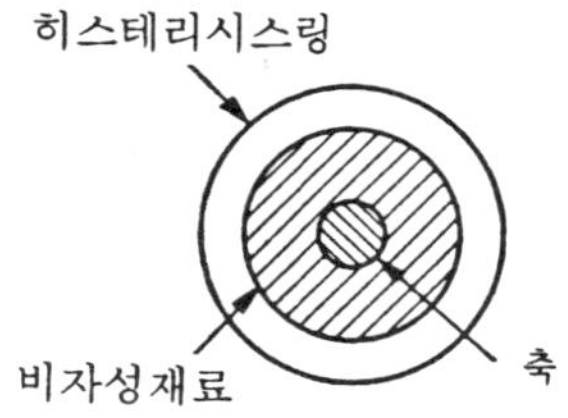

그림 3-46 히스테리시스 모터의 회전자

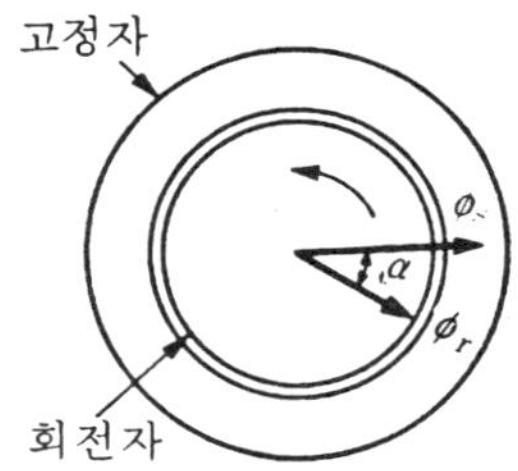

그림 3-47 히스테리시스의 자속

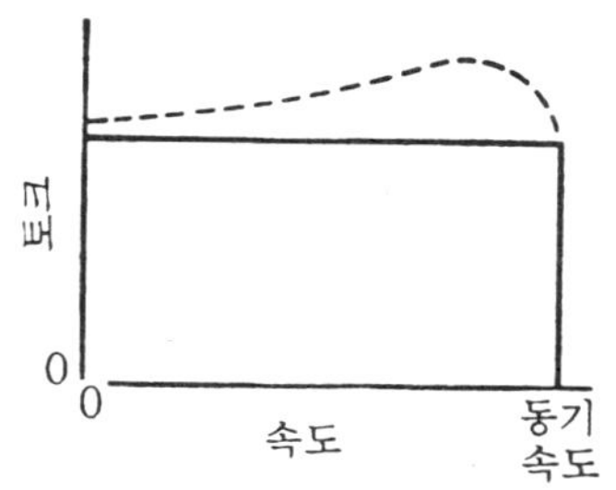

그림 3-48 히스테리시스 모터의 토크

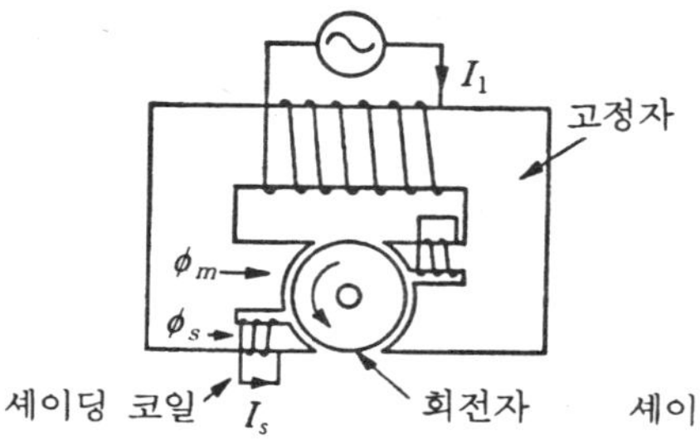

그림 3-49 세이딩 코일형 히스테리시스 모터

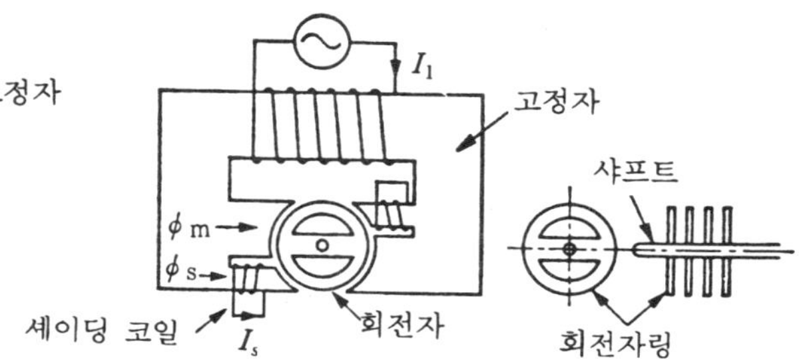

그림 3-50 와렌 모터의 구조

의 2차권선의 요소가 가해져 파선으로 나타낸 토크 특성이 된다.

회전자의 자성체인 히스테리시스 링(ring)의 재료는 히스테리시스 계수가 큰 강자성 재료가 사용되지만 알루늄(Alunium) 등의 영구자석용 재료가 많이 사용된다. 그림 3-49는 세이딩 코일 방식의 고정자를 갖는 세이딩 코일형 히스테리시스 모터의 개략도이다.

히스테리시스 모터의 일종으로 미국의 와렌(Warren) 씨의 고안에 의한 와렌 모터가 넓게 사용되고 있다. 와렌 모터는 그림 3-50에 나타낸 바와 같이 회전자는 탄소강 또는 텅그스텐 강의 박판으로 링 상으로 만들어져 있다. 필요 토크에 따라서 여러 장의 박판을 붙여서 구성한다. 용도로서는 타이머(timer) 등 미소동력용으로서 사용된다. 고정자는 세이딩 코일(shading coil)형으로 하는 경우가 많고 구조가 극히 간단하므로 다량생산에 적합하다.

(3) 인덕터 모터(inductor motor)

인덕터(inductor) 모터는 회전자에 기어 상의 영구자석 유도자를 가진 고정자 권선에 의한 이동자계에 따라서 회전하며 그 구조를 그림 3-51에 나타낸다. 그림 3-51에 회전자 중 사선의 부분은 영구자석으로 회전자기어는 모두 같은 극성이다. 고정자 기어수는 일반적으로 회전자 기어수와 다르고 고정자의 각각의 기어(gear)에 감겨진 고정자 권선은 회전자계를 발생시킬 수 있는 2상권선으로 하고 콘덴서 모터와 같은 모양의 결선으로 하고 있다.

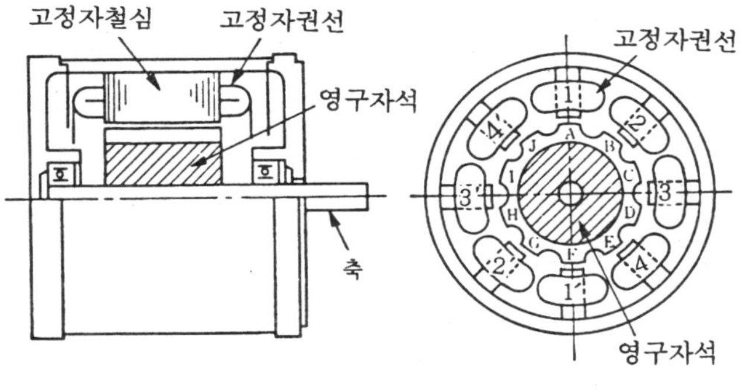

그림 3-51 인덕터 모터의 구조

그림 3-51에 있어서 10개의 회전자기어는 모두 S극으로 한다. 8개의 고정자 기어의 권선은 우회전의 회전자계를 발생하도록 4극, 2상권선으로 하고, 1, 3, 1′, 3′는 제1상, 2, 4, 2′, 4′는 제2상으로 하여 2상전압이 인가된다. 지금 1이 N, 3이 S극의 형태로 여자되었을 때 2상여자이므로 2, 4는 무여자이며, 1은 A로 흡인하고 3은 C, D와 반발하며, 1′는 F와 흡인하고, 3′는 I와 H와 반발하며 계속하여 2는 B와 4는 E와 자기적으로 흡인하여 그림의 위치까지 회전한다. 따라서 1/4 싸이클 후에는 1, 3은 무여자이고, 2는 N, 4는 S극으로 되어 B와 2가 일치하는 위치까지 회전한다. 이와 같이 해서 회전자는

전원주파수 f[Hz]의 1싸이클로 회전자기어의 1핏치만큼 회전하는 것으로 되며 회전자기어수를 n_2로 하면 동기속도 n_s는

$$n_s = 120f/(2n_2)\,[\mathrm{rps}] \tag{3-41}$$

로 된다. 그림 3-51의 인덕터 모터는 회전자가 1개로 영구자석의 자로는 프레임(frame)을 귀로로 하는 구조이지만 이밖에 2개의 회전자를 갖는 구조의 것도 있다.

3-2-3 계산 기본식

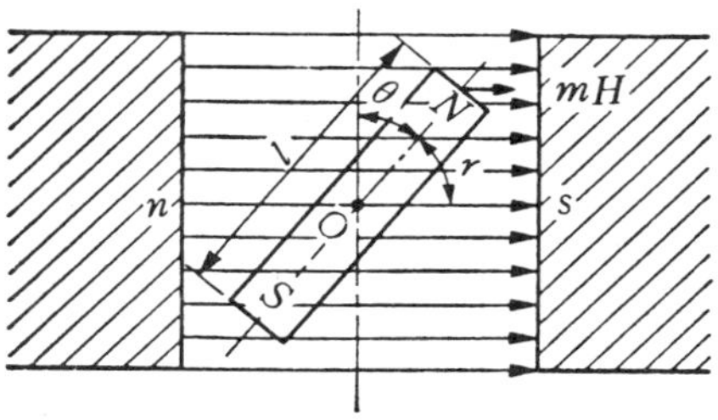

그림 3-52 토크발생

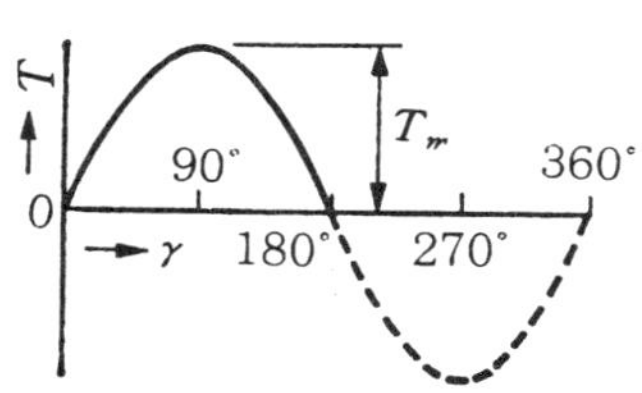

그림 3-53 회전각과 토크(토크각)

그림 3-52에 나타낸 바와 같이 강한 자계의 세기 H[A/m]의 평등자계 내에 놓여있는 길이 l[m], 자극의 세기 m[Wb]의 봉 자석 N 및 S극에 작용하는 토크는

$$T = 2mH(l/2)\sin\gamma = mHl\sin\gamma = mHl\cos\theta \tag{3-42}$$

단, $\gamma = 90° - \theta$

식 (3-42)에 있어서 m, H, l은 일정하므로 T와 γ의 관계는 그림 3-53과 같이 정현곡선이 된다. 단, 시계방향의 토크를 정(+)으로 하고 반시계방향의 토크를 부(−)로 한다. 이 경우 최대 토크는 $\gamma = 90°$일 때에 발생하며 $T_m = mHl$이다.

이와 같은 토크가 작용하므로 봉 자석은 시계방향으로 회전하여 $\gamma = 0$ 즉 봉 자석의 축이 자계의 방향과 일치한 상태로 정지한다. 따라서 봉 자석 N, S를 그림 3-52의 위치로 유지하기 위해서는 식 (3-42)의 γ에 부합하는 제어력(외력)을 축에 주지 않으면 안 된다.

다음에 자석 n, s를 일정속도 N_s로 시계방향으로 회전시키고, 동시에 봉 자석 N과

S도 그림 3-52의 관계 위치를 유지함에 따라 N_s의 속도로 같은 방향으로 회전하고 있으면 양자의 상대관계는 그림 3-52의 경우와 아주 같게 되므로 봉 자석 N, S에 작용하는 토크 T는 식 (3-42)와 같이 된다. 따라서 이 경우에는 식 (3-42)의 T에 상당하는 기계적 에너지를 발생하게 되고 그림 3-54는 이 상태를 나타낸다.

봉자석 N, S가 정지하고 있을 때는 자석 n, s만을 일정속도 N_s로 시계방향으로 회전시키면 γ는 시간과 함께 증가하며 γ가 0°에서 180°까지는 그림 3-53의 실선과 같은 토크가 시계방향으로 작용하지만 γ가 180°에서 360°의 사이에서는 같은 크기의 토크가 반시계방향으로 작용하는 것이 되므로 1회전 중의 평균 토크는 0이 된다. 따라서 봉자석 N, S는 자석 n, s에 응하여 회전하지 않는다. 또 봉자석 N, S의 속도는 N_s가 아니고 N이라고 하면 양자의 상대속도는 $N_s - N$이 되고 그림 3-53과 같은 토크 곡선이 $N_s - N$회 반복하는 것이 되므로 평균 토크는 0이 되는 진동력으로 된다.

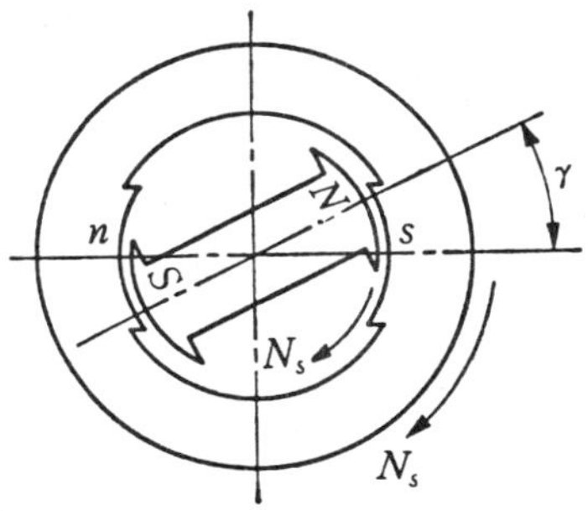

그림 3-54 동기 모터의 회전

이와 같은 동기 모터에서는 봉자석에 상당하는 N, S가 회전자계에 상당하는 n, s와 같은 속도 N_s로 회전하고 있을 때만 토크를 발생하는 것을 알 수 있다.

3-2-4 종류와 특징

동기모터의 종류와 특징을 표 3-2에 나타낸다.

표 3-2 동기모터의 종류와 특징

종류		특징
영구자석	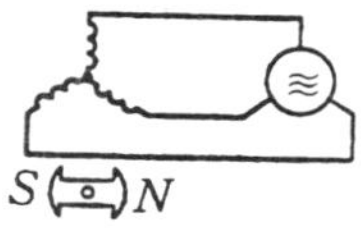	1. 자기시동불가능 농형권선의 추가등 시동장치가 필요 2. 주파수와 극수로 결정하는 정속도 모터 3. 유도 모터에 비해 고가
회전자계자형 (영구자석형의 일종)	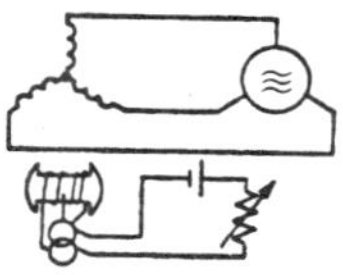	1. 자기시동불가능 2. 주파수와 극수로 결정하는 정속도 모터 3. 회전자여자의 조정으로 역률을 변화시킬 수 있다. 4. 소형 모터로서는 그다지 사용되지 않는다.
릴럭턴스 모터 (리액션 모터)	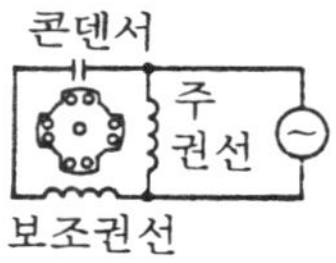	1. 인덕션 모터의 변형으로서 제작하기 쉽다. 2. 구조간단 3. 시동시에 토크 코킹을 발생 4. 역률, 효율 모두 좋지 않다
히스테리시스 모터	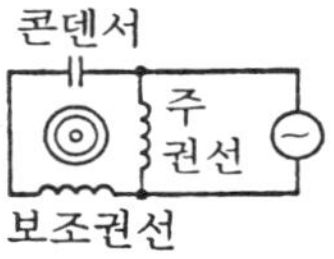	1. 시동, 동기인입양호 2. 구조간단 3. 진동, 회전 모두 작다. 4. 시동전류 작다.
워렌 모터 (히스테리시스 모터의 일종)	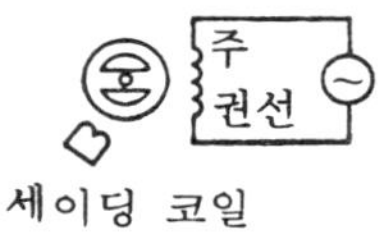	1. 세이딩코일형 인덕션 모터를 고정자로 하는 소형으로 완성가능 2. 구조진단, 자기시동 가능 3. 감속 기어와 조합하여서 저속의 일정속도 운전을 얻는 데 적합
인덕터 모터	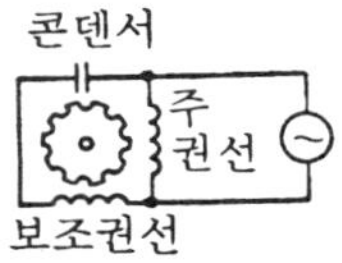	1. 다극구조로 하기 쉽고 저속 모터를 얻을 수 있다. 2. 고정자와 회전자의 다극자석의 관계로 전원 off시 브레이크 효과를 가지며 시동 및 정지가 빠르게 이루어 짐

3-2-5 응용예, 제어방법

동기모터의 응용 예 및 제어방법을 표 3-3에 나타낸다.

표 3-3 동기모터의 응용 예 및 제어방법

종류	적용 예	제어방법
영구자석형	1. 정속운전에 있어서, 고효율, 고역률이 요구되는 용도	1. 전원주파수의 제어로 고정도의 변속운전가능
회전자계자형 영구자석형의 일종	1. 위와 같다. 2. 비교적 출력이 큰 모터에 적용 3. 역률조정용(동기조상기)	1. 위와 같다. 2. 회전자의 여자조정에 의한 역률조정
릴럭턴스 모터 (리액션 모터)	1. 정속운전을 필요로 하는 소동작 (공작기계 사무기계)	1. 전원주파수의 제어로 고정도의 변속운전가능 2. 직류자기동 역상제동 회생제동가능
히스테리시스 모터	1. 테이블 레코더 또는 phone 모터 등의 음향기기 2. 의료기기, 계측기계 시한장치	1. 전원주파수 제어 변속운전의 가능 2. 전압파형 일그러짐이 토크특성에 미치는 영향이 크다.
워렌 모터 (히스테리시스 모터의 일종)	1. 기계, 타임 스위치 등의 시한장치	1. 변속제어는 통상 행하지 않는다 (전원주파수에 의한 일정속도운전)
인덕터 모터	1. 공업용 타이머, 시한장치 2. 광고 디스플레이 3. 송치장치	1. 전원주파수의 제어로 변속운전 가능

참고문헌

(1) 石黒, 他2名 : 小形モータの設計と応用, pp. 129～140. オーム社(1962)

(2) 大隅, 茂木 : 小形回転機ハソドブック, pp. 6-1～6-38, 電気書院(1966)

(3) 竹内, 村田 : 電気機械, pp. 122～147, オーム社(1953)

(4) 坪島, 中村 : モータ技術百科, pp. 71～77, オーム社(1982)

(5) 中村, 他6名 : モータ選定ガイドブック, 機械設計, pp. 5～122, 第23巻, 第7号, 日刊工業新聞社(1979)

(6) 酒井 : 制御用モータの活用技術, pp. 202～206, 工業調査會(1984)

연습문제

(1) 4극의 콘덴서모터가 100[V], 50[Hz]의 전원에서 슬립 0.08(8%)로 운전하고 있다. 이때의 모터의 매분의 회전수는 얼마인가?

✔ 힌트 식 (3-5) 참조 [답] 1,380[rpm]

(2) 인덕션 모터가 0.700[N · m]의 토크를 내어서 1,364[rpm]으로 운전하고 있다. 이때의 모터의 출력은 몇 [W]인가?

✔ 힌트 식 (3-19), (3-20), (3-32) 참조 [답] 100[W]

(3) 1상분의 등가회로가 문 그림 3-1로 주어진 농형 유도모터의 정수를 측정하여라. 여기서, 여자 어드미턴스가 $\dot{Y}_0 = 0.005 - j\,0.030$이고, S=1인 경우의 임피던스가 $Z = 1.95 + j\,0.030$이다. 고정자저항 $R_1 = 1.1\,[\Omega]$, 정격선간의 전압 200[V], 슬립 3[%]에서 운전하는 경우 회전자전류 I_2와 역율을 구하라.

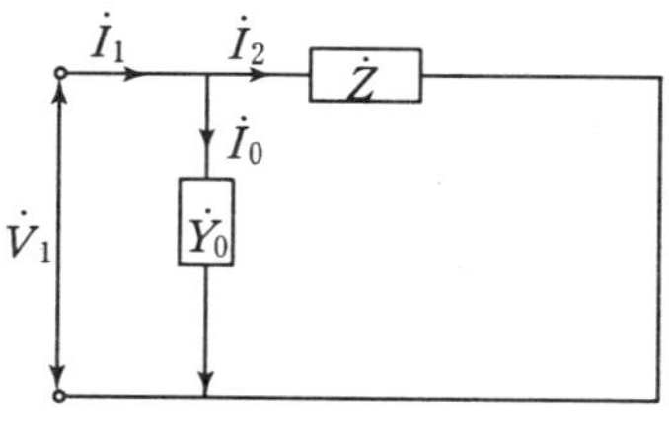

문 그림 3-1

[답] $I_2 = 3.92\,[\mathrm{A}]$, $\cos\phi = 99.7\,[\%]$

(4) 선간전압 200[V], 60[Hz], 6극의 3상유도모터가 있다. 고정자와 회전자의 저항은 모두 0.1[Ω], 리액턴스는 모두 0.5[Ω]이다(회전자측의 저항과 리액턴스의 값은 모두 고정자측에 환산후의 값이다). 여자회로는 무시할 때, 아래의 값을 구하라.

(a) 1140[rpm] 운전시의 고정자전류 I_1, 역율 $\cos\varphi$, 토오크 T을 구하라.

(b) 이 모터의 기동 토오크를 1140[rpm] 운전시와 동일토오크로 하기 위하여 필요한 회전자저항을 구하라. 또 이때의 기동전류의 값을 구하라.

[답] (a) $I_1=49.8$ [A], $\cos\varphi=90.3$ [%], $T=118$ [N-m] (b) 2 [Ω], 49.8 [A]

(5) 3상, 4극의 유도모터가 회전수에 관계없이 10.2[N · m]의 부하 토오크를 가진 부하를 구동하고 있다. 이 모터가 60[Hz]로 운전시 1740[rpm]으로 회전할 때, 이 모터의 출력, 2차동손 및 회전자 입력을 구하라. 또한, 이 모터의 여자손이 $P_{eX}=180$ [W]이고, 1차 동손을 무시할 때 효율은 얼마인가?

[답] 출력=1,856.4 [W], 2차동손=63.35 [W], 회전자 입력=1,919.8 [W], 효율=96.7 [%]

(6) 정격전압 200[V], 2.2[Kw]의 유도모터의 무부하시험시 전압 V=200[V], 전류 I=3.6[A], 출력 P=200[W]이고, 구속시험시 전압 V=43.5[V], 전류 I=8.3[A], 출력 P=400[W]였다. 별도로 측정한 고정자저항은 온도 환산치로서 $R_1=1.1$ [Ω]이었다. 이때 아래에 답하라.

(a) 등가회로를 그리고 1차 및 2차회로 정수를 구하라.

(b) 이 모터에서 여자회로를 무시할 때, 기동전류와 1710[rpm] 운전시의 전류를 구하라. 단, 주파수는 60[Hz]이고 4극기로 한다.

(c) 이 모터가 슬립 2[%[로 운전하고 있을 때의 여자전류 I_0, 고정자전류 I_1, 입력 전류 I_{in}, 역율c $\cos\phi$, 입력전력 P_{in}, 회전자전류 I_2, 출력 P_{out}, 효율 η을 각각 구하라.

[답] (b) 6.43 [A] (c) $I_0=3.6$ [A], $I_1=2.68$ [A], $I_{in}=4.89$ [A], $\cos\phi=66.6$ [%], $P_{in}=1{,}128$ [W], $P_{out}=881.6$ [W], $\eta=78.2$ [%]

(7) 3상동기발전기의 권선저항이 0.5[Ω], 동기 리액턴스가 3.5[Ω]이다. 출력전압 1상분 문 그림 3-2의 [V]에 대하여 늦은 역율각 30°에 대한 1상분의 벡터도의 형태를 그리고, 순 저항부하시에 1상당의 출력전압을 150[V], 출력전류를 10[A]로 하기 위한 유기전압을 구하라.

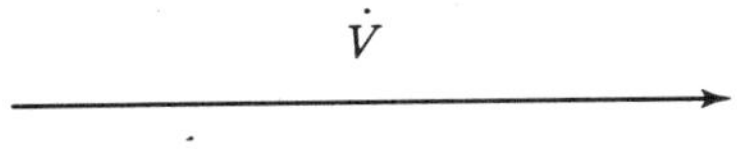

문 그림 3-2

[답] 158.9 [V]

(8) 전기자저항이 무시되고, 동기 리액턴스가 4[Ω]의 3상동기모터가 단자전압 200[V]에서 3[kW]의 출력으로 운전하고 있다. 계자전류가 4[A]이고 역율 $\cos\theta=0.8$일 때 (a) 상전

압 V_1, 선전류 I, 유기전압 E, 동기 리액턴스 X_s할 때의 벡터도를 그리고, (b) 이 모터의 입력전류의 크기와 유기전압을 구하라. 또한 (c) 출력을 바꾸지 않고 역율 1로 하기 위해서는 계자전류를 몇 [A]로 해야 하는가?

[답] (b) 10.83 [A], 96 [V] (c) 5 [A]

제 4 장

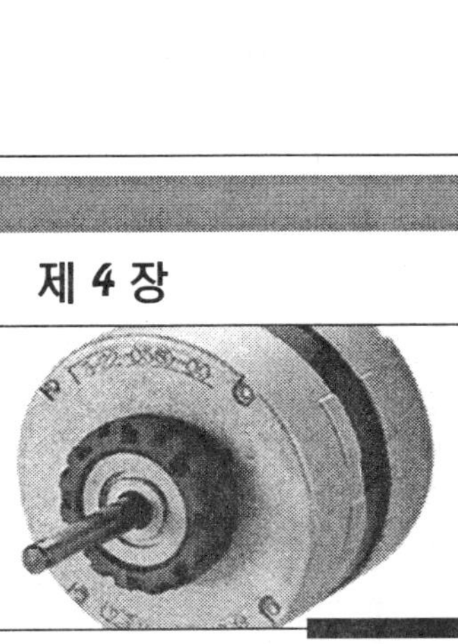

브러시리스(Brushless) DC 모터(Motor)

4-1 브러시리스 모터

직류정류자 모터는 양호한 특성을 가지고 있는데, 정류자와 브러시에 의한 장해가 발생하는 영향이 있다. 이때 문에 정류기구의 비접촉화가 연구되어 왔다. 브러시리스 모터는 여기에 상응하는 것으로써 직류모터와는 반대로 영구자석 계자를 회전자로, 전기자권선을 고정자로하여 정류기구나 자극센서와 반도체 스위치로 치환한 것이다.

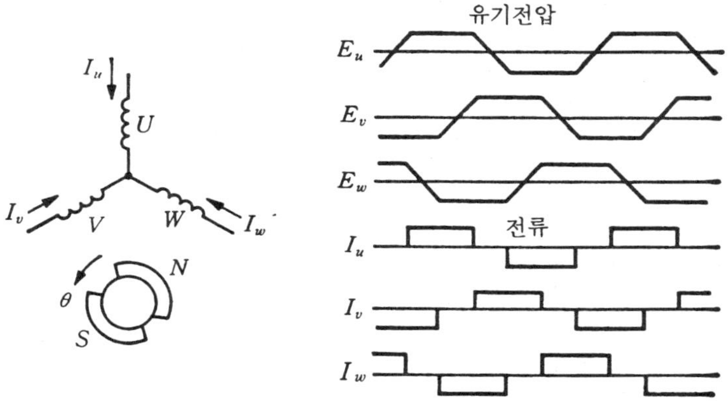

그림 4-1 구형파 통전방식(각 상의 유기전압의 극성에 맞추어 120°씩 순서대로 통전을 절환한다.)

이 결과로써 구성적으로 보면 동기모터를 인버터로 구동하고 그 주파수를 회전축의 움직임과 동기시킨 형으로 되어 있다. 따라서 토크발생 원리는 직류모터 및 동기모터와 기본적으로 다르지 않다.

3상 브러시리스 모터의 대표적인 통전방식으로써 120° 구형파 통전과 정현파 통전이 있다. 어떠한 경우에도 권선의 유기전압과 동상이 되도록 전류를 보내는 것이 기본이다. 그림 4-1에 방형파 통전방식의 타이밍을 나타낸다. 즉 각상의 유기전압으로 동기 시켜서 120°간격으로 통전상을 절환해 가는 방식이다. 통전제어는 자극위치를 홀 소자등의 센서로 검출하고 트랜지스터 등의 스위치로 정역(正逆)극성에 전류를 절환 한다. 그림 4-2에 소형 브러시리스 모터의 일례를 나타낸다.

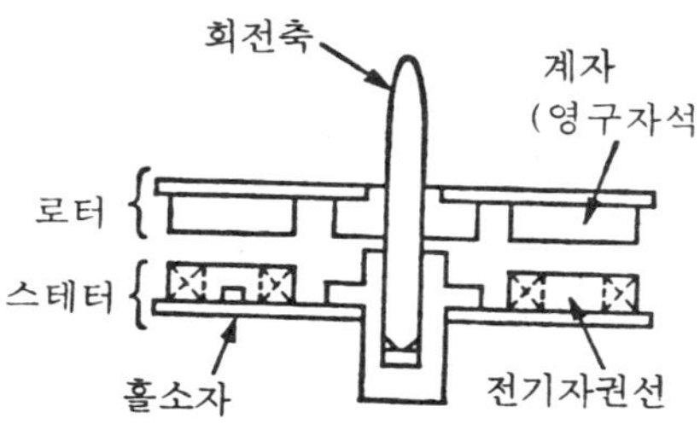

(a) 단면도

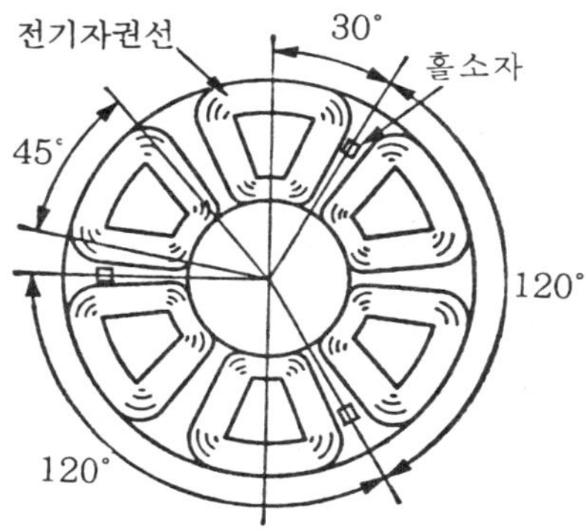

(b) 전기자권선 평면도

그림 4-2 편평형 브러시리스 모터(고정자권선을 부채형 코일 6개를 겹치지 않도록 절환한 계철 펼쳐놓고, 그 사이에 통전위치 검출용 홀소자를 놓는다. 회전자로 원 판자석을 8극에 착자하고 있다.)

구형파통전방식은 전류 절환시의 과도현상에서 토크 리플을 발생하기 쉽다. 이에 반하여 유기전압 및 전류의 파형을 정현파로 하면 원리적으로 언제나 일정 토크가 발생한다. 동기형 AC 서보모터는 이 정현파 통전 방식을 PWM(pulse width modulation)제어로 실현한 것이다. 브러시리스 모터의 특성은 직류모터의 특성과 완전히 같은 모양이며 양호한 제어성을 가지고 있다.

소형 펜 모터 등 토크 리플이 그만큼 문제가 되지 않을 용도에서는 홀소자 1개로 단상 2권선의 통전을 제어하고 그때 필연적으로 발생하는 사점(死点) 코깅 토크(자석과 철심의 흡인에 의해 발생하는 뜰림 토크)를 이용하여 회피한 간이방식도 실용화되고 있다.

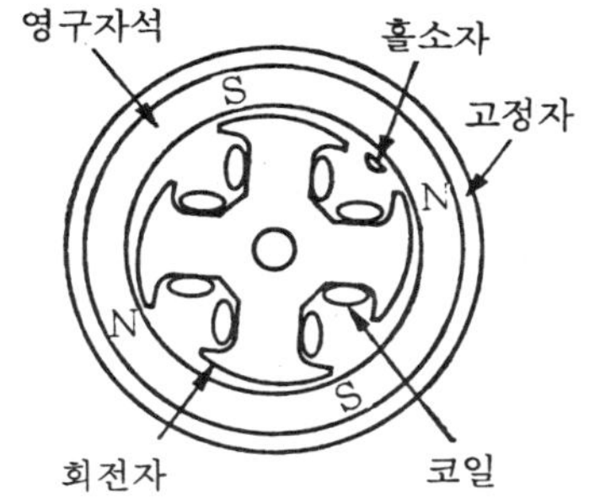

그림 4-3 불균일 켑의 단상 브러시리스 모터(공극길이에 경사를 두었다. 자석과 철심과의 흡입력에 의해 코킹 토크 위치가 이동하고 전류에 의한 토크의 사점을 덮으므로 토크사점이 소멸한다.)

그림 4-3은 공극의 길이를 불균일하게 하여 사점(死点)을 회피한 구조의 일례이다.

이밖에 DD(direct drive) 모터라 하는 저속 · 대 토크의 브러시리스 모터가 개발되고 있는데 이것들은 스테핑 모터와 같은 다극 동기 모터를 브러시리스화 한 것이라고 생각하면 같은 브러시리스 모터의 범주에 넣을 수 있다.

4-2 브러시리스 DC 모터의 토크발생 원리

브러시가 부착된 DC 모터에서는 정류자와 브러시의 접촉에 의해서 전기자 코일에 전류를 흐르게 함과 동시에 전류(轉流)시키는 기능을 하는데, 브러시의 마모로 인한 정류자

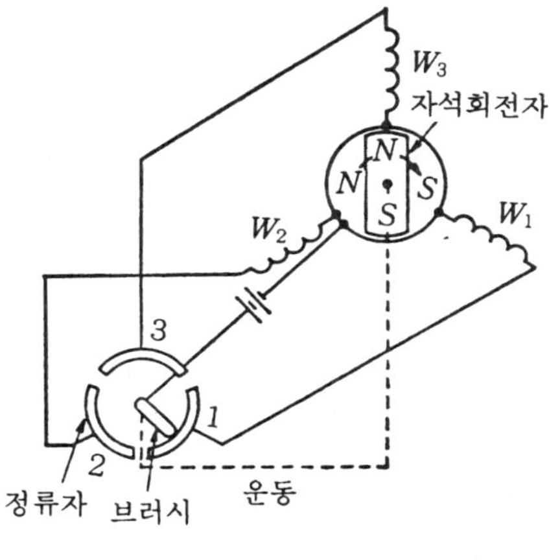

그림 4-4 브러시부착 DC 모터

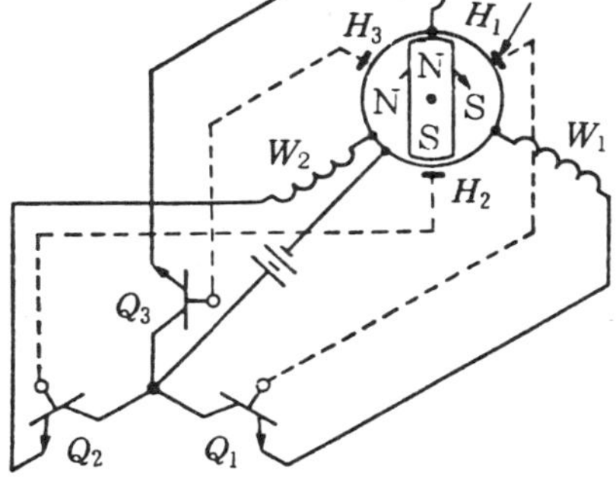

그림 4-5 브러시리스 DC 모터

의 수명에 대한 문제가 없어지고, 모터의 소형화 고성능화를 시도하고 있다. 그러나 브러시리스 DC 모터는 그 명칭이 나타내는 바와 같이 브러시를 사용하지 않고 비접촉의 위치검출기와 반도체 소자로서 통전 및 전류(轉流)시키는 기능을 바꾸어 놓은 모터이다. 따라서 브러시리스 DC 모터의 토크발생 원리는 DC 모터의 경우와 같은 형태이다.

그림 4-4에 회전자 자석으로 구성된 3상 2극 권선의 브러시를 부착한 DC 모터의 원리를 나타낸 그림이다. 우선 W_1코일의 권선에 브러시와 정류자를 통하여 직류가 흐르면 회전자측의 공간부에 S극이 발생하고, 회전자의 N극이 S극에 흡인되어 시계방향으로 회전한다. 회전자의 N극이 W_1코일의 아래로 가면 그것에 의해서 브러시가 정류자 2의 위치에 옮겨져서 W_2권선을 여자시키고, W_2권선부의 회전자측 공간에 S극이 발생하고 회전자의 N극을 흡인함에 따라 시계방향으로 이동한다.

그림 4-5에서는 회전자 자석으로 구성된 3상2극권선의 브러시리스 DC 모터의 원리를 나타낸 그림이다. 여기서는 회전자 위치의 검출소자를 홀(Hall)소자 H_1, H_2, H_3로 구성하고 있다. 또한 $Q_1 \sim Q_3$는 트랜지스터(transitor)를 나타내고, 그 각각의 트랜지스터의 베이스(base)는 홀소자의 신호로 스위칭(switching)작용을 하고 있다. 그림 4-5의 회전자 위치일 때, 회전자의 S극에 반응하는 H_2신호로 Q_2가 ON되면 W_2권선에 직류전류가 흘러서 W_2권선 아래의 회전자 공간부에 N극이 발생하고, 회전자 자석의 S극이 흡인되어서 시계방향으로 회전한다. W_2권선 아래까지 회전자 자석이 이동하면 H_1이 회전자 자석의 N극에 의해서 Q_1을 ON하고 W_1권선에 전류가 흘러서 회전자 공간부에 S극을 발생시키면 S극에 흡인되어 회전자는 시계방향으로 이동한다. 토크는 브러시 부착 DC 모터의 경우와 마찬가지로 플레밍(Fleming)의 왼손법칙에 의한 힘 즉 회전자 자석에 의해서 회전자 바깥둘레와 권선을 한 전기자 내경 D와의 공극부에 발생하는 자속밀도의 크기 B_g와 전기자 권선의 직렬 도체수(권수) Z, 전기자 권선에 흐르는 전기자전류 I, 자속이 발생하고 있는 축방향의 길이 L에서 도체에 작용하는 힘 $F(\propto Z \cdot I \cdot B_g \cdot L)$가 회전자자석 외주의 반경 $\frac{D}{2}$에 합쳐져서 토크 T는

$$T = F \cdot \frac{D}{2} \propto \frac{Z \cdot I \cdot B_g \cdot L \cdot D}{2} \tag{4-1}$$

를 발생한다(그림 4-6 참조).

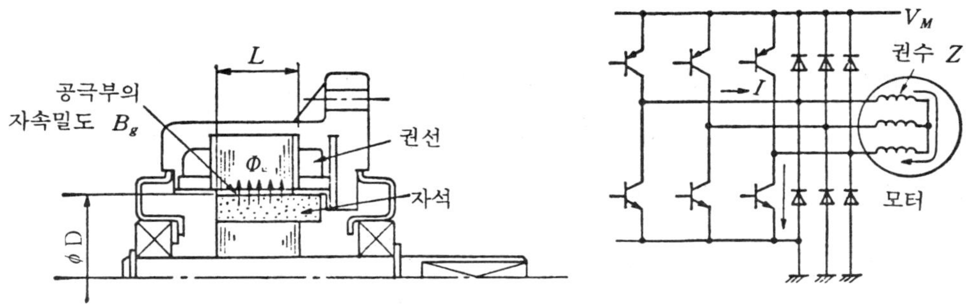

그림 4-6 브러시리스 DC 모터의 토크 $T \propto \frac{Z \cdot I \cdot B_g \cdot L \cdot D}{2}$

4-3 브러시리스 DC 모터의 구조와 특징

4-3-1 회전기의 구조

브러시리스 DC 모터를 구조면에서 분류하면 권선으로의 통전은 브러시 등 섭동요소를 사용하지 않는 고정식으로 하기 때문에 자계를 만드는 마그네트 회전기를 어디에 배치하느냐에 따라서 자로의 구성방법, 권선의 배치방법이 변한다.

표 4-1에 의한 분류와 특징의 개요를 정리하였다. 또 그림 4-7에는 외부(outer) 회전자형 브러시리스 DC 모터, 그림 4-8에는 내부(inner) 회전자형 브러시리스 DC 모터, 그림 4-9에는 엑셜 갭(axial gap)형 브러시리스 DC 모터의 각각 구조 단면도를 나타내었다. 사진 4-1은 외부 회전자형, 사진 4-2는 내부 회전자형 브러시리스 DC 모터의 외관이다.

그림 4-8의 프레임 구성에 있어서는 종래 철판 프레임으로 전기자 외주부를 구성하고 있었지만 최근에는 모터에 대한 진동과 소음의 감소를 요구하므로 이에 대한 대책수단의 하나로서 레진재료 일체형으로 몰드한 프레임을 높인 것이 있다. 레진의 일례는 표 4-2에서 나타낸 바와 같이 폴리에스텔재로 절연성, 열전도성(공기의 열전도율이 50배), 열안정성, 내충격성, 내열충격성(열팽창계수가 알루미늄과 거의 같다)이 우수하다. 그밖에 레진으로 코일을 봉함에 의해서 악조건하에서도 절연이 열화되지 않는다는 점과 레진재의 열전도, 열 방산성이 우수하기 때문에 모터의 부피를 작게 할 수 있다는 점이 유리하다. 진동, 소음의 저감효과의 일례를 그림 4-10에 나타내었다.

표 4-1 브러시리스 DC 모터의 구조와 특징

공극부	회전자 · 전기자 구조	특징	용도 예
공극의 위치	자석회전자의 위치	구조상 특징	사용장소
radial gap type (원주방향 gap)	· 모터의 외주(外周)측으로 회전자를 배치(outer rotor구조) · 모터의 내주(內周)측으로 회전자계를 만든다.	· 회전자의 관성모멘트가 크므로 정속도 주행에 유리하다(기동, 정지에 시간이 걸린다). · 마그네트를 비교적 크게 할 수 있으므로 고효율, 고토크화하기 쉽다. · 권선의 1코일 평균길이가 짧게 되어 손실저감→고효율화 하기 쉽다. · 회전자 지지기구가 복잡하다. · 밀폐 구조로 하기 어렵다.	· 복사기 드럼구동용 등 고토크에서 정속주행을 필요로 하는 곳
	· 모터의 내주(內周)측으로 회전자를 배치(inner rotor구조) · 모터의 외주(外周)측으로 회전자계를 만든다.	· 회전자의 관성모멘트가 outer motor에 비하여 작다(기동, 정지를 반복하는 용도에는 제어성에서 유리). · 모터구조를 비교적 간단하게 구성할 수 있다.	· 자동문 구동장치, 복사기의 원고 자동 운반장치 등 비교적 민감한 제어성을 요구되는 곳
Axial gap type (축방향 gap)	· 축방향의 두께를 비교적 얇게 한 원판상의 모터 · 회전자의 전기자를 축방향으로 나열한 구조	· 축수간 간격이 짧기 때문에 공작의 정확을 요함, 축수구조도 복잡 · 권선과 전기자를 분리 Slotless구조로 함 · 회전율을 저감시킬 필요가 있는 곳에서 많이 사용(공극이 크고, 저출력, 저토크 타입이 아니면 어렵다)되고 있지만, 권선의 배치정도와 권선형상의 밸런스를 작게 하여야 할 필요가 있다.	· VTR용, 실린더, FDD용 모터 등 모터 이외의 기능을 복합화하여 기계적 정도를 요구한 곳

사진 4-1 외부 회전자형 브러시리스 DC 모터

사진 4-2 내부 회전자형 브러시리스 DC 모터

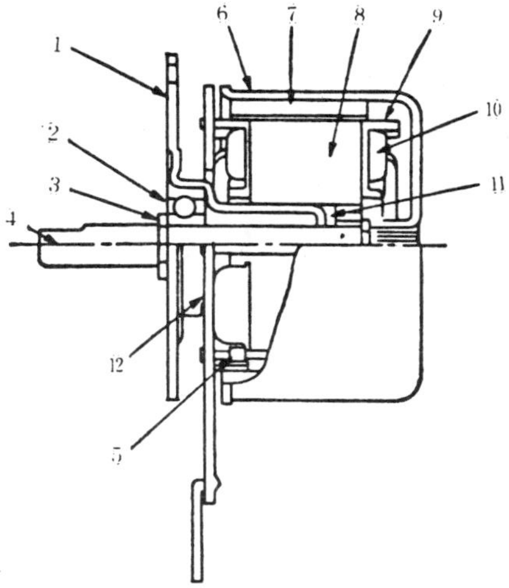

① 프랜지 브래킷　⑦ 자석
② 볼 베어링　⑧ 전기자철심
③ 정지바퀴　⑨ 절연물
④ 축　⑩ 권선코일
⑤ 홀소자　⑪ 워셔
⑥ 회전자 계철　⑫ PC기판

그림 4-7 외부 회전자형 브러시리스 모터

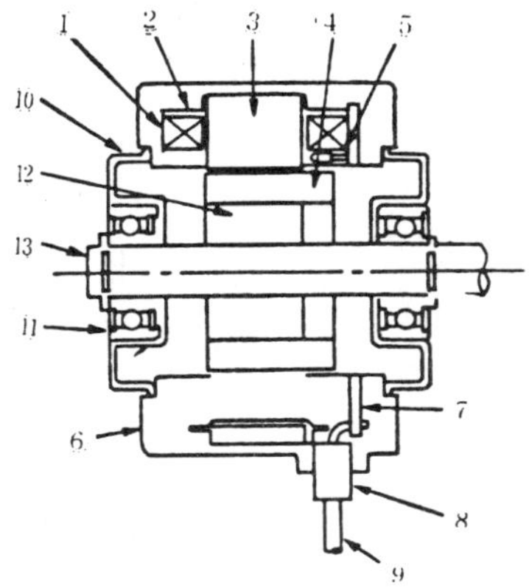

① 권선코일　⑧ 부싱
② 절연물　⑨ 수출선
③ 전기자　⑩ 베어링브래킷
④ 자석　⑪ 볼 베어링
⑤ 홀소자　⑫ 회전자 계철
⑥ 몰드프래임　⑬ 축
⑦ PC기판

그림 4-8 내부 회전자형 브러시리스 모터

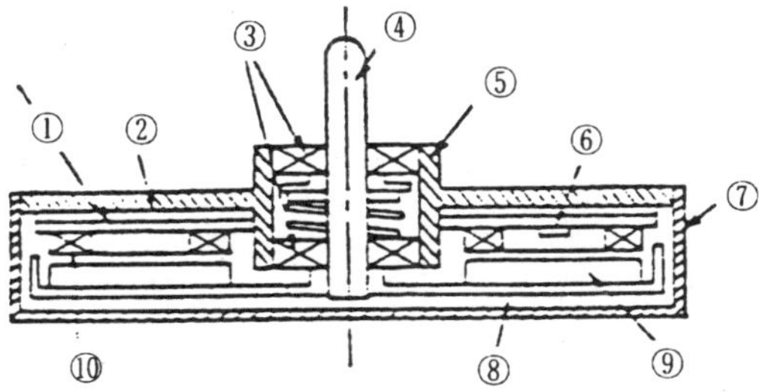

① PC기판　⑥ 위치검출 소자
② 전기자 계철　⑦ 프레임
③ 홀 베어링　⑧ 회전자 계철
④ 축　⑨ 자석
⑤ 하우징　⑩ 전기자 코일

그림 4-9 액셜 갭형 브러시리스 DC 모터

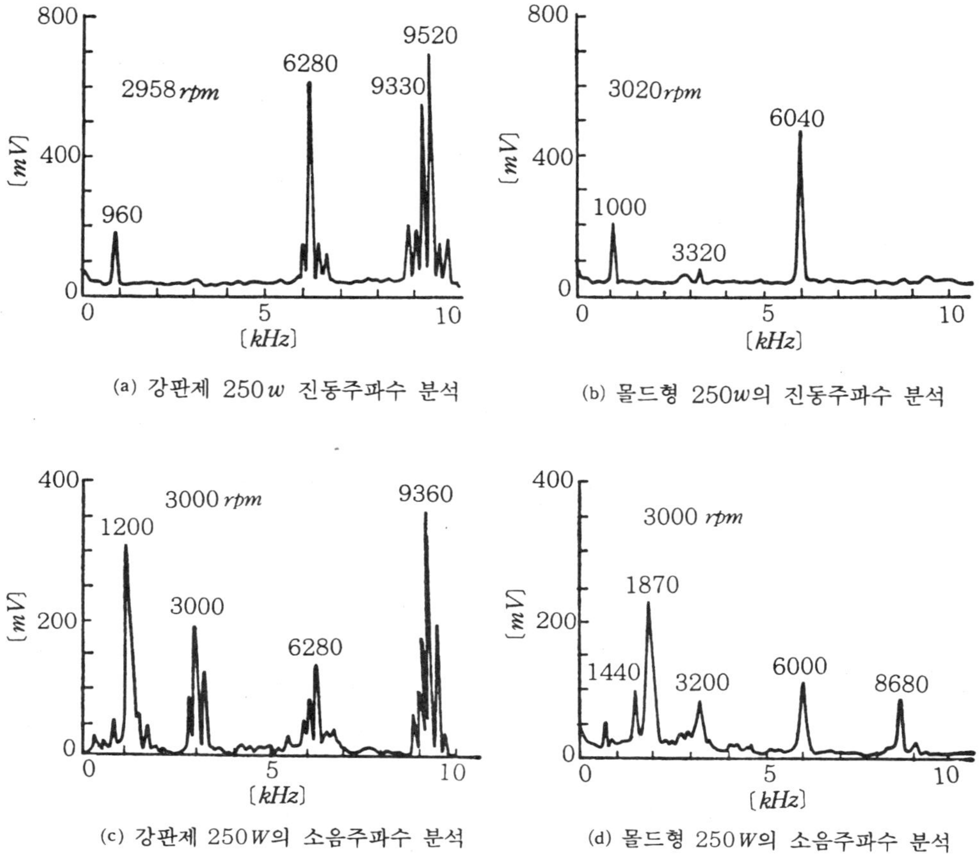

(a) 강판제 250 w 진동주파수 분석

(b) 몰드형 250 w의 진동주파수 분석

(c) 강판제 250 W의 소음주파수 분석

(d) 몰드형 250 W의 소음주파수 분석

그림 4-10 강판형과 홀더형의 진동 및 소음비교

표 4-2 레진 몰드(resin mold)재의 성능의 일례

항목	특성	항목	특성
(1) 전기특성		(2) 기계특성	
내전압	10 kV/mm 이상	굽힘강도	7~10 kg/mm²
절연저항	10^{14} Ω (상태)	샤르피충격강도	10~15 kg · cm/mm²
절연저항	10^{11} Ω	인장강도	2~4 kg/mm²
내아크성	180 s 이상	압축강도	10~13 kg/mm²

항목	특성	항목	특성
(3) 열특성		흡수율	0.1% 이상
내열성	200℃ 2h 이상	열팽창계수	2.5~3.0×10⁻⁵/℃
열변형온도	200℃ 이상	열전도율	2.8~3.5+10⁻³
(4) 물리특성			cal/cm · s · C
성형수축률	0.1~0.15	난열성	*UL-94HB* 크리스
비중	2.1		

4-3-2 회전자위치 검출장치

브러시가 부착된 DC 모터와 같은 모양으로 전류의 방향과 자속의 방향을 직교시키기 위해 마그네트 모터 위치를 정확하게 파악해서 그 신호에 의해 권선에 전류를 흐르게 하기도 하고 차단하기도 할 필요가 있다. 그 기능이 회전자 위치검출장치이다. 검출수단으로서는 광소자와 자기저항소자 그밖에 다른 것들이 있지만 소형이면서 가격이 싸다는 점에서 홀소자가 가장 실용화되어 있다. 모터의 발열에 의해 고온하에 있기 때문에 온도특성이 좋은 갈륨비소와 같은 것이 주류이다. 홀소자는 반도체에 전류를 흘리고 전류와 직각방향으로 자계를 주면 그림 4-11과 같이 그것들을 직각방향으로 홀전압을 발생하는 것이다. 홀전압 V_H는 다음 식과 같이 된다.

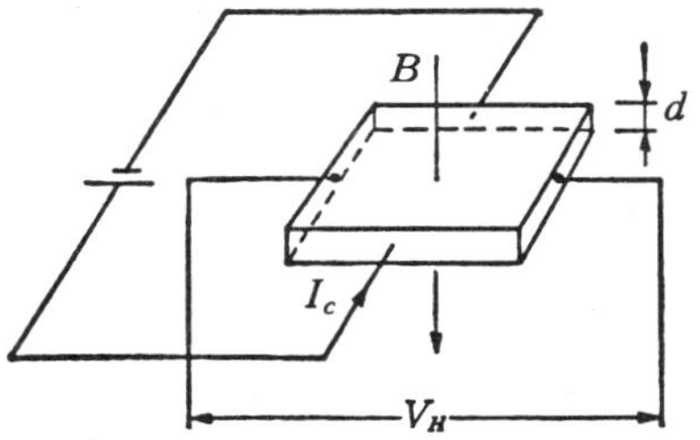

그림 4-11 홀소자

$$V_H = R_H \cdot \frac{I_c}{d} \cdot B\,[\mathrm{V}] \tag{4-2}$$

여기서, R_H : 홀정수, d : 소자의 두께, I_c : 제어전류, B : 자계와 강도

홀소자의 사양 예를 그림 4-12에 나타내었다.

최대정격($Ta=25℃$)

항목	기호	정격	단위
제어전류(1초)	I_{CP}	15	mA
제어전류(직류)	I_C	10	mA
허용손실	P_d	150	mW
동작온도	T_{OPO}	−15～125	℃
보존온도	T_{3to}	−15～150	℃

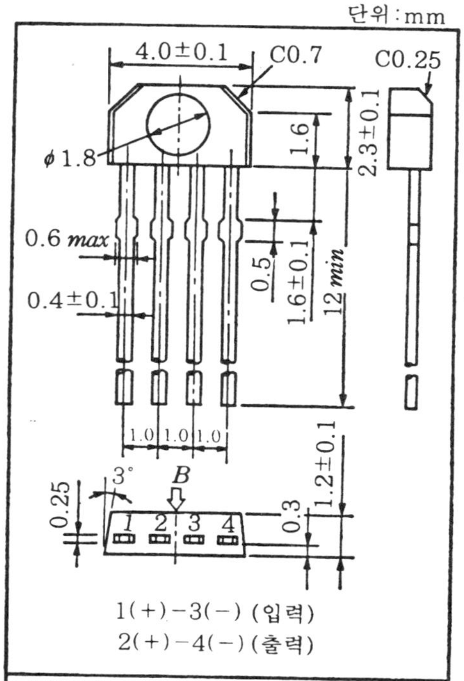

JEDEC	−
EIAJ	−

전기적 특성($Ta=25℃$)

항목	기호	측정	최소	표준	최대	단위
내부저항	R_d	$I_c=5\,mA$	450	—	900	Ω
불평형률	V_{Ho}/V_H	$I_c=5\,mA$ $B=0/B=1KG$	—	—	±10	%

항목	기호	측정	최소	표준	최대	단위
홀 전압	V_H(주1)	$I_c=5\,mA$, $B=1KG$	55	—	140	mV
홀 전압온도계수	V_{HT}(주2)	$I_c=5\,mA$, $B=1KG$ $T1=25℃$, $T2=125℃$	—	—	−0.06	%/℃
홀 전압직선성	$\varDelta K_H$(주3)	$I_c=5\,mA$, $B=1KG$ $B1=5KG$	—	—	2	%
비감도	K(주4)	$I_c=5\,mA$, $B=1KG$	—	27	—	10^{-3}/KG
출력저항	R_{OUT}	$I_c=5\,mA$	580	—	1,350	Ω

[주] 1. $V_H=V_{HM}-V_{H0}$(V_{HM} 측정기의 지시치)

2. $V_{HT}=\dfrac{1}{V_{H(T1)}}\cdot\dfrac{V_H(T2)-V_H(T1)}{T2-T1}\times 100(\%/℃)$

3. $\varDelta K_H=\dfrac{K_H(B2)-K_H(B1)}{1/2(K_H(B1)+K_H(B2))}\times 100(\%)$, $K_H=\dfrac{V_H}{I_c\cdot B}$

4. $K^*=\dfrac{V_H}{R_d\cdot I_c\cdot B}$

V_{HC} : 불평 전압

V_{HM} : 홀 전압실측치

K_H : 적감도(積感度)

그림 4-12 홀소자 사양의 일례

4-3-3 마그네트(magnet)

브러시리스 DC 모터에 사용되는 마그네트로는 소형모터에 있어서는 그 대부분이 성능과 가격면에서 페라이트 마그네트가 주류이지만 최근에는 그것보다도 한층 더 성능이 좋은 플라스틱 네오듐(plastic neodium)을 사용하여 체적효율(경박 단소화)을 보다 높인 방향이 보이고 있다. 마그네트의 성능을 판정하는 데는 그림 4-13에 나타낸 바와 같은 자화특성곡선을 사용한다. 이것은 마그네트를 충분히 포화하기까지 자화시킨 경우의 히스테리시스 루프의 제2상한을 나타낸 것이므로 그림에 있어서 H_c 및 B_r에서 각 축에 수직선을 그어서 그 교점 P와 원점 0을 연결하는 직선과 자화특성곡선의 교점을 Q라 하고, Q의 각 좌표값을 H_d 및 B_d라 하면 $B_d\times H_d$의 값이 이 마그네트의 우열비교를 할 때 잘 사용된다.

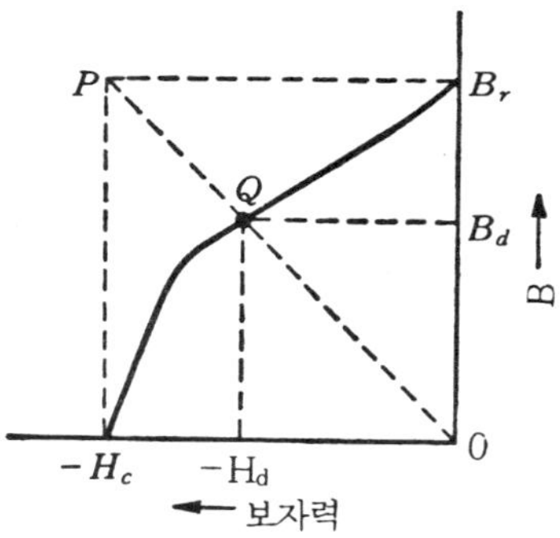

그림 4-13 자석의 자화특성 곡선

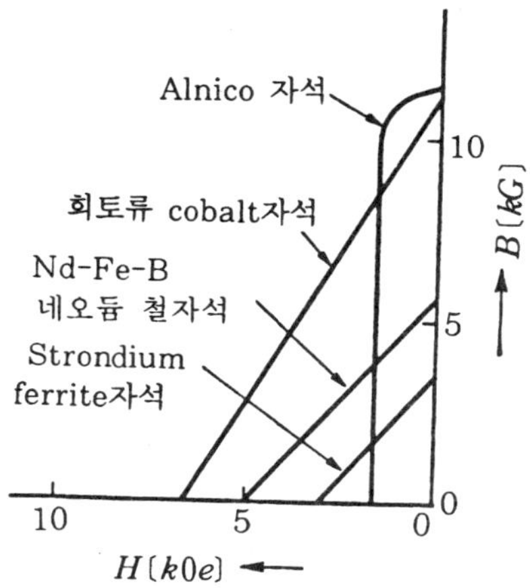

그림 4-14 대표적인 자석의 자화특성

대표적인 마그네트의 자화특성을 그림 4-14에 나타내었다. 또 대표적 마그네트의 자기특성을 표 4-3에 나타내었다.

표 4-3 대표적 마그네트의 자기특성

단위 / 대표적 자석의 종류	자기특성						
	잔류자속 밀도 Br	자기특성		최대에너지적 $(BH)ax$	리코일 투자율 μ	Br의 온도계수 α	비중
		BHe	IHe				
	KG	KOe	KOe	MGOe	-	%/℃	g/cm³
페라이트자석(이방성)	3.7	3.5	4.2	3.25	1.07	-0.18	4.8
페라이트자석(등방성)	2.2	1.9	3.25	1.05	1.15	-0.18	4.8
네오듐 철자석	6.0	5.2	15.0	8.25	1.15	-0.14	5.9
알니코 자석	11.5	1.6	1.6	11.0	1.3	-0.02	7.3
회토류 코발트 자석	11.2	6.7	6.9	31.0	1.03	-0.03	8.4

마그네트의 이방성에 있어서는 마그네트를 고정시킬 때에 마그네트 재료의 자구에 강제적으로 자계를 주어서 스핀(spin) 배향을 일치시켜서 고정시킨 것을 이방성을 가진 마그네트(강자성체)라 부르고, 이러한 공정을 취하지 않는 것을 등방성 마그네트(요컨대 무방향성 즉 상자성체)라 부른다. 이방성의 것은 등방성의 것에 비해서 표 4-3에서도 알 수

있는 바와 같이 상당히 성능개선을 보이고 있다. 등방성은 원통상 마그네트를 구성할 수 있지만 이방성의 경우는 기와 모양의 것을(원통을 4분할) 들러 붙게 합쳐서 사용하지 않으면 안되는 문제가 있다.

4-3-4 구동회로

브러시리스 DC 모터는 앞에서도 서술한 바와 같이 통전 · 전류(轉流)의 기능은 반도체로 구성된 구동회로를 모터의 내부 또는 모터의 외부로 접속해서 최소로 회전한다. 기본회로구성의 일례를 그림 4-15에 나타내었다. 회전의 논리(logic)는 위치검출을 하여 홀소자에서의 신호를 인버터용 트랜지스터의 베이스로 구동하기 위한 분배기능을 한다. 더욱이 회전의 논리회로는 회전수에 비례한 펄스(회전자 마그네트가 4극일 때 12펄스)를 발생하고 동시에 회전수의 피드백(feedback) 신호로 해서 이용할 수도 있다.

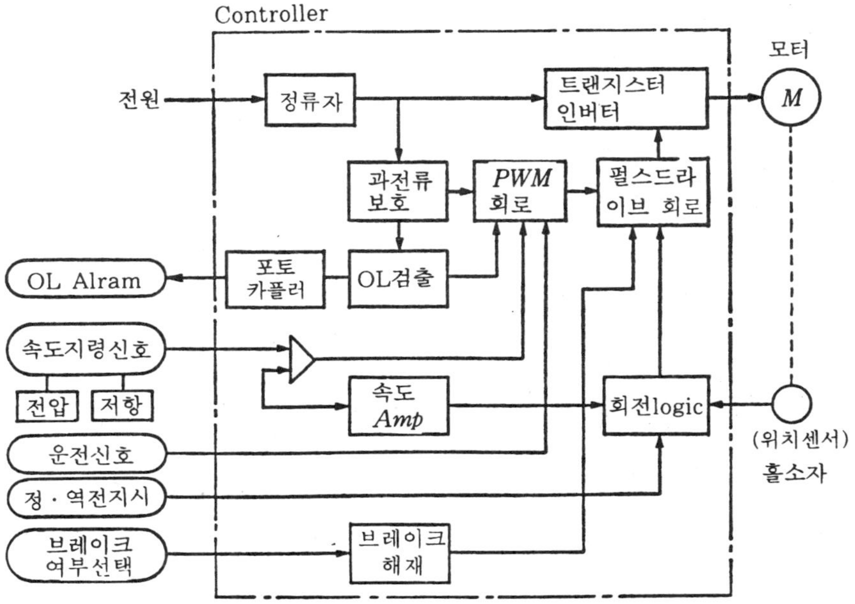

그림 4-15 회로 구성의 일례

4-4 브러시리스 DC 모터 회전자 자극위치 검출방법

브러시리스 DC 모터의 경우 회전자자극의 위치를 브러시 등을 사용하지 않는 비접촉형 센서로 검출하고 전기자 코일에 순차적으로 전류를 흘릴 필요가 있다. 회전자자극위치의 검출방법을 표 4-4에 나타내었지만 비교적 구성이 간단한 홀소자(마그네트 표면의 자속 변화를 검출)와 광반도체와 슬릿(slit) 원판을 사용한 광학적인 방법이 많이 사용되고 있다. 지금부터 그 개요에 관해서 설명한다.

4-4-1 자기센서에 의한 방법

(a) 홀소자

이미 4-3절에서 설명했지만 홀전압을 $V_H = K \cdot \frac{I_c}{d} \cdot B$로 나타낸 것과 같이 반도체에 자계를 가하면 전류와 자계에 대한 직각방향으로 전압이 발생하는 현상을 이용한 소자이고 소형·저가로 구성된 것이 가장 많이 사용되고 있다.

표 4-4 위치검출의 방식

방식	특징	비고
홀소자방식	위치검출기구가 간단	홀소자의 재질에 따라 GaAs계, InSb계로 분류한다.
광학적방식	광반도체소자(photo diode)를 주로 이용	반사식과 투과식으로 대별한다.
고주파유도방식	코일의 인덕턴스의 변화를 검출	
고주파발진제어방식	발전기의 Q(공진의 첨예도)발진을 On, Off한다.	
Lead Switch 방식	구조가 간단	
자기저항소자방식	자전변환(MR) 소자를 사용, 홀소자방식과 동등	

* Gallium Arsenide ** Indium Antimonide

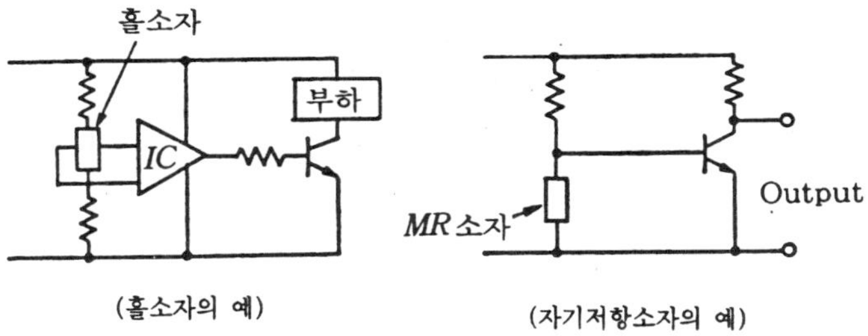

그림 4-16 홀소자와 자기저항소자 예

(b) 자기저항소자

반도체의 자기저항소자와 강자성체 자기저항소자가 있고 모두 자계 중에서 전기저항이 변화하는 현상을 이용한 소자이다. 예를 들면 그림 4-18에 나타낸 바와 같이 자기저항소자의 긴 방향으로 전류를 흘렸을 때 저항 R이 전류 i의 방향과 직각방향으로 자계 H가 가해졌을 때에 저항값이 감소하는 성질을 이용하고 있다.

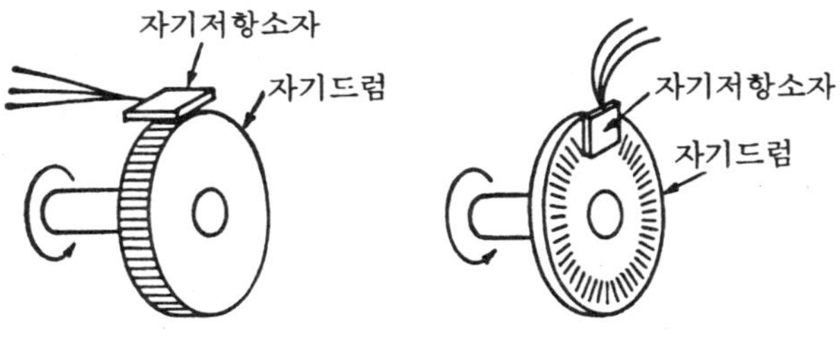

그림 4-17 자기 인코더(encoder) 구조도

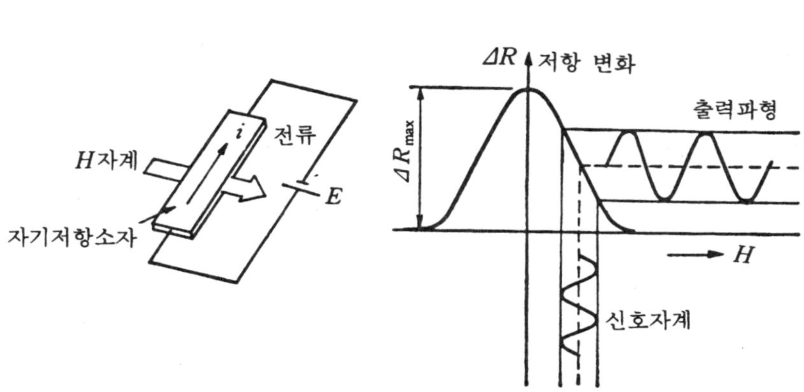

그림 4-18 전기저항변화 출력파형

따라서 자기저항소자의 배치를 드럼(drum)의 착자 패턴(pattern)에 배치하면 드럼의 회전에 적합한 교류의 신호를 얻을 수 있다. 자기저항소자는 주위온도에 의한 저항의 변화가 큰 것을 고려해서 사용할 필요가 있다(그림 4-17, 4-18 참조).

(c) 코일형 자기센서

마그네트가 통과했을 때 코일단자에 그림 4-19와 같은 출력전압의 변화가 발생하므로 이 신호를 처리해서 위치를 검출한다.

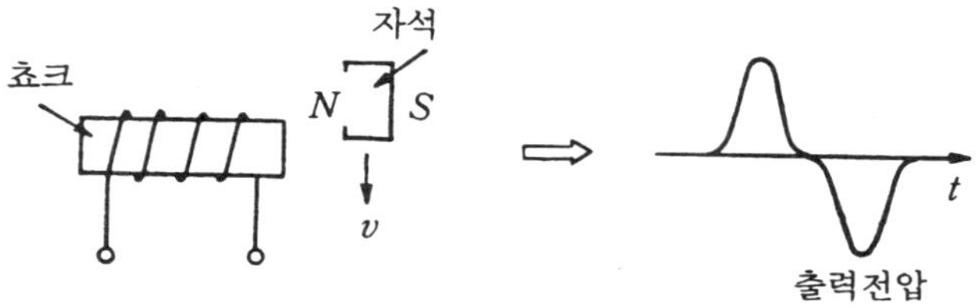

그림 4-19

4-4-2 광센서에 의한 방법

광센서는 기본적으로는 투광용 광원과 수광소자 및 슬릿(slit)이 들어간 회전디스크의 3개로 구성된다. 즉 회전 디스크를 투광용 광원과 수광소자의 중간에 넣어 회전 디스크를 회전시키는 것에 의해서 회전수에 비례한 펄스출력을 얻는 구조로 되어 있다. 광센서의 경우, 먼지의 영향에 대한 배려 및 투과용 광원(발광 다이오드 LED 등)의 온도특성에 주의를 요한다. 그림 4-20에 광센서를 사용한 일례를 나타내었다.

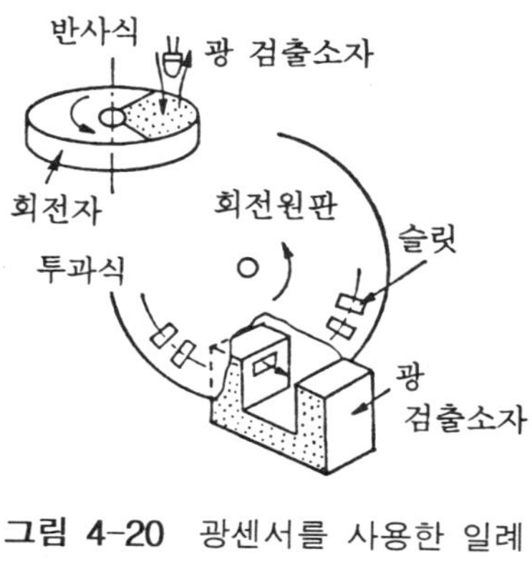

그림 4-20 광센서를 사용한 일례

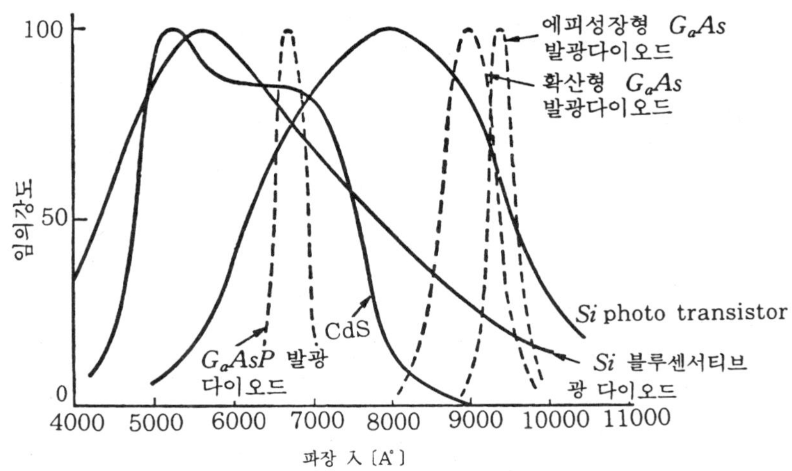

그림 4-21 발광소자, 수광소자 파장특성

또 광반도체에는 유화카드뮴 등을 사용한 광도전효과소자(반도체에 빛을 비추면 저항이 변화하는 현상을 이용한 소자)와 포토 다이오드(photo diode)와 포토 트랜지스터(photo transistor) 등 광기전력효과소자(빛에 의해 기전력 발생현상을 이용한 소자)가 있다. 그림 4-21에 발광소자, 수광소자 및 관련 소자의 파장특성을 나타내었다.

4-4-3 고주파 인덕션에 의한 방법

소프트 페라이트(soft ferrite)에 코일을 감고 마그네트의 로터가 통과할 때 페라이트가 포화되어 인덕턴스가 저하하는 현상을 이용하여 코일에 가해진 고주파전압이 저하하는 것으로써 검출하는 방법이다.

4-4-4 커패시턴스에 의한 방법

축에 일체화된 원판에 국부적으로 잘려서 없어진 홈을 만들고 원판과 대항하는 평판간의 커패시턴스가 변화하는 현상에 의해 출력신호를 얻는 방법이다.

4-5 브러시리스 DC 모터의 구동방법과 제어

브러시리스 DC 모터는 넓은 의미로는 모터에 교번전류가 흘러들어가는 AC 서보 모터의 일종이지만 이 장에서는 비교적 소형으로 종래의 브러시가 부착된 DC 모터의 기술 범위에 상당하는 모터에 한정해서 모터의 구조도 고정자(stator)에 전기자 권선, 회전자에 영구자석을 사용한 것으로 한다.

4-5-1 브러시 부착 DC 모터와 브러시리스 DC 모터

계자에 영구자석을 사용한 브러시부착 DC 모터는 인가전압이 일정한 경우, 부하 토크에 대한 회전속도가 수하특성(그림 4-22)을 가지며 토크 속도가 거의 직선의 관계로 되므로 인가전압에 의해서 용이하게 속도를 제어할 수 있다는 특징이 있다.

브러시리스 DC 모터의 힘의 발생 메카니즘은 보통의 브러시부착 DC 모터와 같고 같은 형태의 속도-토크 특성을 가지고 있다.

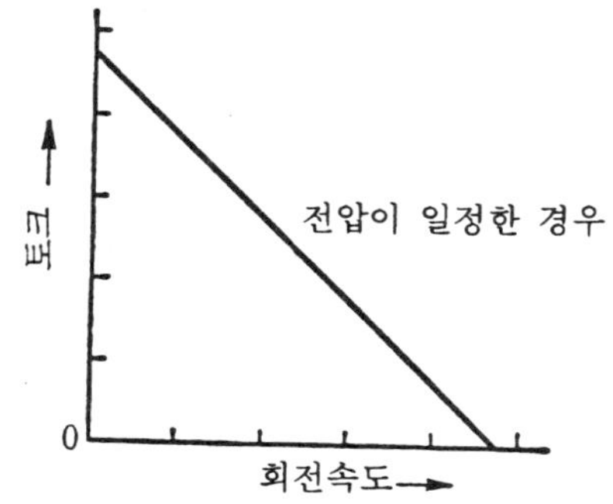

그림 4-22 브러시 부착 DC 모터의 속도-토크 특성

그 비교 예로서 그림 4-23(a), (b)에 가장 간단한 세그먼트(segment)의 브러시부착 DC 모터와 3 세그먼트에 상당하는 브러시리스 모터를 나타내었다.

브러시리스 DC 모터는 그림 4-23과 같이 브러시부착 DC 모터와 정류자가 홀센스와 파워 스위치회로로 치환되어져 있고, U, V, W의 각상의 전기자 권선은 각각 120°(전기각)의 간격(pitch)으로 배치되며 각상의 토크 정수 $K_t(U)$, $K_t(V)$, $K_t(W)$는 그림 4-24에 나타낸 바와 같이 회전자의 회전각에 의해 교번해서 변화한다.

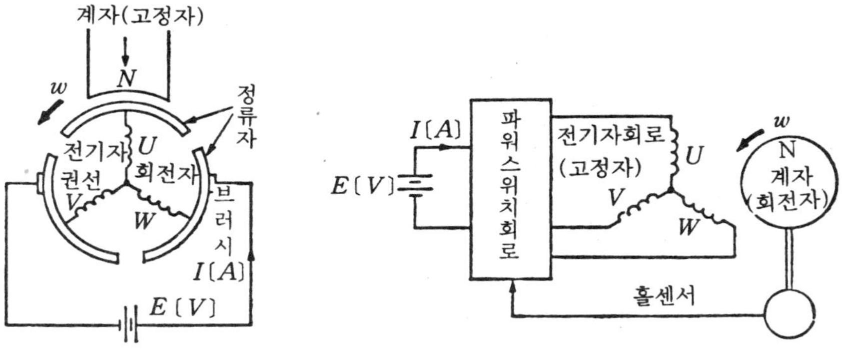

(a) 브러시부착 DC 모터 (b) 브러시리스 DC 모터

그림 4-23 브러시부착 DC 모터와 브러시리스 DC 모터의 대응

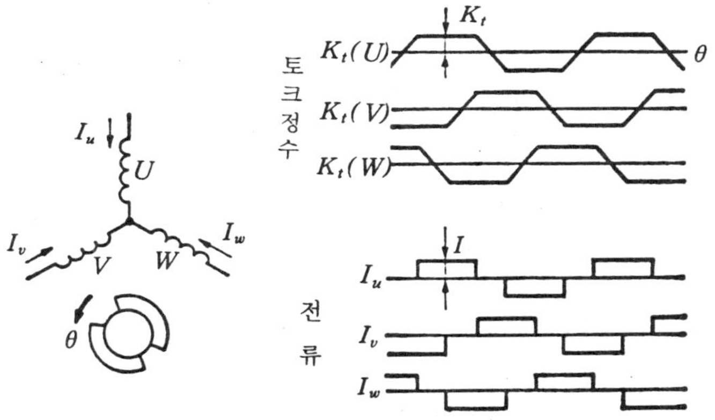

그림 4-24 대형(사다리꼴)파 토크 정수일 때의 방형파 전류구동

한편 홀센스 출력 A, B, C도 회전자의 회전각에 의해 변화하고 상기 토크 정수와 같은 타이밍을 취하고, 논리회로를 경유하여 파워 스위치회로에 접속시키고, 각 상의 전기자 권선에 전류 $I(U)$, $I(V)$, $I(W)$를 흘려 토크를 발생시킨다.

또한 본 그림에서는 사다리꼴형의 토크 정수파형으로 방형파 전류 구동의 예를 나타내었다.

4-5-2 브러시리스 DC 모터의 제어

브러시리스 DC 모터의 제어에 있어서 모터를 일정 속도로 제어하는 예에 관하여 서술한다.

F-V(frequency to Voltage) 방식 모터의 회전오차가 1% 이하라는 정밀도가 필요한 경우에 잘 사용된다. 그림 4-25에 블록도의 일례를 나타낸다.

이 방식을 FDD(flopy disk drive)의 스핀들 모터(spindle motor)에 적용한 경우 프린트기판(PCB)상에 제어회로와 파워회로가 1칩(one chip)화된 LSI 및 홀센스, 속도검출용 FG(frequency generator) 버턴, 전기자권선 등이 실장되며, 모터 회전오차도 0.3% 이하로 양호한 결과가 얻어지고 있다.

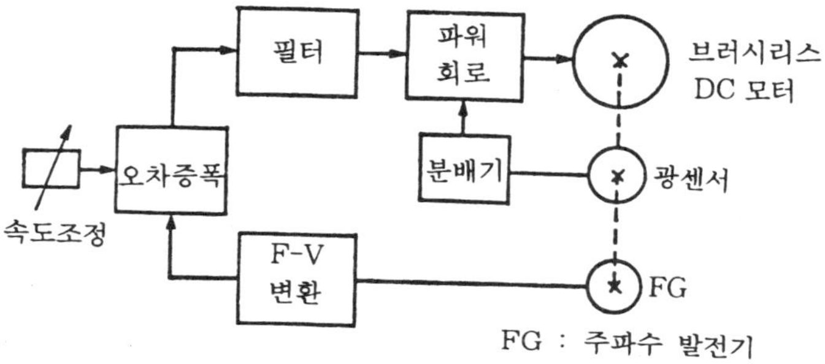

그림 4-25 F-V 방식 브러시리스 DC 모터 블록도

PLL(phase locked loop)방식 F-V방식의 경우, 속도의 결정이 저항과 콘덴서로 행해지기 때문에 이때 변화를 포함하므로 높은 회전의 정밀도가 얻어지지 않는다. 이 때문에 고려된 것이 PLL방식의 제어이다. 그림 4-26에 블록도의 일례를 나타낸다.

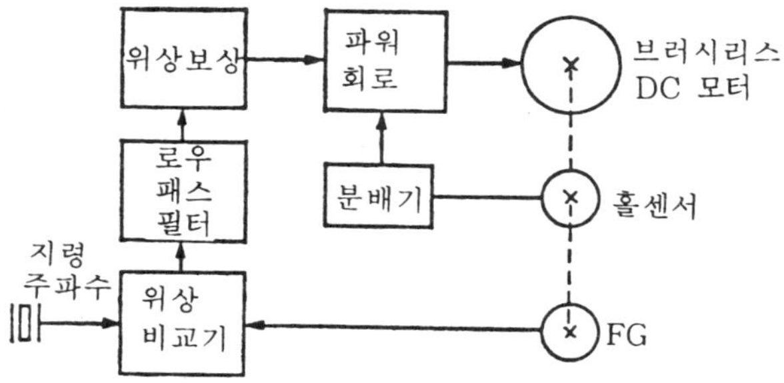

그림 4-26 PLL방식 브러시리스 DC 모터 블록도

이 경우 속도의 결정은 외부의 수정발진자로 행해지므로 매우 높은 회전수 및 회전수 변동정밀도가 얻어진다. 그림 4-27은 3.5″의 FDD의 스핀들 모터에 사용한 예의 블록도로 모터 구동이 1칩 LSI로 행해진다.

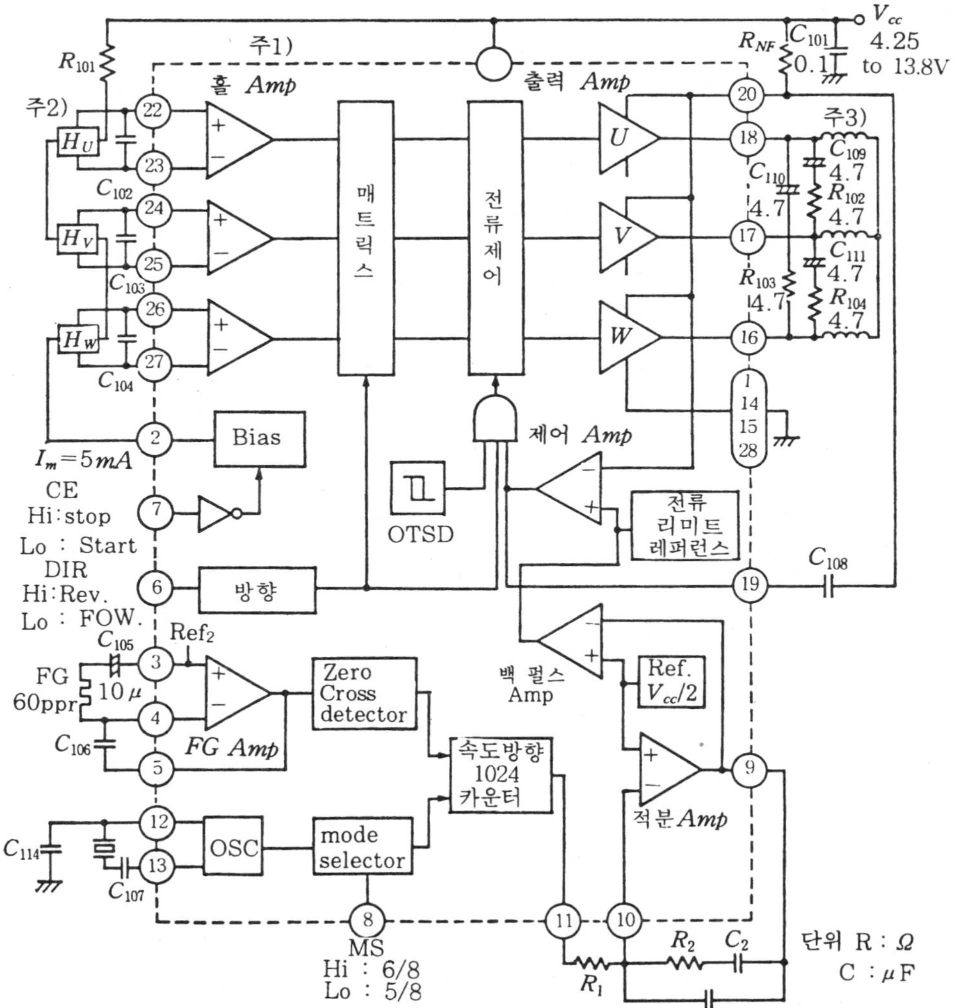

주1) 점선부 1칩 LSI
주2) 홀센서용 홀소자
주3) 모터 전기자 코일

그림 4-27 3.5″ FDD 스핀들 모터용 1chip LSI 블럭도

한편 콤팩트 디스크(compact disk)를 시작으로 해서 각종 디스크의 생산설비, 시험설비 등에서는 보다 한층 높은 회전수정도가 필요하고 그 적용 예로서 그림 4-28에 PLL 제어의 기본구성 블록도와 루프 보드(loop bode) 선도를, 그림 4-29에 실제의 모터에 사용한 경우의 각 부분의 파형 예를 나타낸다.

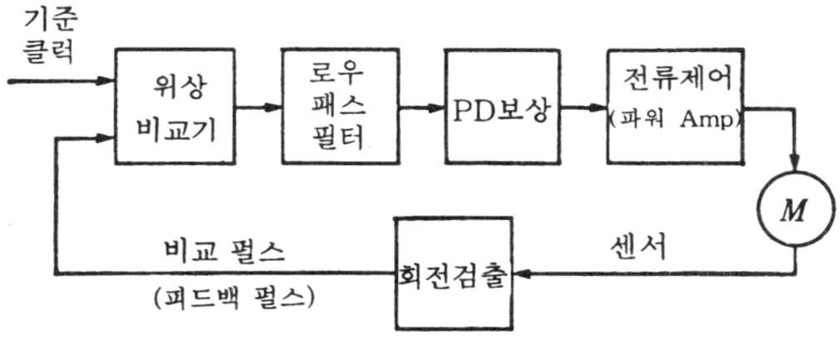

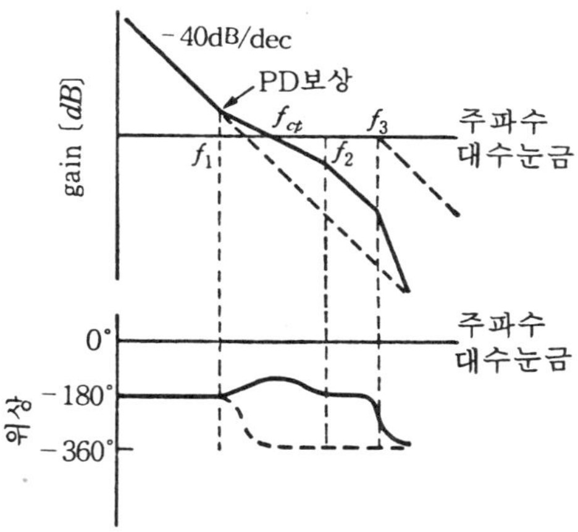

f_1 · PD보상 주파수 하한
f_2 : PD보상 주파수 상한
f_3 : 로우 패스 필터
f_{cp} : 크로스 오버 포인트

그림 4-28 PLL제어 블록도와 개발된 개루프 보드선도

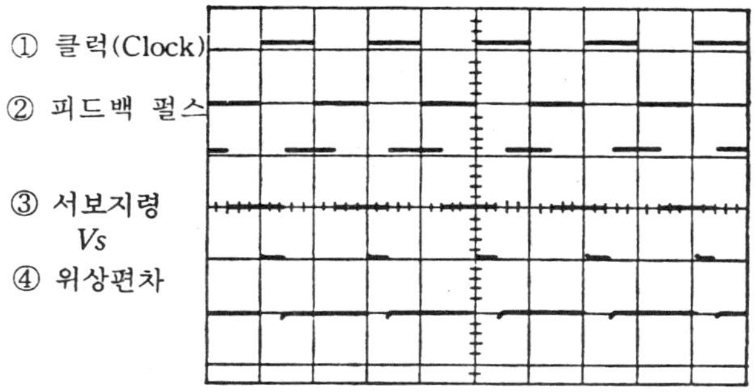

(a) PLL제어의 파형

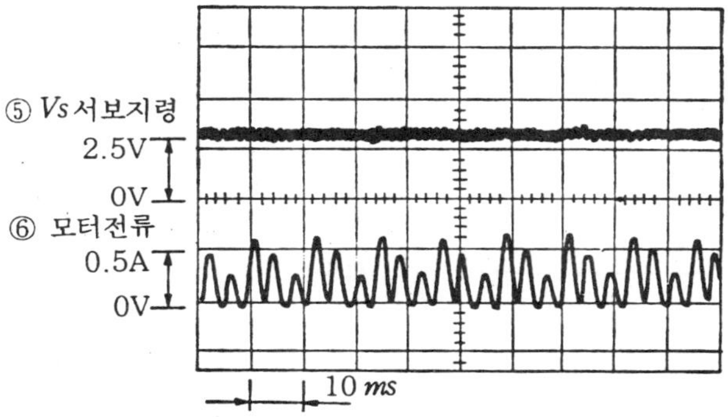

(b) 서보지령과 모터전류
(로우 패스 필터 출력)

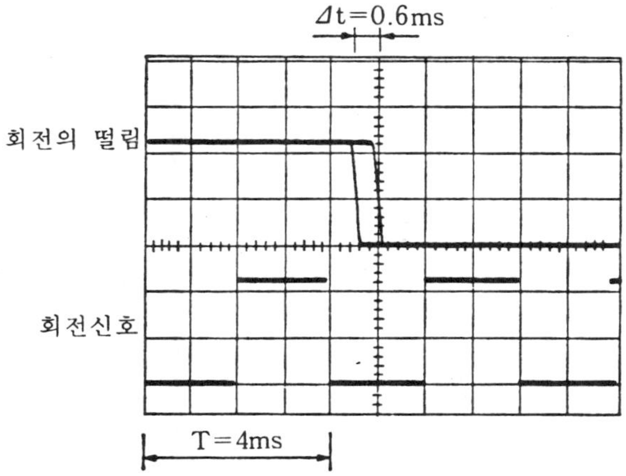

N=3600 rpm
(1회전 마다의
회전수의 흐트러짐)

$$= \frac{1}{2} \times \frac{\Delta T}{T} \times 100$$

$$= \frac{1}{2} \times \frac{0.6 \times 10^{-3}}{16.6 \times 10^{-3}} \times 100$$

$$= 1.8\%$$

(c)회전신호와 1회전의 회전떨림

그림 4-29 모터 구동시의 각부파형

제어부의 마이콤(micom)화 속도제어부에 마이크로컴퓨터를 사용해서 PWM(pulse width modulation)의 파워 앰프로 조합시킴으로써 여러 가지 특징을 갖는 브러시리스 DC 모터가 만들어진다. 그림 4-30에 이 마이콤 제어의 일례를 나타낸다. 홀센스, 계자(rotor), 전기자(stator)로 구성되는 2상의 브러시리스 DC 모터와 구동(drive)회로, 마이콤을 포함하는 제어회로로 구성되어 있다.

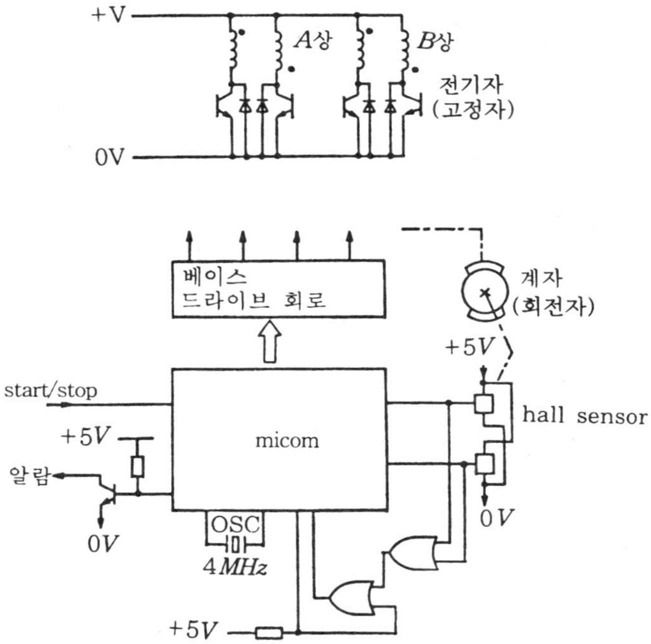

그림 4-30 마이콤 제어 브러시리스 DC 모터의 일례

모터속도검출신호는 그림 4-31에 나타낸 바와 같이 1주기 중 4펄스를 발생시키고 ($t_1 \sim t_4$) 이 펄스를 외부 유입신호로 사용하여 마이콤 내부 카운터로 외부 유입시간을 측정하여($T_n = \sum t_i$), 그 값에서 직접속도를 계산해서 기준속도치(T_r)의 차(E_r)를 구하고 구동회로용 트랜지스터의 on-off시간의 비(duty비)를 결정해서 일정속도의 제어를 행한다(그림 4-32 참조). 따라서,

$$E_r = T_r - T_n \tag{4-3}$$

$$\text{on 시간} = K_p \times E_r + \sum (K_I \times E_r) \tag{4-4}$$

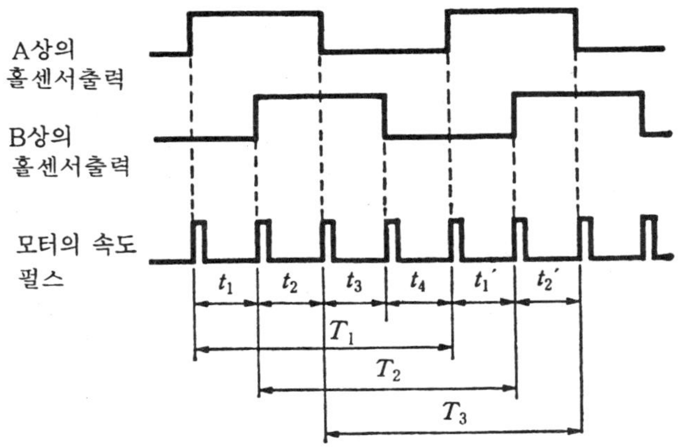

그림 4-31 홀센스에 의한 모터 속도검출신호와 그 작용의 예

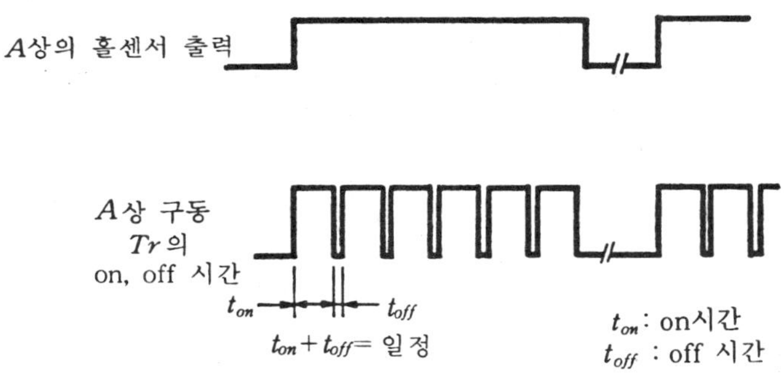

그림 4-32 PWM 제어

여기서 K_p : P gain, K_I : I gain

이와 같이 브러시리스 DC 모터의 마이콤 제어는 종래의 아날로그 방식과 같은 동작을 얻을 수 있고 디지탈방식에 비해 이때 변화가 거의 없고

- 기동시간, 기동전류를 프로그램하여 설정 할 수 있다.
- 모터를 잠금(lock) 상태로 놓고 전류를 임의로 설정 할 수 있다.
- 이상 시(예를 들면, over shoot, over load 등)의 고장 판단을 할 수 있다.

는 등의 특징을 가지고 있다.

기타 소형 브러시리스 DC 모터는 상당히 많은 수가 생산되고 있으며 가격, 크기 등의 저감이 특히 요구되고 있다.

이 때문에 제어부의 한층 더 부품점수를 줄이고, cost의 저감이 항상 제1의 과제가 되며 홀센스를 구동 LSI에 집어넣기도 하는 센서리스(sensorless)의 모터도 개발되고 있다.

그림 4-33은 펜 구동용으로서 개발된 홀센스가 내장된 LSI 블록의 일례이다.

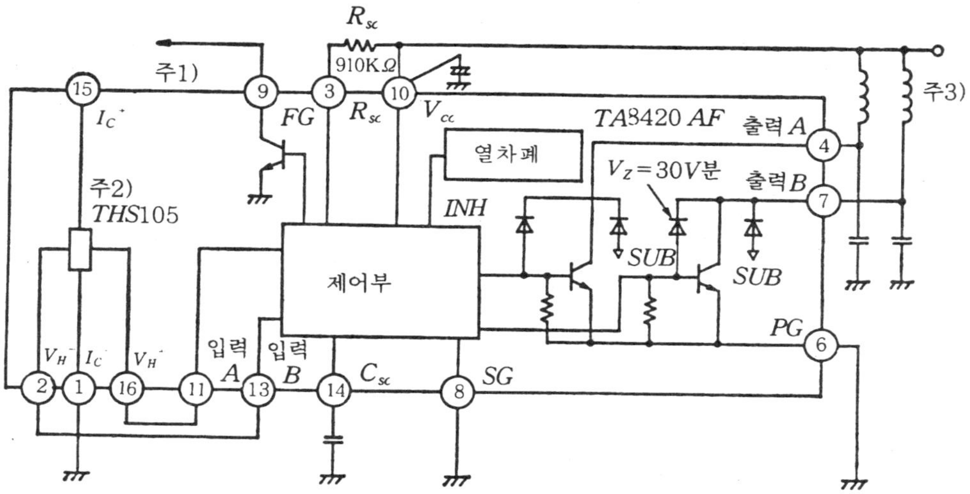

주1) 실선부가 1칩 LSI
주2) 홀센서용 홀소자
주3) 모터 전기자 코일

그림 4-33 펜(fan) 모터 구동용 홀센스의 내장 one chip LSI

4-6 센스리스 브러시리스 DC 모터의 구동방법과 제어 (FDD spindle 구동용 Brushless Moter의 예)

3.5″ FDD 스핀들(spindle) 구동방식으로서 DD(direct drive)방식과 ID(indirect drive)방식이 있지만, 최근에는 박형화된 ID방식이 채용되기 시작하였다. 여기에 수반하여 모터도 박형화가 요구되는 경향이지만 DD방식용 모터에서는 ID방식에 비해 감속비 분만 큰 토크를 필요로 하기 때문에 가격면에서 불리하게 되는 면이 있다. 여기서는 박형화에 유리한 ID방식용 센스리스 브러시리스 모터에 관해서 그 특징과 구조를 서술한다.

센스리스 브러시리스 모터의 동작원리는 그림 4-34에 나타낸 것과 같이 120° 위상차를 가진 각 코일에 유기되는 전압과 점선으로 표시된 각 유기전압의 정의 반주기를 반전하는 1/2의 크기로 한 전압을 비교기로 비교해서 전류를 흐르게 한 다이오드에 대응하여 각상의 구동 트렌지스터 T_r가 ON으로 되어 고정자 코일에 전류가 흐르게 된다. 이것에 의해 마그네트와 계철로 구성된 회전자는 전류가 흘러 여자된 고정자에 동기하여 회전한다.

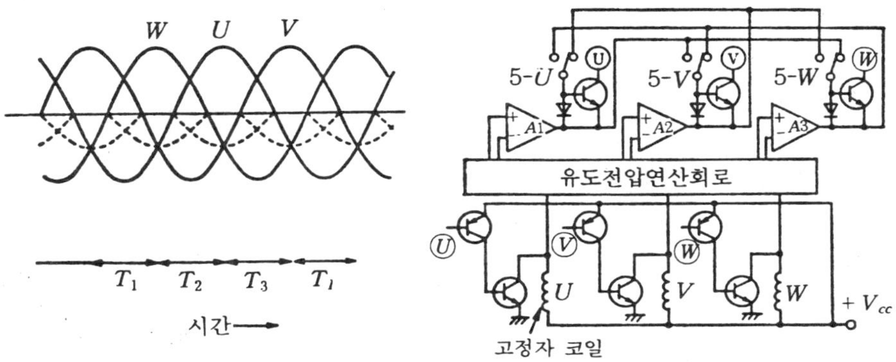

그림 4-34 전류(轉流)회로의 동작원리

이와 같이 센스리스 모터는 유기전압과 비교하는 것에 의해 전류가 흐르는 시간을 정하므로 일반적으로 필요로 하는 자극검출용의 홀센스가 불필요하게 되고 신뢰성도 향상한다.

이의 구조는 그림 4-35에 나타낸 바와 같이 회전자는 축에 고정된 축수에 지지된다. ID방식은 벨트(belt)에 의해 적당한 압력이 가해지므로 내압성을 올리기 위해 축 A, B의 간격을 최대로 취한다.

구성은 크게 나누어서 고정자부, 회전자부, 제어회로부 및 차폐함(shield case)으로 구

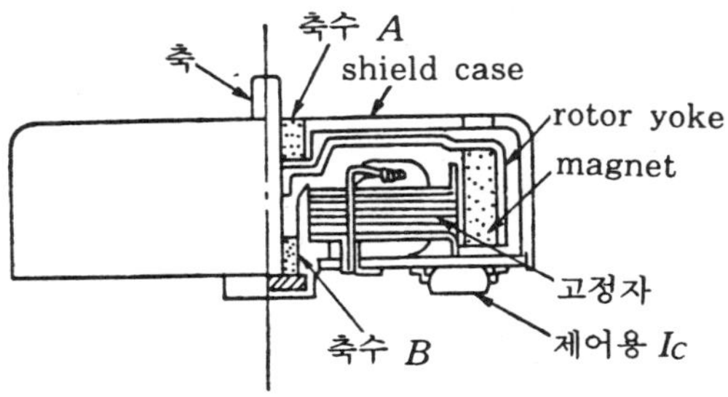

그림 4-35

성되지만 위에서 서술한 대로 센스리스 부분의 내부 공간이 유효하게 사용되는 이점이 있다.

모터의 회전수제어의 방법으로서는 그림 4-36에 나타낸 바와 같이 기준위상(기준주파수)에 대하여 어느 정도 벗어나고 있느냐를 비교기로 비교하여 그 오차신호를 모터측에 feed back하고 모터에 흐르는 전류 I_M을 일정하게 제어하는 정전류방식을 채용하고 있다.

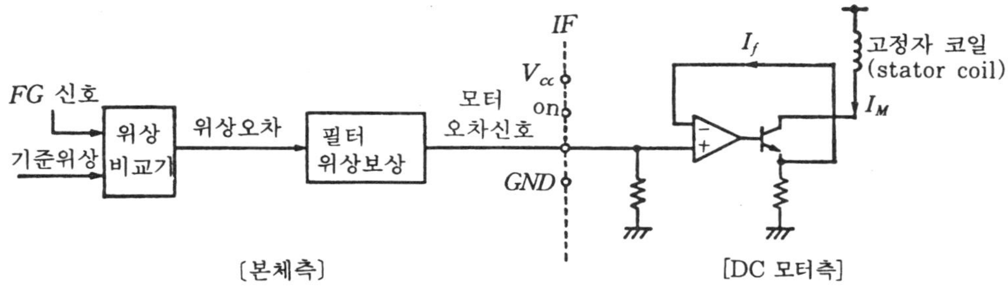

그림 4-36 블록도

4-7 브러시리스 DC 모터의 특성과 계산식

4-2절에서 서술한 바와 같이 브러시리스 DC 모터의 특성은 브러시부착 DC 모터의 특성과 기본적으로 변하지는 않는다. 그림 4-37에는 브러시리스 DC 모터의 회전수와 토크($N-T$ 특성)의 관계 및 토크와 전류($T-I$ 특성)의 관계를 나타낸다. 또 그림 4-38에서

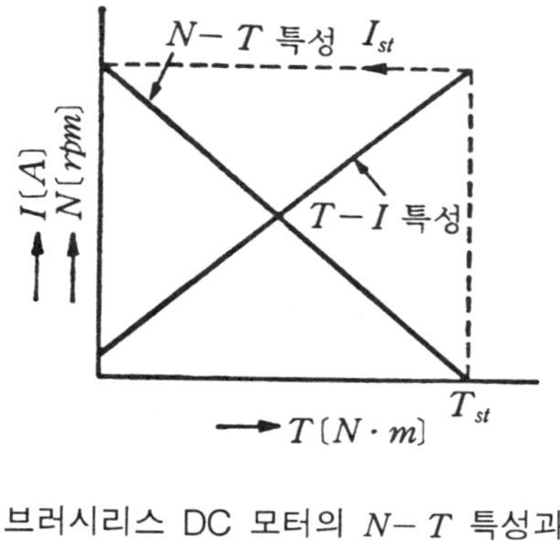

그림 4-37 브러시리스 DC 모터의 $N-T$ 특성과 $T-I$ 특성

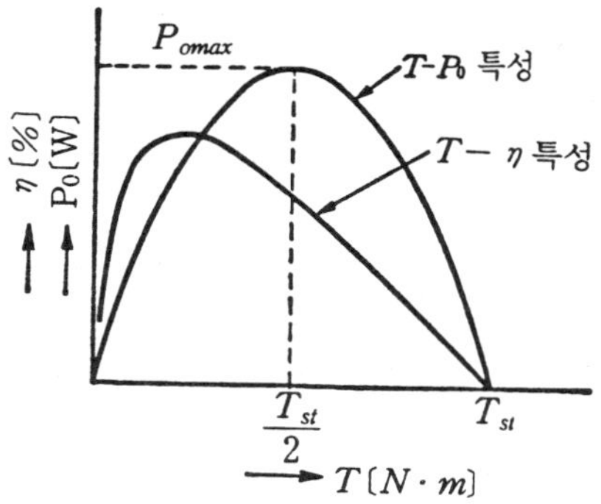

그림 4-38 브러시리스 DC 모터의 $T-P_0$ 특성과 $T-\eta$ 특성

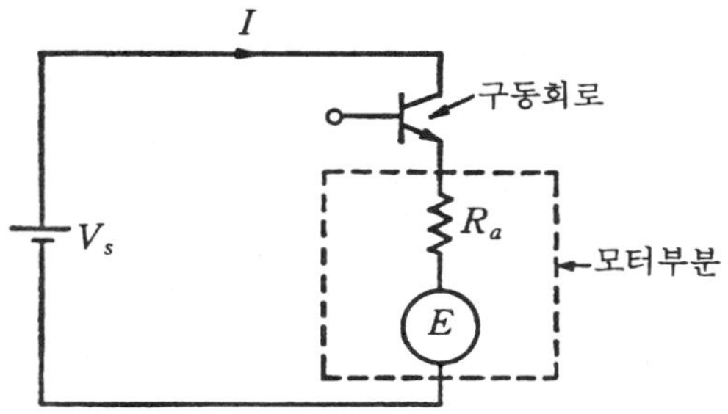

그림 4-39 브러시리스 DC 모터의 등가회로

는 그림 4-37을 기본으로 한 출력 P_0와 토크($T-P_0$ 특성)의 관계 및 토크와 효율($T-\eta$ 특성)을 나타낸다.

다음에 브러시리스 DC 모터의 특성 계산식에 관하여 설명한다.

우선 등가회로를 그림 4-39에 나타낸다. 전원전압 V_s[V], 부하전류 I[A], 모터의 전기자권선저항 R_a[Ω], 전기자권선의 유기전압 E[V], 구동회로측 트랜지스터의 전압강하분을 $V_{CE(\mathrm{sat})}$라하면

$$V_s = V_{CE(\mathrm{sat})} + IR_a + E \tag{4-5}$$

로 된다.

다음에 모터특성의 계산에 사용될 기호를 나타낸다.

T : 부하 토크[N · m]

T_{st} : 기동 토크[N · m]

E : 유기전압[V]

I_{st} : T_{st}시의 전류(기동전류)[A]

ϕ_g : 모터의 전기자와 회전자 자석간의 공극부 1극당 유효자속[Wb]

Z : 전기자권선의 직렬유효총도체수

N : 모터 회전수[rpm]

P : 자극수

a : 전기자권선의 병렬 회로수

(a) 토크

$$T = \frac{ZP}{2\pi a} \cdot \phi_g \cdot I \,[\mathrm{N \cdot m}] = K_T \cdot I \tag{4-6}$$

즉 토크는 전류에 비례한다. 단

$$K_T = \frac{Z \cdot P \cdot \phi_g}{2\pi a} \tag{4-7}$$

로 한다.

이 비례정수 K_T는 **토크정수**라고 한다.

(b) 유기전압

$$E = \frac{ZP}{a} \cdot \phi_g \cdot \frac{N}{60} \,[\mathrm{V}] = K_E \cdot N \tag{4-8}$$

즉 유기전압은 자속과 회전수에 정비례한다. 또 비례정수 $K_E = \frac{ZP}{60a}\phi_g$는 **유기전압 정수**라고 부른다. 식 (4-5)에 의해

$$E = V_s - V_{CE(\mathrm{sat})} - IR_a \,[\mathrm{V}] \tag{4-9}$$

따라서 식 (4-8)에 식 (4-9)를 대입하면 회전수 N은

$$N = \frac{E}{\frac{P}{60a} Z \cdot \phi_g} = \frac{V_s - V_{CE(\mathrm{sat})} - IR_a}{K_E} \tag{4-10}$$

즉 회전수 N은 $V_s \gg V_{CE(\mathrm{sat})} + IR_a$영역에서는 전원전압 V_s에 비례한다.

또 등가회로 그림 4-39에 있어서 $E=0$일 때의 전류가 I_{st}이고 그때 토크가 T_{st}로 된

다. 또 이때 $N=0$으로 된다.

반대로 E가 최대로 될 때는 무부하시로서 $T=0$일 때이다. 그때는 N도 최대로 된다(그림 4-37 참조).

다음에 출력 P_0[W], 모터의 입력 P_t[W], 효율 η[%]로 하면

$$P_0[\mathrm{W}] = 0.1047 \times N[\mathrm{rpm}] \times T[\mathrm{N \cdot m}] \tag{4-11}$$

로 산출할 수 있다.

$$P_t[\mathrm{W}] = (V_s - V_{CE(\mathrm{sat})}) \times I \tag{4-12}$$

따라서 모터효율은

$$\eta[\%] = \frac{\text{모터출력 } P_0}{\text{모터입력 } P_t} \times 100 \tag{4-13}$$

그림 4-37의 $N-T$, $T-I$ 특성에서 식 (4-11)~(4-13)으로 계산한 그래프가 그림 4-38에 나타낸 $T-P_0$ 특성, $T-\eta$ 특성이다. 그림 4-38 중에 토크 $\frac{T_{st}}{2}$일 때 이 모터의 최대출력 $P_{0\max}$을 얻는다.

또 그림 4-37에서 토크가 0일 때도 전류 I가 흐른다. 이것은 무부하전류라 하지만 모터가 회전하기 때문에 생기는 축수 마찰손과 회전자 자석의 자속에 의해 전기자 코아측에 생기는 철손분이 부하 토크로 되어 있기 때문에 무부하전류가 흐른다고 생각하면 좋다. 따라서 그림 4-37을 살펴보면 그림 4-40과 같이 된다.

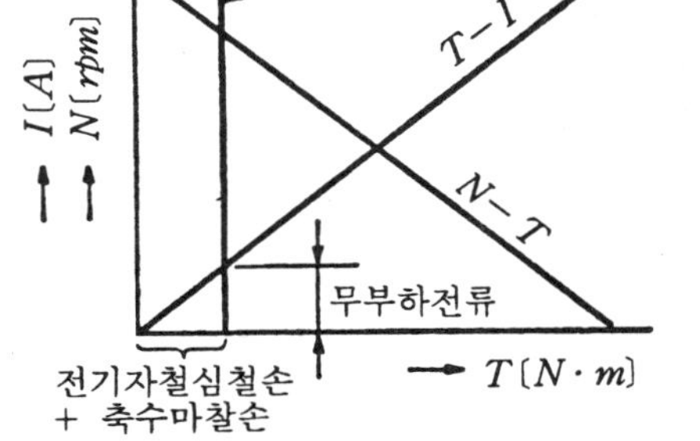

그림 4-40 브러시리스 DC 모터의 $N-T$, $T-I$특성

4-8 브러시리스 DC 모터의 응용예

기구의 정밀도, 다기능화가 이루어지면서 브러시리스 DC 모터를 그 특징을 가지는 용도로 사용함에 따라 기구의 고성능화를 실현한 예는 많이 볼 수 있게 되었다. 브러시리스 DC 모터는 종래의 브러시부착 DC 모터와 구조적 비교를 하면 브러시부착 모터의 브러시와 정류자의 기능을 반도체와 센서에 의해 전기적으로 이루어지기 때문에 브러시와 정류자를 없애는 대신에 회전위치 검출용 센서와 권선 여자용 전자회로로 대체된다. 이 때문에 기계적 접촉이 없게 되어 수명과 신뢰성이 양호하게 되는 결과를 가져왔다. 또 브러시 및 정류자의 복잡한 구조가 비교적 단순한 회전위치검출용 센서 및 전자회로로 대체되므로 모터본체는 소형으로 되고 형상 변경의 자유도가 증가하였다. 그에 따라 기구의 기능목적에 적합한 전용의 브러시리스 DC 모터를 사용하는 것이 가능하게 되고 기구의 고성능화, 가볍고, 얇게, 작게할 수 있고, 수명을 길게 할 수 있게 되었다.

브러시리스 DC 모터의 주요 용도로서는 OA 기기분야에 사용된다. HDD(hard disk drive)장치, FDD(floppy disk drive)장치, 복사기, 프린터 및 가전분야에서는 테이프 레코더(tape recorder), 레코더 플레이어(recorder player), 카세트 레코더(cassette recorder), VTR, 비디오 디스크 플레이어(video disk player), 컴팩트 디스크 플레이어(compact disk player) 등에 사용되고 있다.

브러시리스 DC 모터의 특징을 나타내는 효과적 사용 예는 기계적 정류기구를 전기적으로 행함에 따라 브러시와 정류자의 기계적 접촉이 없게 되므로 전기적 및 기계적인 소음의 감소, 회전고속화, 장수명화, 고신뢰성화가 실현되고 이것들의 특징을 나타낸 예이다.

브러시리스 DC 모터의 단점은 모터구동용의 전자회로가 필요한 것이다. 그러나 반도체기술의 진보는 빨라서 가격적으로 부담이 되지 않는다.

(a) 레이저 빔 프린터(laser beam printer)의 응용예

프린터에는 도트 메트릭스(dot matrix) 프린터, 활자 프린터 등의 임펙트(impact) 프린터와 레이저 빔 프린터, 서멀(thermal) 프린터 등의 논-임펙트 프린터가 있으며 이 프린터는 인쇄를 할 때 소음이 적으므로 조용한 실내에서 사용하기에 적합하여, 최근에 보급률이 증가하고 있다. 또 레이저 빔 프린터는 저소음이지만 그 화질이 양호한 특징도 가지고 있다.

레이저 빔 프린터는 데이터 처리부와 엔진부로 크게 나누어진다. 브러시리스 DC 모터를 사용하고 있는 회전 다면경 스케너(polygonal mirror scanner) 모터는 엔진부 사이의 광 주사계의 구성부품이다. 프린터 내에 조합되어 있는 스케너 모터는 회전 다면경이 조합되어 있고 이 거울을 고속 회전시키기 위해 사용된다. 프린터 내의 광 주사계의 구성에 관하여 그림 4-41에 나타내었다. 그림에 나타낸 바와 같이 회전 다면경 스케너 모터는 레이저 빔을 회전시키는 다면경에 반사시켜 감광 드럼(drum) 위에 주사시키는 동작을 한다.

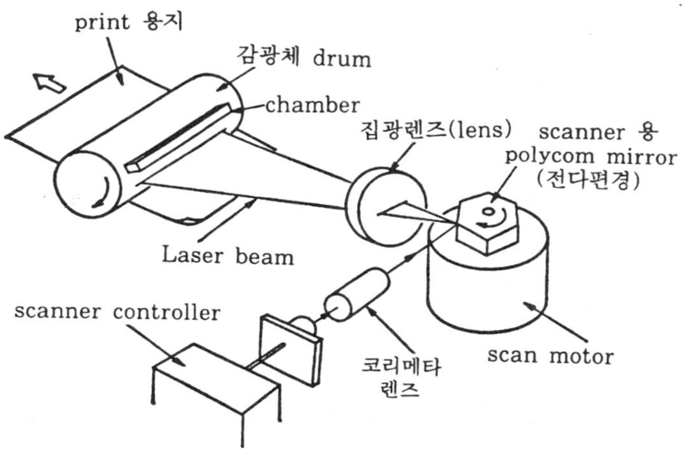

그림 4-41 센서 레이저 빔 프린터의 응용예

회전 다면경 스케너 모터의 고성능화함에 따라서 회전오차를 최대한 작게 하며 회전고속화를 가능하게 한다. 구동소음을 작게 하는 것이 필요하고 브러시리스 DC 모터에 의해 실현되고 있다.

예를 들면 외부 회전자구조에 의한 플라이휠(flywheel) 효과와 홈을 없게(slotless)함에 따른 떨림(cogging)의 저감에 의해 회전오차를 0.02% 이하로 억제하고 있다.

또 다른 예로는 8000 [rpm]의 저속회전용 모터에 외부 회전자 구조 및 정밀 볼 베어링(ball bearing)을 20,000 [rpm]의 고속회전용 모터에 내부 회전자구조 및 축수에 압력을 가하는 방식을 채용하며 공히 오차를 0.01%로 한 보고도 있다.

현재 20,000 [rpm]을 초과하는 것도 필요로 하고 있으며 축수에 압력을 가하는 방식의 채용이 보통이지만 가격이 비싸기 때문에 고급기에 사용되는 경향이다.

(b) PPC(plain paper copy) 복사기로의 응용

일반의 PPC 복사기는 개인용으로 염가의 것에서부터 업무용 고속기까지 제품화되어 있고 현재로서는 가장 친밀한 OA기기의 하나로서 보급되어 있다.

보통 개인기와 보급기의 저속으로 가격이 싼 복사기는 1개의 모터로 모든 동작을 처리하는 경우가 많다. 여기에 대하여 고급기는 줌(zoom)기능이 일반화되어 있고, 게다가 자동원고전송장치, 복사사분장치, 급지장치, 양면복사장치, 복사합성장치 등의 주변기능 들이 부가되어 있으며 DC 모터, AC 모터, 스테핑 모터 등 각종 모터 및 액추에이터가 사용되고 브러시리스 DC 모터의 채용도 많게 되었다.

복사기는 본체와 주변기기로 나눌 수 있다. 본체의 시스템구성은 3계통으로 나눌 수 있다. 제1계통으로서 광학계가 있으며 램프(lamp), 거울(mirror), 레인지(range), 원고대의 조작이 있고, 제2의 계로서 종이 처리계가 있고 급지, 반송, 화상 작성 프로세스(process), 정착기(定着器), 양면복사, 합성복사, 배출의 조작, 제3의 계로서 송풍계가 있고, 기내냉각, 반송용지의 분리흡수, 오존분해 보조의 조작을 행한다.

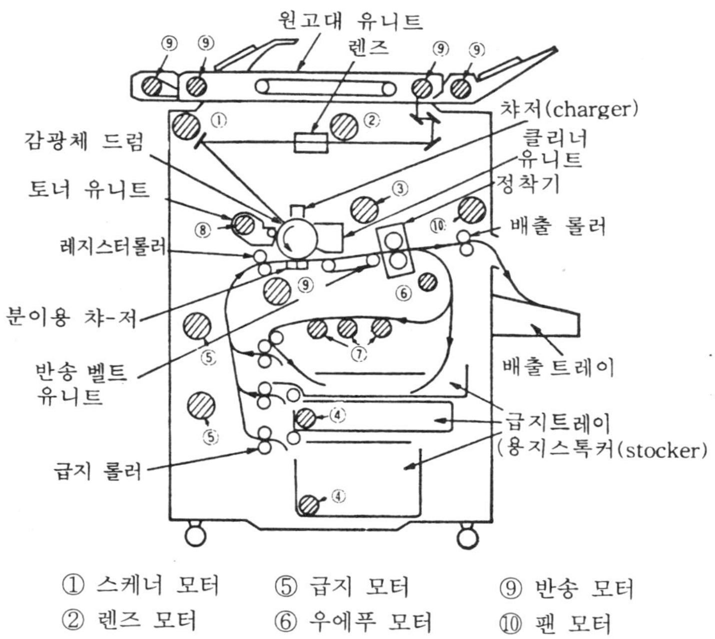

그림 4-42 복사기본체의 일례

주변기기로서 급지 옵션(대용량 선반, 다단급지 선반 등) 원고 전송장치, 반전 장치 등이 있고 각종 모터를 사용하고 있지만 본체와 중복하는 기능도 많기 때문에 여기서는 본체에 관하여 설명한다. 그림 4-42는 복사기본체의 내부를 약도화한 일례를 나타낸 것이다.

참고문헌

(1) 橋本, 浜野 : 制御用モータ技術活用マニュアル, pp. 196～198, 総合電子出版(1987)

(2) 中谷, 浜野 : 機械設計, 32, 6, pp. 20～27, 日刊工業新聞社(1988)

(3) 浦川, 他 : ナショナルテクニカルレポート, 33, 5, oct, pp. 26～35, (株)松下テクノリサーチ(1987)

연습문제

(1) 브러시리스 모터의 토크 발생 원리를 간단하게 서술하시오.

(2) 브러시리스 DC 모터의 구조에는 어떤 종류가 있는가? 또 각각의 특징을 간단하게 서술하시오.

(3) 브러시리스 DC 모터의 회전자위치 검출방법에는 어떤 방법이 있는가? 3개 이상 서술하시오.

(4) 브러시리스 모터의 응용예를 들고 설명하시오.

(5) 브러시리스 모터의 전원전압 210[V], 부하전류 4[A], 모터의 전기자 저항이 2[Ω]이고 구동 회로측 트랜지스터의 전압강하가 2[V]이다. 이 모터의 자극수 4, 전기자 도체수 200, 자속이 0.05[Wb]일 때 회전수 [rpm]을 구하여라.

[답] 1200[rpm]

제 5 장

서보모터(servo motor)

5-1 DC 서보모터

서보의 어원이 나타내는 바와 같이 영어의 「slave」라든가 「servant」의 의미를 가지며 명령에 충실하게 추종하는 제어용 모터를 의미하고 있다.

이것을 실현하기 위해서는 전기식, 유압식, 공기압식 등의 각종 방법이 생각되고 있지만 신호전달과 응답성 및 경제성 등을 생각하면 현상태로서 극소용량은 공기압식, 소·중용량은 전기식, 대용량에는 유압식의 서보가 적합하다고 하며 성능면으로서는 전기식이 가장 우수하다고 한다. 그러나 초기의 전동서보는 제어용 전력의 증폭기술과 서보장치(서보모터, actuator)가 충분히 발달되어 있지 않았으므로 전동서보의 주된 용도는 표시기와 신호전달계의 소용량의 것이 대상이었다. 예를 들면 셀신이라든가 유도형 2상 서보모터 등이었지만 그 후 제어이론의 발달과 전력증폭장치의 성능 및 경제성의 향상에 따라 공작기계의 디지탈 전송제어 등도 대상으로 하는 전동 파워서보가 발달되었다.

제어용 전력의 증폭의 변천에 있어서는 진공관→사이라트론(thyratron)→자기증폭기→암플리다인(회전증폭기)→격자부 수은정류기→반도체 전력소자로 수 십년간에 걸쳐서 기술의 변화가 있었다.

현재로서는 반도체 제어가 주류이고 대상으로 하는 제어용 모터의 가격과 거의 같을 정도의 가격으로 제어장치(전력증폭에 의한 제어)를 제작할 수 있게 되었다. 또한 서보모터에 대해서도 고성능 희토류자석의 발달과 고온에 견디는 절연물의 발명에 의해 초기의 DC 서보와 현재의 것을 비교하면 출력이 2~4배로 증대하고 있다. 이밖에 제어에 결점이 없는 고성능의 회전센서(위치 및 속도)의 공급이 자유롭게 적용되고 있다는 것과, 제어용 IC와 논리소자의 발달에 의해 전동서보 시스템은 유압서보, 공기압서보에 대해서 절대 우위의 입장에 서게 되었다.

전동 서보모터를 크게 나누면 DC 서보와 AC 서보로 나누어지지만 여기서는 현재 가장 많이 사용되고 있는 DC 서보모터에 관하여 설명한다. 또한 브러시리스 DC 모터와 AC 모터로 분류하고, 여기서는 브러시 부착 DC 서보모터만을 대상으로 한다.

5-1-1 성능 표시

서보모터(servo motor)의 성능은 응답성, 신뢰성, 경량성, 과부하내량 및 온도상승 등에 의해 판단된다.

여기서도 DC 서보모터의 경우 성능표시 및 제량 표시방법에 관하여 대표적인 사례를 표 5-1, 표 5-2에 나타내었다.

이것들의 제량은 정격사항, 제어 및 응답성 관계, 신뢰성, 공유영역(interface) 등으로 나누어지는 외에 사용목적에 의해서 각 항목의 단위를 행하는 총합적으로 판단, 평가되고 있다.

사진 5-1 DC 서보모터의 외관

표 5-1 DC 서보모터의 성능표시 예

정격출력	W
정격토크	kg · cm
정격회전수	rpm
전력률	kW/s
순시최대토크	kg · cm
순시최대회전수	rpm
회전자관성	kg · cm^2
전기자저항	Ω
전기자인덕턴스	mH
유기전압정수	mV/rpm
토크정수	kg · cm/A
전기적시정수	ms
모터중량	kg

표 5-2 DC 서보모터의 기능 및 성능표시 예

정격출력	P_R	W
정격전기자전압	E_R	V
정격전기자토크	T_R	kg · cm
정격전기자전류	I_R	A
정격회전속도	N_R	rpm
연속전기자토크	T_S	kg · cm
순시최대토크	T_{PS}	kg · cm
전기자전류	I_S	A
순시최대전기자전류	I_P	A
최대회전속도	N_{MAX}	rpm
정지마찰토크	T_F	kg · cm
전력률	Q	kW/s
순시최대가속도	α_{PS}	rad/s^2
토크리플	T	%
토크정수	K_T	kg · cm/rpm
유기전압정수	K_E	$\frac{mV}{rpm}$
제동정수	K_I	g · cm/rpm

회전자관성	J_M	g · cm · s²
전기자저항	R_E	Ω
전기자인덕턴스	L_S	mH
기계적시정수	t_m	ms
전기적시정수	t_e	ms
열시정수	t_{th}	min
열저항	R_{th}	℃/W
전기자권선온도상승한도		deg
중량	W	kg

5-1-2 DC 서보모터의 구조

사진 5-1에 대표적인 DC 서보모터의 외관을 나타낸다. 그림 5-1은 구조단면도를 나타낸다. 또 그림 5-2는 DC(서보) 모터에 사용되는 각종 영구자석 사용의 자극구조에 관한 예를 나타낸다.

현재 실용되고 있는 브러시 부착 DC 모터, DC 서보모터의 구조는 어느 쪽도 회전전기자형에 속하고 사진 5-2의 전기자 구조에 의해 (a) 홈이 있는 전기자, (b) 철심이 없는 가동코일형, (c) 철심이 없는 평판상 프린터 코일형, (d) 전기자권선을 보강한 컵(cup)형, (e) 철심이 있고 홈이 없는 전기자의 다섯 가지 타입으로 나누어진다.

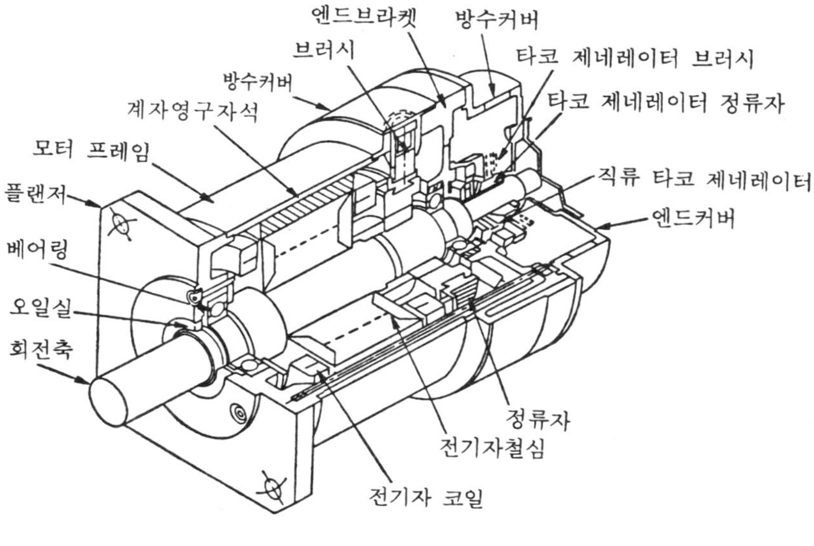

그림 5-1 DC 서보모터의 구조단면도

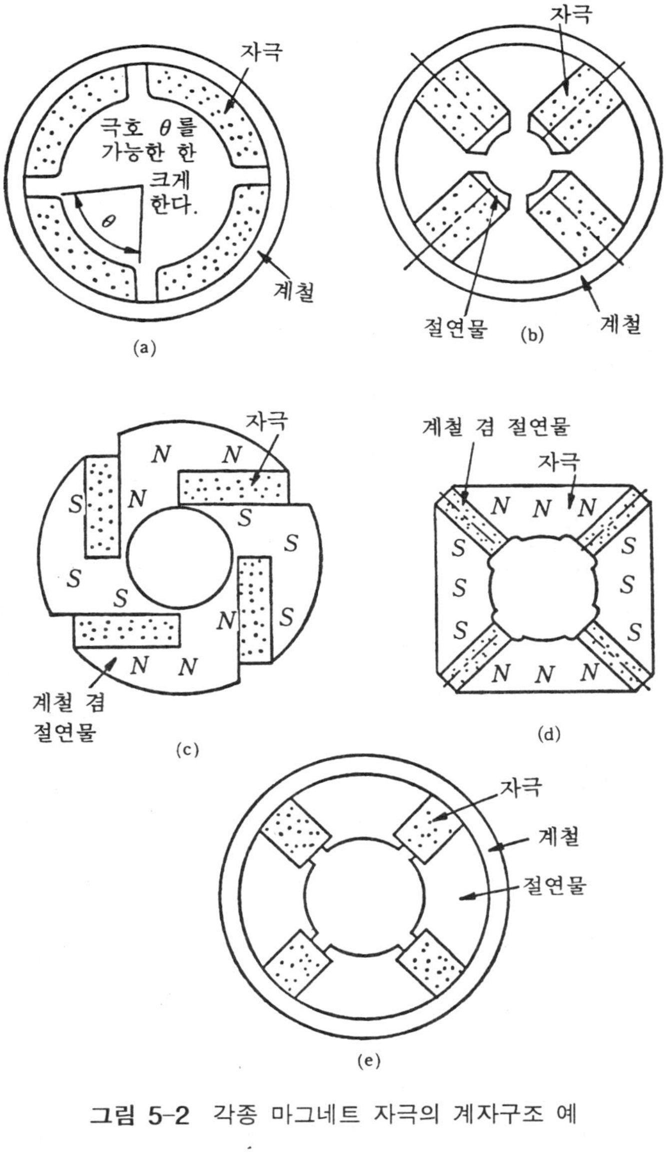

그림 5-2 각종 마그네트 자극의 계자구조 예

사진 5-2의 (a)는 강도, 출력, 과부하내량 등의 면에서는 가장 이상적인 구조이지만 응답성(관성) 및 정류의 측면에서 열세이다. (b)의 가동코일형은 기동시간이 수 [ms]이라고 하는 초고응답성을 목적으로 회전체의 관성을 경감한 것이다. 용량적으로는 수십 [W] 이하이고 한편 열용량은 작다. (c)의 프린터 모터형도 (b)와 거의 같은 형태이나 수백 [W] 이하를 대상으로 하고 있다. 회전자의 직경이 크기 때문에 의외로 응답성이 낮다.

(d)의 컵 모터방식은 보다 더 용량이 큰 [kW] 급을 대상으로 하기 때문에 전기자권선을 구조적으로 보강하고 있다. 철심이 없으므로 정류조건이 좋고 순시의 과부하 및 피크 토크(peak torque)에 잘 견딘다.

(e)는 (b)의 용량증대를 꾀하기 위한 것으로 자로겸 구조물인 강자성체의 축상에 전기자 권선을 배치하고 길고 가는 형상이 가능하므로 초저관성이고 동시에 정류를 용이하게 하고 있다. 용량적으로는 수 백 [W]에서 10 [kW] 정도의 넓은 용량범위를 차지하고 있다.

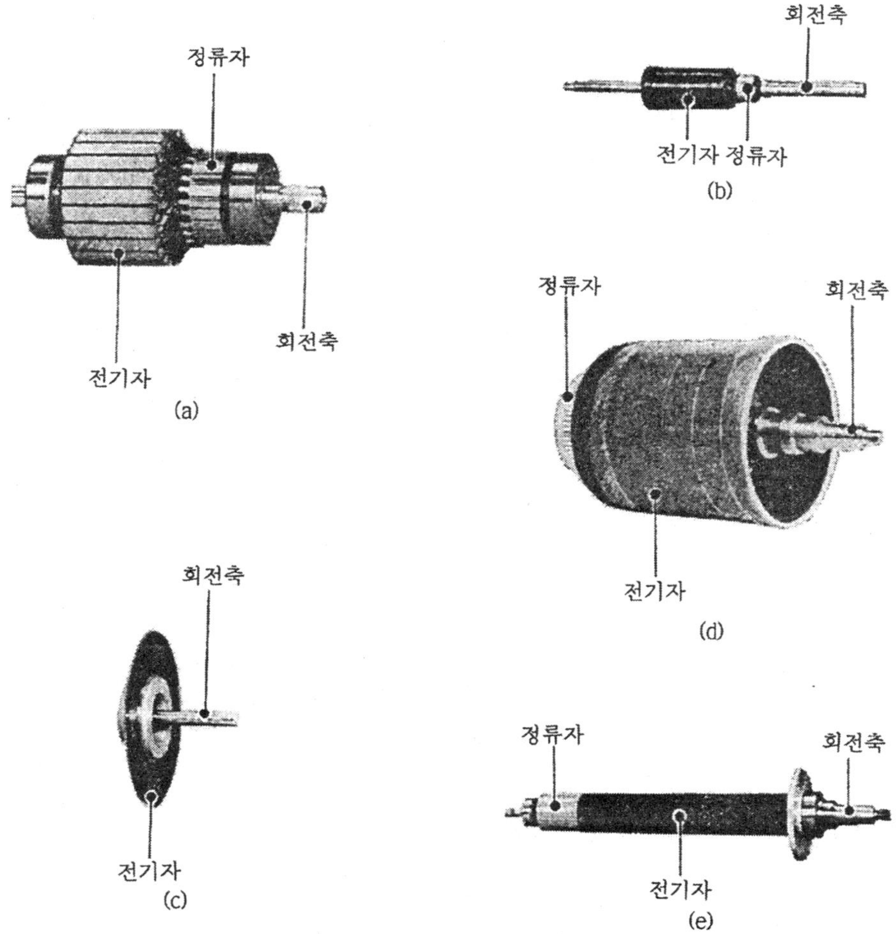

사진 5-2 각종 DC 서보모터의 전기자 구조 예

그림 5-3에 서보모터의 전기자철심 (a)와 일반적인 가변속 모터용의 전기자철심 (b)를 비교해서 나타낸 것이다. 동일출력 물건에서도 이와 같이 설계가 다르다. (a)는 전형적인 동(銅)기계설계이고, (b)는 철(鐵)기계에 가깝게 설계되어 있는 것을 알 수 있다.

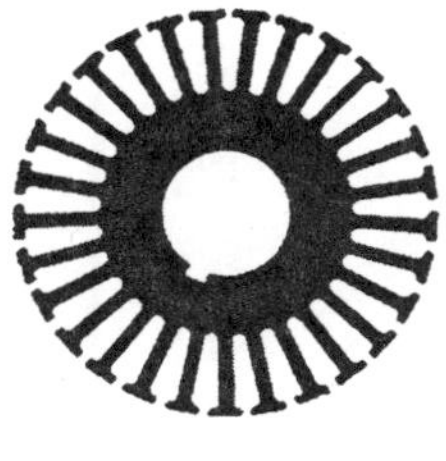
(a)

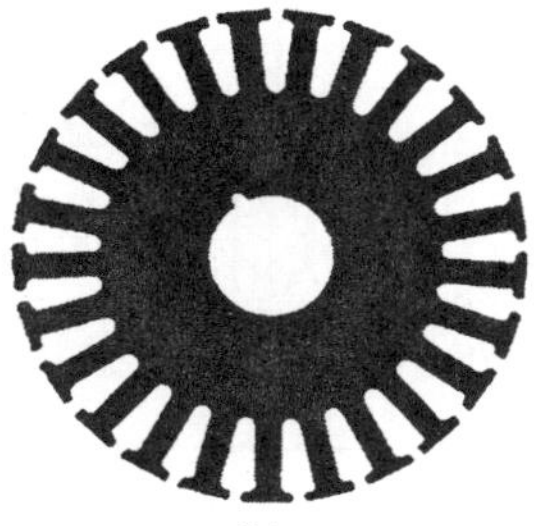
(b)

그림 5-3 DC 서보 (a)와 DC 모터 (b)의 전기자철심 비교

5-1-3 DC 서보모터의 장점과 단점

DC 모터는 제어용 모터로서 제일 이상적이지만 최대의 단점은 기계적인 브러시와 정류자를 가지고 있다는 것이다. 브러시의 단점을 현상별로 크게 나누면

① 브러시 마모에 대한 유지보수가 필요
② 정류에 의한 다량의 발열과 냉각문제, 정류불꽃, 섬락(flash over)
③ 브러시의 안정조건유지의 곤란, 불안정성 등이다.

이와 반대로 최대의 장점은 「제어성이 좋은 점과 제어장치의 경제성」이다. 최근 기계적인 브러시를 없애고 반도체제어에 의한 정류작용을 행하는 브러시리스 DC 모터에 크게 기대를 걸고 연구되고 있지만 제어성, 경제성 등을 종합적으로 판단하면 브러시부착 DC 모터의 평가도 의외로 높다.

결국 AC 서보인가 DC 서보인가를 말하는 이론은 기술적 또는 원리적인 문제는 아니고 사용목적과 조건에 의한 케이스 바이 케이스로 판단될 수 있다고 말할 수 있는 것이다.

그림 5-4에 제어회로의 일례를 비교형태로 나타냈지만 DC 서보의 제어는 기본적으로 AC 서보보다도 경제적으로 유리하다고 말할 것이다. 그것은 교류출력을 가질 필요가 없다는 것과 전력소자의 수가 적다는 것이다.

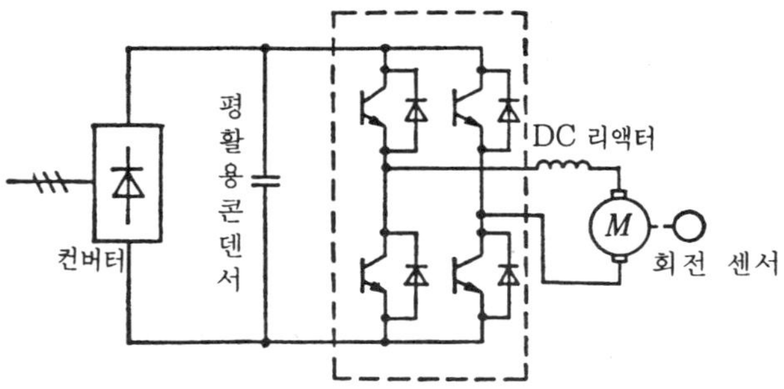

(a) DC 서보 주회로

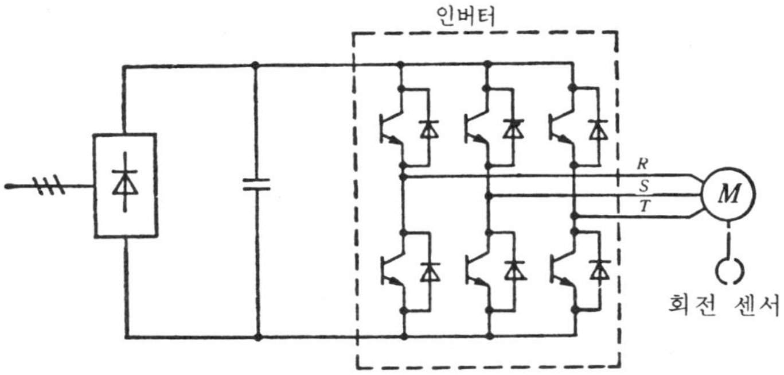

(b) AC 서보 주회로

그림 5-4 DC 서보와 AC 서보의 주회로 구성비교

5-1-4 DC 서보모터의 핵심 기술

서술한 바와 같이 최근의 고성능 DC 서보모터를 가능하게 한 기술의 열쇠가 무엇인가라고 말한다면 「고성능 영구자석과 자속집중기술, 대용량의 반도체 전력소자, 고성능 회전센서, 디지털 제어기술, 현대제어이론의 활용, 브러시의 활용기술」 등을 모두 배우는 것이라고 할 수 있을 것이다.

재료의 면에서는 고성능 영구자석의 존재는 무시할 수 없다. 사마리움 코발트와 네온(Ne) 등의 희토류(希土類) 자석이다.

현재 가장 많이 사용되고 있는 것은 페라이트 자석이지만 이방성의 바륨 페라이트와 스토론디움 페라이트는 성능도 높고 최대자기 에너지 곱으로 4～6[MGOe : $4\pi\times10^3\times10^6$[AT]]에 달한다. 이것에 자속 집중기술을 사용해서 DC 서보모터를 설계하는 것에 의해서 기어 전환 장치(변속 레버 gear ship) 자속밀도를 5000～6000 gauss로 높이는 것도 가능하며 현재 제일 많이 사용되고 있다. 반면 주조 마그네트의 Alnico(Al－Ni－Co) 자석의 사용은 작아지게 되었고 세라믹 자석의 시대로 되었다.

제어의 측면에서는 고속대용량 반도체소자의 출현에 의해 제어성 및 경제성의 향상이 현저하다. 예를 들면 전력용 MOS-FET, SIT, IGBT 등의 고속 전력용 트랜지스터(power transistor)의 출현이다.

한편 논리소자, 제어소자와 마이크로 컴퓨터의 진보는 현대제어이론을 구현화하기 위한 강력한 무기가 되었고 소프트(soft)면과 파워(power)면의 양면에서 제어성능의 향상을 가능하게 한 것이다.

금후의 방향으로서는 점점 더 디지탈 제어가 지향될 것이다. 이 디지탈 제어의 필요성은 「서보로서 중요한 기능의 하나로 위치를 결정하는 기능이 요구되는 것 및 아날로그 제어에서 필요불가결한 많은 조정 작업을 모두 없앨 수 있다」는 2 가지의 의미를 가지고 있다.

여기에 디지탈 제어의 방향으로 박차를 가한 것은 경제적으로 고성능한 서보센서(회전센서)의 출현이었다. 10,000 [ppr] 정도의 분해능이 용이하게 얻어지고 있기 때문이다.

마지막으로 영원한 과제로서 어떤 브러시와 정류자의 신뢰성의 문제가 남지만 이것도 서서히 어떠한 재질적 개선과 사용상의 연구가 되어져 1～2년간은 보수를 하지 않고도 운전이 가능하다고 하는 실적이 만들어지고 있다. 이를 위해서는 「전폐구조와 축 실(seal) 등 모터의 구조상의 개선」도 행해지고 있다.

5－2 AC 서보모터

5-2-1 AC 서보모터의 정의

학문의 세계에서는 AC 모터인가 DC 모터인가를 분류하는 경우 「전기자권선에 공급되는 전력이 교류인가 직류인가에 의해 분류」하는 방법이다.

이 경우 VR형 스테핑 모터와 유니폴라(unipolar) 구동 스테핑 모터도 맥동전류로도 되지만, 전기자권선에는 직류전류가 공급되기 때문에 직류기로 분류된다.

이외의 분류방법은 기계적인 브러시와 정류자의 유무에 의한 분류방법이다. 일반적으로는 이 분류방법이 통용되고 있다.

전술한 스테핑 모터에 관해서는 직류기인가, 교류기인가는 의견이 분분하며 현재 통일된 견해가 존재하고 있지 않지만 브러시와 정류자의 유무로 판단할 수 있으므로 교류기로 분류되고 있다. 즉 맥동전류라고 하더라도 일종의 정류작용을 갖는 경우가 있고 외부정류(commutation)작용이라고 생각되는 교류기로 분류되는 것이 타당할 것이다.

다음에 서보모터인가, 스핀들 모터(spindle motor)인가, 가변속모터인가의 판단은 그렇게 엄밀한 것은 아니지만 제어성능이 가장 높은 것이 서보모터이고, 다음이 스핀들 모터, 그 다음이 가변속 모터이다.

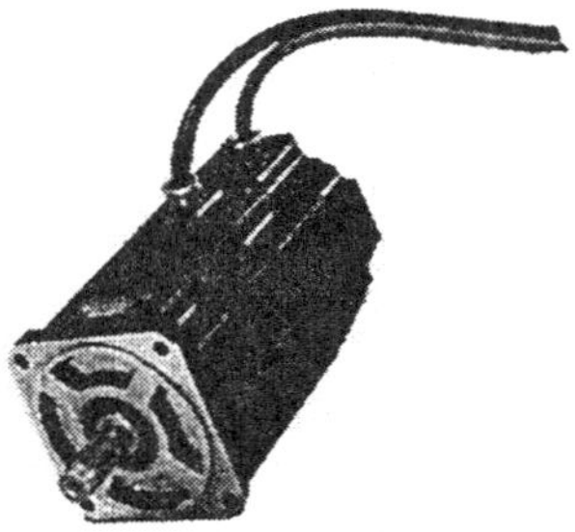

사진 5-3 AC 서보모터(SM형)의 외관

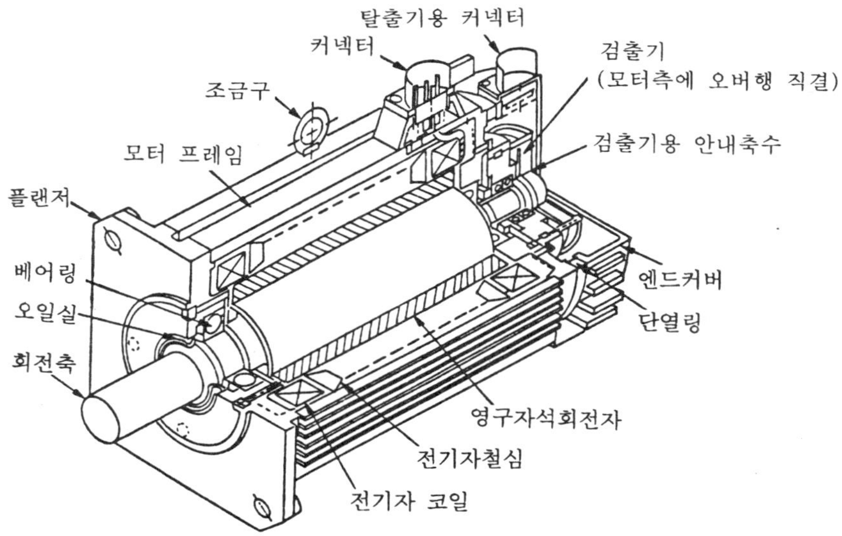

그림 5-5 SM형 AC 서보모터의 구조단면도

이하, AC 서보모터의 정의는 「제어성이 높은 위치결정 기능을 가지며 한편 기계적인 브러시와 정류자를 갖지 않는 제어용 모터」로 정의한다.

또한, AC 서보모터에는 SM형(synehronous moter 브러시리스 DC)과 IM(Induction motor)형이 존재한다. 이밖에 스테핑 모터를 포함하는 경우도 있다. 그러나 현재에는 성능면에서 SM형 서보모터가 많이 사용되고 있다.

사진 5-3은 SM형 서보모터의 외관 사진을 나타낸다. 또 그림 5-5는 이 모터의 구조단면도를 나타낸다.

5-2-2 AC 서보모터의 역사

AC 서보모터의 개발목적은 무엇인가. 그것은 극언하면 「보다 신뢰성이 높은 제품의 추구」라고 말할 수 있을 것이다. 제어성능 및 제어장치의 경제성면에서는 DC 서보쪽이 더 유리하지만 산업계의 요구는 보다 신뢰성이 높은 브러시리스 AC 모터쪽으로 진행되고 있다.

특히 자동차공업과 같이 다수의 로보트와 서보모터를 사용하는 제조라인에 있어서는 문제점에 의한 라인의 정지는 치명상이 되기 때문이다. 이밖에 원자력관계와 특수환경하에서의 사용에는 장기간의 유지보수가 쉬워야 하는 조건이 요구된다. 이를 위해서는 경제성 이전의 문제로서 브러시리스의 서보모터가 요구되는 것이다.

이하에 AC 서보모터개발의 경위를 설명할 것이다.

AC 서보가 전술한 이유에 의해 개발된 것으로 알지만 간단히 이것만의 이유로 지금의 AC 서보모터가 출현된 것은 아니다. 이밖에 AC 서보에 대한 장래성으로의 기대와 기술적 매력이 있기 때문일 것이다. 예를 들면 보다 경제적인 제어장치가 장래 공급될 가능성이 강해진다면 장래 유지보수비용이 지금보다도 높게 될 것이라는 것, 라인가동률의 향상, 제어기술의 향상 등 AC 서보에 대한 많고도 강한 기대 때문이다.

여기서 브러시리스 AC 모터 시스템의 개발, 제품화를 최초로 실현한 것은 의외로 대기업이 아니고 중규모의 벤처(venture)기업이었던 점이 흥미롭다.

5-2-3 성능 및 기술적 문제

표 5-3, 표 5-4, 표 5-5에 AC 서보 성능의 일례를 나타내었는데 제어성, 응답성의 면에서 보면 조금도 손색이 없음을 알 수 있다. 오히려 정류의 문제가 없기 때문에 과부하 내

량이 커지는 모터라고 말할 수 있을 것이다. 특히 SM형의 경우 운전효율이 높고 냉각면에서도 단연 유리하다. 이 때문에 공작기계의 스핀들 모터와 같이 열의 영향을 피하고자 하는 용도에 가장 적합하다.

표 5-3 SM형 AC 서보모터의 특성표 예

형명 / 요목	형 식 형 태 제품번호	
정격 출력	P_R	W
정격 전기자전압	E_R	V
정격 토크	T_R	kg · cm
정격 전기자전류	I_R	A
정격 회전속도	N_R	rpm
연속 Stall 토크	T_S	kg · cm
순시최대 토크	T_{PS}	kg · cm
전기자전류(Stall)	I_S	A
순시최대전기자전류	I_P	A
최대회전속도	N_{MAX}	rpm
정지마찰 토크	T_F	kg · cm
전력률	Q	kW/s
순시최대가속도	α_{PS}	rad/s^2
토크리플	T_r	%
토크정수	K_r	kg · cm/A
유도전압정수	K_E	$\frac{mV}{rpm}$
제동정수	K_I	g · cm/rpm
회전자관성	J_M	g · cm · s^2
전기자저항	R_a	Ω
전기자인덕턴스	L_a	mH
기계적시정수	t_m	ms
전기적시정수	t_s	ms
열시정수	t_{th}	min
열저항	R_{th}	℃/W
전기자권선온도상승		deg
중량	W	kg

표 5-4 SM형 AC 서보모터의 특성표시 예

항목 \ 형식	
정격 출력	kw
정격 토크	kg · cm
정격 회전수	rpm
순시최대 토크	kg · cm
회전자 관성	kg · cm^2
전기자 권선 온도 상승한도	℃
절연의 종류	
여자 방법	
냉각 방식	
중량	kg

표 5-5 IM형 AC 서보모터의 특성표시 예

항목 \ 형식	
정격 출력	w
정격 토크	kg · cm
정격 회전수	rpm
순시최대 토크	kg · cm
회전자 관성	kg · m^2
전력률	kw/s
냉각 방식	
중량	kg

이 밖에 유도기의 경우 영구자석을 사용할 수 없으므로 여자는 전기자권선에서 공급되지 못하므로 필연적으로 길이와 중량이 크게 된다.

예를 들면 DC 서보나 SM 서보에서도 주자속을 만들기 위해 여자기자력을 직류계자권선을 사용하여 만든다면 종래의 모터와 같은 2~4배의 중량으로 되며, IM 서보와 조금도 변화될 곳이 없게 될 것임을 알 수 있다. 이와 같은 것으로 IM 서보는 소용량의 범위에서는 전력율(power rate), 운전효율이 공히 DC 서보와 SM 서보에는 미치지 못한다. 그러나 2~3 [kW] 이상으로 용량이 크게 되면 전류 중에 여자가 차지하는 비율이 적게 되므로 IM 서보에서도 DC 서보와 SM 서보와 거의 같은 성능을 나타내게 된다. 반대로 DC 서보와 SM 서보에서 2~3 [kW] 이상의 용량이 되면 이미 영구자석을 사용하는 장점이 적어지게 되며 계자권선으로 여자해도 그 정도 높은 성능을 얻을 수 없다고 할 수 있을 것이다.

이러한 사실을 정리해 보면 SM 서보의 최적용량범위는 100~2000 W, DC 서보는 5~1000 W, IM 서보는 1000 W 이상이라고 하는 기종별로 최적의 용량범위가 자연히 존재하게 된다.

또한, 여기서는 스테핑 모터를 AC 서보모터로서만 취급할 것인가 다른 것으로도 취급할 것인지 10 W 이하의 소용량 범위에서는 감지기가 없고, 기어가 없는(sensorless gearless)로 초저속인 동시에 큰 토크를 가지는 스테핑 모터의 사용이 의외로 많고 $X-Y$ 테이블 로보트의 클리프(clipper) 구동 등에 많이 이용되고 있다.

다음에 AC 서보의 기술적 문제에 관하여 설명하겠다.

(1) SM 서보의 기술적 문제

최대의 문제점은 회전자에 영구자석을 설치하는 것이며 마그네트의 비산방지 기술이 최대의 문제이다. 이 때문에 최고 속도를 3000 rpm 정도로 제한하고 있는 제작사가 많다.

구체적인 비산방지 방법으로서는 얇은 금속을 감기도 하고 유리섬유 접착제로 고형처리하기도 하고 열수축성 관을 사용하기도 하고 금속선을 감는 등으로 하고 있지만 기본은 마그네트 내면접착이다.

여기서 최대의 문제는 캡(cap)면으로 표면손을 발생시키지 않는다는 것이다.

SM 서보의 최대 장점인 운전효율을 저하시키지 않는다는 것에 유의하기 바란다.

코깅 토크(Cogging Torque)의 대책으로는 회전자 마그네트 또는 고정자 철심을 비스듬(skew)하게 하는 것이 견락(肩落)으로의 형상의 마그네트를 사용하는 것이 효과적이다. 제어면에서는 자극의 위치를 검출해서 벡터제어를 행할 필요가 있고, 특히 기동시의 자극 위치검출에 대하여 깊이 생각을 해야 한다.

(2) IM 서보 기술적 문제

이 경우의 최대 결점은 소용량기 운전효율의 저하와 회전자 자체의 발열이다. 이 때문에 특히 냉각설계를 충분히 하여야 할 필요가 있다. 이 밖에 PWM 제어에 의한 전류의 맥동분에서 회전자에 고조파손을 발생하기 때문에 정현파 구동의 경우보다 손실이 10～20% 많게 된다고 생각하는 것이 좋다.

제어의 방법으로서는 기본적으로는 슬립 주파수 제어이지만 계자속(주자속)의 위치 관계가 분명하지 않으므로 일반적으로 등가회로에서 이것을 연산에 의해 구해서 제어하고 있다. 특히 과도시의 자속의 확립이 부족하므로 제어는 좀더 연구되어야 한다.

(3) 공통의 기술적 문제

AC 서보의 경우 SM, IM 공통으로 해서 문제가 되는 것은 전자소음일 것이다. 정현파 구동에서는 특별한 문제는 없지만 PWM 제어를 하기 위해 가청역에서의 쵸핑 주파수가 특히 소리가 들리는 것이 문제시 되고 있다. 전력용 트랜지스터에서는 5000～7000 [Hz]가 스위칭 속도의 한계이고 이 때문에 소음대책 기술이 문제이다. 특히 가감속시에는 다른 음을 발생해서 문제가 되는 경우가 많다.

5-2-4 용도 및 응용예

AC 서보모터의 용도로서는 최대의 쟁점(issue)인 유지보수가 쉬운 성질을 적극적으로 활용하는 것일 것이다. 구체적인 용도로서는 다음과 같은 것이 있다.

① 최종 사용자가 광역으로 분산해서 이 분야의 서비스가 곤란한 경우
② 자동차공업과 같이 하나의 라인에 많은 로봇과 서보모터를 사용하는 경우에 사고 또는 유지보수에 의한 라인 가동률 저하의 방지 정도
③ 설치장소가 유지보수 하기에 곤란한 경우
④ 원자력기기와 특수 환경에서 장기간 유지보수할 수 없는 경우
⑤ 먼지 발생이 우려되는 용도
⑥ 화학분위기(정류자의 부식)에 사용

현재 AC 서보모터로서는 압도적으로 SM형이 많이 사용되고 있다.

용도 예로는 ① 자동차 공업용의 로봇 라인 ② 모터와 각종 코일의 권선기 구동용 ③ 원자력 관련기기와 장치 ④ 반도체 공업기기 특히, clean room 내 ⑤ 화학공장, 부식성 화학분위기에서 사용하는 등 이와 같은 곳에서 적극적으로 AC 서보모터가 사용되기 시작하고 있다.

5-3 DC 및 AC 서보모터의 종류와 특성

5-3-1 DC 및 AC 서보모터의 비교

DC 서보모터는 전기자 전류에 대하여 발생 토크의 관계가 직선성으로 우수하고, OA 기기의 분야는 말할 것도 없이 FA 분야까지 광범위하게 사용되고 있다. 특히 DC 서보모터의 역사는 오래되었고 응용실적도 대단히 많으며, 금후에도 각 분야에서 사용될 것으로 예상된다. AC 서보모터에는 종래 2상 서보모터가 있고 주로 계측기, 항공기 관계에 사용되었다. 그러나 현재는 거의 볼 수가 없게 되었고, 최근 AC 서보모터는 반도체 기술, 전자회로 기술, 제어기술의 발전에 의해 모터 제어 기술도 진보하여서 동기기, 유도기의

2종류가 대표적인 AC 서보모터로서 사용되고 있다.

표 5-6 DC 및 AC 서보모터의 특성 비교

	AC 서보모터		DC 서보모터
	동기 모터형	유도 모터형	
장점	· 브러시리스로서 보수 용이 · 내환경성이 용이 · 정류한계가 없다 · 고 신뢰성 · 고속, 고토크 이용 가능 · 보통형의 구조는 고정자에 권선이 있으므로 방열이 유리하다	· 브러시리스로서 보수 용이 · 내환경성이며 · 정류한계가 없다 · 영구자석을 사용하지 않는다 · 고속, 고토크 이용 가능 · 회전자 구조가 균형되게 사용되고 · 고속회전운전에 적합 · 보통형의 구조는 고정자에 권선이 있으므로 방열상 유리하다 · 회전을 위한 검출기가 불필요	· 기동 토크가 크다 · 소형, 대토크 · 효율이 높다 · 제어성이 양호 · 속도 제어 범위가 넓다 · 비교적 안정한 가격
단점	· 시스템이 복잡하고 고가 · 전기적 시정수가 크다 · 회전을 위한 검출기가 필요 · 최대출력 2~3kw가 현재 최대	· 시스템이 복잡하고 고가 · 전기적 시정수가 크다 · 출력 2~3kw가 이하 · 현재의 실용 예가 적다	· 브러시 마모의 기계손실이 크다 · 브러시 수명에 의한 보수가 필요하다 · 접촉부(브러시)의 신뢰성이 적다 · 라디오 잡음 · 브러시 소음 · 정류한계 속도있음 · 전류한계 전류있음 · 사용환경에 제한이 있다

DC 서보모터를 포함하여 3종류에 있어서 특징, 특성 등을 비교해서 표 5-6에 나타낸다. AC 서보모터는 DC 서보모터와 비교해서 보수, 점검, 모터부의 신뢰성 수명에서 유리하지만 시스템 전체에서 보면 복잡하고 가격이 비싸진다.

금후 반도체 기술의 고도화, 제어기술의 발달, 제조기술의 진보 등이 기대되며, AC 서보모터 시스템은 가격이 싸고 고성능화되어 점차 많이 사용될 것으로 생각된다. DC 서보모터 시스템에 있어서도 유사한 기술 진보에 따라 저가, 고성능화 응용실적 등에서 금후 많이 사용될 것으로 예상되며, 모두 AC 서보모터로 전환되지는 않을 것이고 양 시스템 모두 각각의 장점 특징을 가지는 방법으로 사용될 것으로 생각된다.

5-3-2 서보모터의 용어와 정의

(1) 정격출력(rated output) [기호 : P_R, 단위 : kW] 정격 동작점에서의 모터출력

$$P_R = T_R \cdot N_R \cdot \frac{9.8}{100} \cdot 2\frac{\tau}{60} \cdot 10^{-3} = W \cdot L \cdot N_R \cdot \frac{9.8}{100} \cdot \frac{2\tau}{60} \cdot 10^{-3}$$

(2) 정격 회전속도(rated speed) [기호 : N_R, 단위 : rpm] 기준으로 하는 정격 동작점에서의 회전속도

(3) 무부하속도(no-load speed) [기호 : N_0, 단위 : rpm] 정격전기자전압에서 무부하 운전했을 때 도달하는 속도

(4) 최고회전속도(maximum speed) [기호 : N_{max}, 단위 : rpm] 회전시킬 수 있는 최고 회전속도, 이 때의 연속사용부하 토크 순시 토크는 제한된다.

(5) 과속도(over speed) [기호 : N_{OV}, 단위 : rpm] 과속도 시험을 하는 무부하 최고 회전속도

주) 온도포화직후

$N_{OV} = 1.25 N_{max}$, …… 1[min]

(6) 정격전기자전압(rated armature voltage) [기호 : V_R, 단위 : V] 기준으로 하는 정격동작점에서의 전기자 전압

주) $\theta_2 \leq 40$℃

$V_R = K_E \cdot N_R + R_2 \cdot I_R + V_b$

K_E값 : 온도포화 후, R_2의 값 : 온도포화 후

(7) 정격전기자전류(rated armature current) [기호 : I_R, 단위 : A] 기준으로 하는 정격동작점에서의 전기자 전류

주) $\theta_2 \leq 40$℃, θ_2 : 냉매온도

(8) 순시최대전기자전류(peak armature current) [기호 : $I_P(N)$, 단위 : A] 전기자에 순간적으로 흐르는 최대의 전류로서, 회전속도의 관계로서 정해진 영구 자석의 감자, 기계적 강도, 정류특성 및 각부의 온도 상승한도로 제한된다.

주) $\theta_W \cong \theta$(열시 : 열이 가해졌을 때) $\theta_W \cong 40°$(냉시 : 열이 내려갔을 때)

(9) 순시최대 stall 전기자전류(peak armature current at stall) [기호 : I_P, 단위 A]

$I_P(N=0)$는 $I_P/I_R \times 100(\%)$로 나타내도 좋다. 열이 가해졌을 시와 차가워 졌을 때에서 I_P가 다른 경우는 작은 쪽을 취한다.

주) θ_W : 권선온도, θ_R : 정격온도

(10) 정격 전력률(rated power rate) [기호 : Q_R, 단위 kW/s] 모터 단체를 정격 토크로 가속했을 때 모터가 발생하는 출력속도

$$Q_R = (P_R / T_R) \cdot 10^{-3} = \left(\frac{T_R^2}{J_M}\right)^2 \cdot \frac{9.8}{100} \cdot 10^{-3}$$

주) J_M : 모터 관성 [kg · cm · s^2],

T_R : 정격 토크 [kg · cm]

(11) 토크 리플(torque ripple) [기호 : K_{Tr}, 단위 : %] 극 저속에서 정격전류를 흘렸을 때의 출력 토크변동분을 평균 토크에 대한 백분률로 나타낸 것

$$K_{Tr} = \Delta T_{P-P} / T_{Ravg} \cdot 10^2$$

(12) 회전자 관성(rotor moment of inertia) [기호 : J_M, 단위 : kgf · cm · s^2] 회전자 축에 관한 관성 모멘트

$$J_M\,[\text{kgf} \cdot \text{cm} \cdot \text{s}^2] = \frac{1}{980} \cdot \frac{GD^2}{4}\,[\text{kgf} \cdot \text{cm}^2]$$

(13) 기계적 시정수(mechanical time constant) [기호 : t_m, 단위 : ms] 부하를 끊었을 때의 모터 단체로 정전압을 인가했을 때부터 모터 회전속도가 그 포화치의 63%에 이를 때까지 가속하는데 필요한 시간. 주) $\theta = 20$℃

$$t_m = \frac{2\pi}{60} \cdot \frac{J_M \cdot R_a}{N_T \cdot K_E} \cdot 10^3$$

$$N = N_\infty(1 - \varepsilon^{-t/t_m})$$

(14) 전기적시정수(electrical time constant) [기호 : t_e, 단위 : ms] 모터를 구속해 놓고 전기자에 정전압을 인가했을 때부터 전류가 그 포화치의 63%에 도달하는 데 필요한 시간. 주) $Q_m = 20$℃

$$t_e = L_2 / R_2$$

$$I = I_\infty(1 - \varepsilon^{-t/t_e})$$

(15) 정격 토크(rated torque) [기호 : T_R, 단위 : kgf · cm] 정격동작점에서의 출력 토크

$$T_R = K_T \cdot (I_R - I_f) - F_d N_R$$

온도포화 후의 K_T를 사용한다.

주) K_T : 온도포화 후, 자기포화 후

(16) 연속 스톨 토크(continuous torque at stall) [기호 : T_S, 단위 : kgf · cm] 모터 구속에서 스톨 전류 I_S를 흘려 온도포화 후 발생하는 출력 토크

주) K_T : 온도포화계수, 자기포화 후

$$T_S = K_T \cdot (I_S - I_f)$$

(17) 순시 최대 토크(peak torque) [기호 : $T_P(N)$, 단위 : kgf · cm] 순시최대전기자 전류에 의해서 발생하는 출력토크

$$T_P(N) = K_T \cdot \{I_P(N) - I_f\} - F_d \cdot N$$

(18) 토크 정수(torque constant) [기호 : K_T, 단위 : kgf · cm/A] 전기자 전류에 의한 발생 토크 비

$$K_T = \frac{100}{9.8} \cdot \Psi$$

(19) 동작특성(operating charactristics) x, y 평면좌표에서 연도 및 전류를 y축에 토크를 x축으로 한 속도-토크 및 전류-토크를 평면으로 나타내는 성능을 말한다. (토크-속도 곡선, 토크-전류 곡선, 각종 영역 등)

(20) 연속정격영역(continuous duty zone) 최고회전속도 이하로 연속운동하고, 모터 각부의 온도상승이 그 온도 상승한도를 초과하지 않는 토크와 회전속도의 범위를 말한다. 주) $\theta_a \leq 40$℃

(21) 반복정격영역(intermittent duty zone) 최고회전속도 이하에서 여러 가지 부하 시간율로 각각 반복연속 운전하고, 모터 각부의 온도 상승치가 그 온도 상승한도를 초과하지 않는 토크와 회전속도 범위 내의 정류상태와 감자를 고려하여 정해지는 영역을 말한다. 주) $\theta_a \leq 40$℃

(22) 가속, 감속영역(acceleration, deceleration zone) 가속, 감속할 때, 과도적으로 통과하는 토크와 회전속도의 영역에서 모터 각 부분의 온도상승 값이 그 온도상승 한도

이하이고, 정류상태가 유해하지 않은 범위와 감자를 고려해서 정해지는 영역을 말한다. 주) $\theta_a \leq 40℃$

5-4 서보모터 제어

서보 기구는 물체의 위치, 방위, 자세 등을 제어량으로 하고 목표치 임의의 변화에 추종하는 것과 같이 구성된 제어계로 정의하고 있다.

이것을 DC 서보모터 및 AC 서보모터 제어에 따라 분류하면 다음과 같이 된다.

5-4-1 DC 서보모터의 제어의 기본형

DC 서보모터의 제어를 구체적인 기능으로 정리하면

① DC 서보모터에 전력을 공급하는 전력변환장치
② 전류제어기능
③ 속도제어기능
④ 위치제어기능

으로 구성된다.

이 기본기능을 블록도로 나타낸 것이 그림 5-6이다.

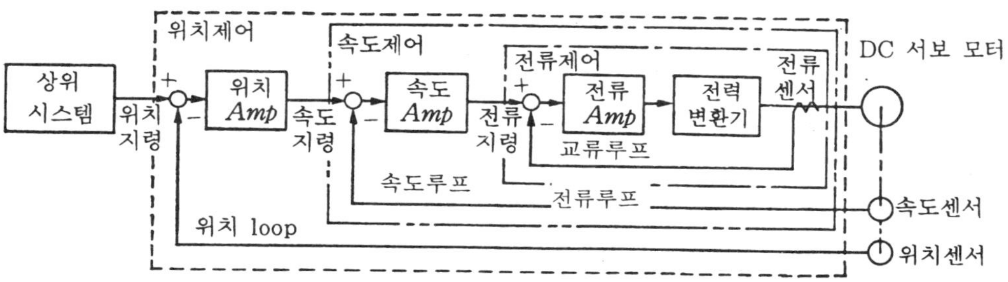

그림 5-6 서보 콘트롤러의 기본 블록도

(1) 전력변환기(power converter)

전력변환기는 전력장치로 구성되며, 그 특징에 따라서 용도가 나누어진다. 전력장치에는 전력용 트랜지스터, 전력용 MOS FET, 사이리스터 등이 있지만 정밀 소형 모터의 제어에는 전력용 트랜지스터, 전력용 MOS FET가 펄스폭(PWM : device의 ON-OFF 비율)을 변화시켜서 모터의 단자전압을 제어하는 방법(그림 5-7 참조)으로 많이 사용된다.

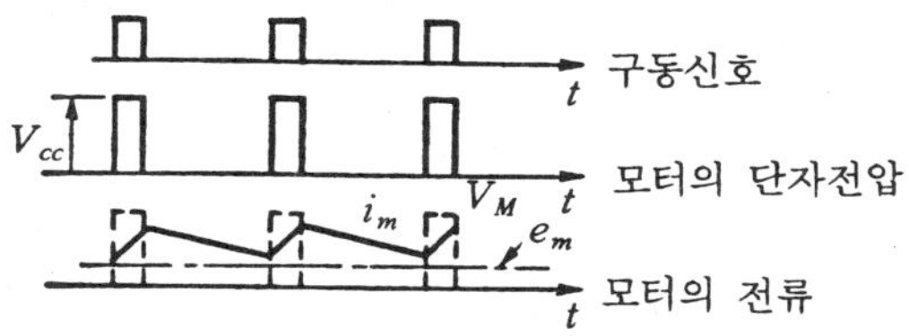

(a) 단자전압이 낮을 때 (회전수가 낮을 때)

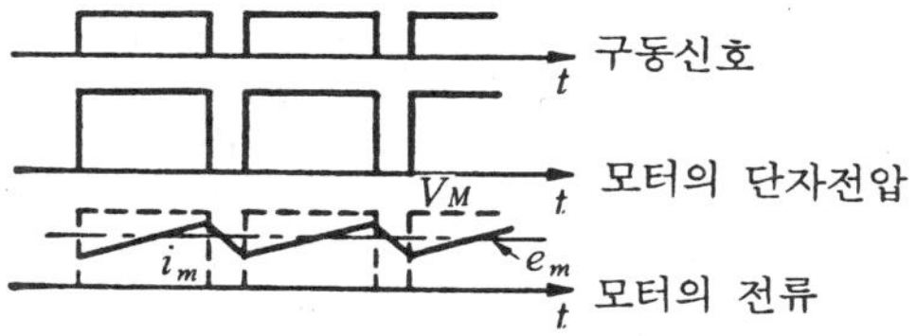

(b) 단자전압이 높을 때 (회전수가 높을 때)

그림 5-7 펄스폭 제어에 의한 모터의 단자전압제어

(2) 전류제어

DC 서보모터 제어에서는 대개의 경우 전류 루프(loop)를 만들어서 사용하고 있다. 그 일례를 그림 5-8에 나타낸다.

이 경우 전류 루프를 만드는 것에 의해 다음과 같은 이점이 얻어진다.

1) 모터 전기적 시정수를 눈에 띄게 높이거나 낮게 할 수 있다. 구체적으로 모터를 잠근(lock) 상태로 스탭상의 전압을 인가한 경우 전류의 시작 시정수는 그림 5-9와 같이 된다.
2) 모터의 유기전압과 전원의 변동 등에 대하여 전류의 변동을 최대한 억제할 수 있다.
3) 전력변환기의 불감대 등을 눈에 띄게 높이거나 작게 할 수 있다.
4) 전류지령을 그래프화하면 모터에 흐르는 최대전류를 억제할 수 있고, 모터로 전력변환기의 과전류보호도 된다.

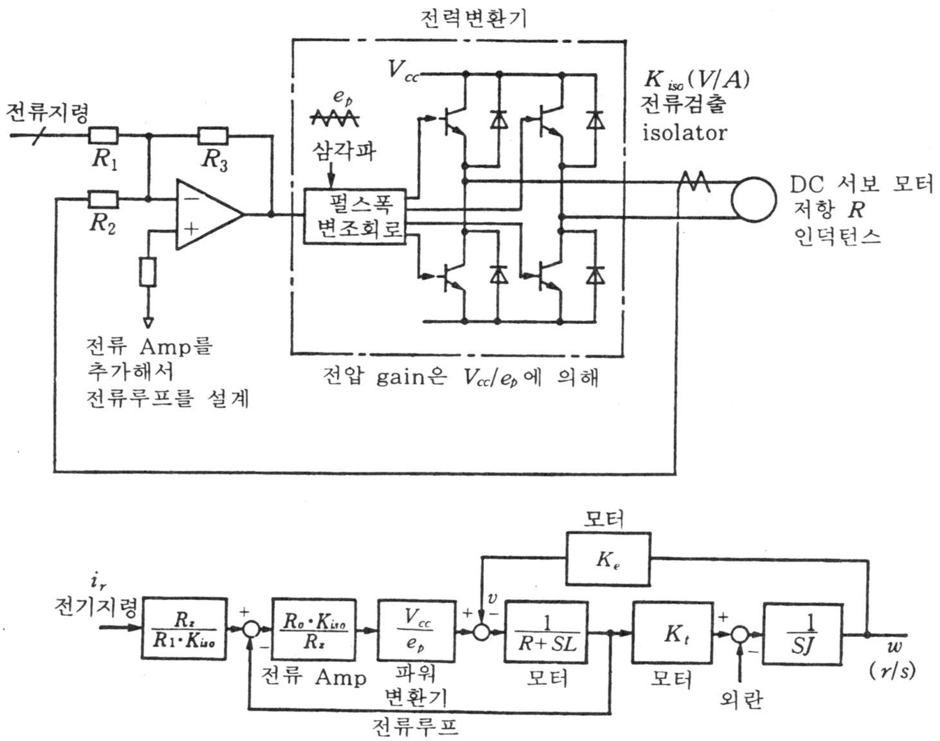

그림 5-8 전류 루프

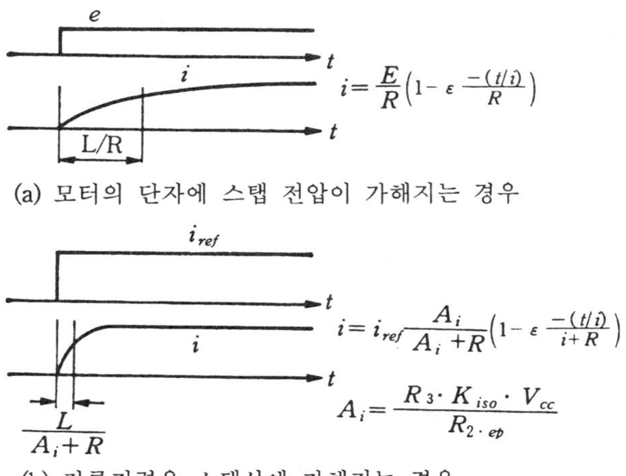

그림 5-9 모터 잠금시의 전류 스탭 응답

전류루프의 주파수 특성은 모터의 저항을 $R[\Omega]$, 인덕턴스를 $L[\mathrm{H}]$, 전류증폭의 이득(gain)과 전력변환기 이득의 곱을 A_t라 하면 차단(cut off) 주파수는

$$f_{tc} = \frac{A_t + R}{2\pi L} \ [\mathrm{Hz}]$$

로 나타낸다.

(3) 속도제어

DC 서보모터 제어에서 속도루프를 주루프로 해서 만들어지는 경우가 많지만 이 속도루프를 만드는 것에 의해 다음과 같은 이점이 얻어진다.

1) 모터의 기계적 시정수를 눈에 띄게 높고 낮게 할 수 있다.
   일반적으로 모터를 무부하의 상태로 스텝상의 전압 $e[\mathrm{V}]$를 인가하면 회전속도는

$$\omega = \frac{e}{K_e}\left[1 - \varepsilon^{-t/(J \cdot R/K_e \cdot K_t)}\right][\mathrm{rad/s}]$$

   의 1차 지연이 일어난다.
   여기서, K_e : 모터의 유기전압정수[V/rad/s]
   K_t : 모터의 토크 정수[N · m/A]
   J : 관성 모멘트[kg · m²]
   그러나 속도루프를 만드는 것에 의해

$$\omega = \frac{e}{K_e}\left(1 - \varepsilon^{-t/(J/A_v \cdot K_t)}\right) \quad A_v : \text{속도 이득(gain)}$$

   로 되고 시정수는 $\frac{J \cdot R}{K_e \cdot K_t} = \frac{J \cdot R}{\psi^2}$ 에서

$$\frac{J}{A_v \cdot K_t} = \frac{J}{A_v \cdot \psi}.$$

2) 서보 유기전압과 전원전압의 변동 등에 의해 회전속도의 변동을 억제할 수 있다.
3) 부하 토크의 변동에 대하여 회전속도의 변동을 억제할 수 있다. 특히 PI형 보상을 함으로서 정상상태에서의 변동율을 억제할 수 있다.
   속도루프의 주파수특성은 차단주파수

$$f_{vc}=\frac{1}{2\pi\frac{J}{A_v\cdot\psi}}$$

로 표현된다. 또 속도루프 전달함수 $G_{tv}(s)$는

$$G_{tv}(s)=\frac{1}{1+s\frac{J}{A_v\psi}}=\frac{1}{1+s\frac{1}{G_v}}$$

로 된다. 단, G_v는 속도루프 이득이다.

(4) 위치제어

DC 서보모터 제어의 경우, 속도루프의 외측에 위치루프를 만들고, 위치제어에 사용하는 경우도 많다.

이 경우 위치 증폭의 이득을 G_θ라 하면 전달함수 G_{t_θ}는

$$G_{t_\theta}(s)=\frac{G_\theta\cdot G_v}{s^2+G_v\cdot s+G_\theta\cdot G_v}$$

의 2차 지연형으로 표현된다.

5-4-2 DC 서보모터의 제어의 사례

정밀 소형 모터 제어에 실제 사용되고 있는 사례에 관하여 설명한다.

(1) 전력용 트랜지스터를 사용한 1방향제어

그림 5-10에 power transistor를 사용한 1방향제어 DC 서보모터 제어기의 블록도를 나타낸다.

(2) 전력용 MOS FET를 사용한 2방향 (가역) 제어

그림 5-11에 전력용 MOS FET를 사용한 2방향제어 DC 서보모터 제어기의 블록도를 나타낸다.

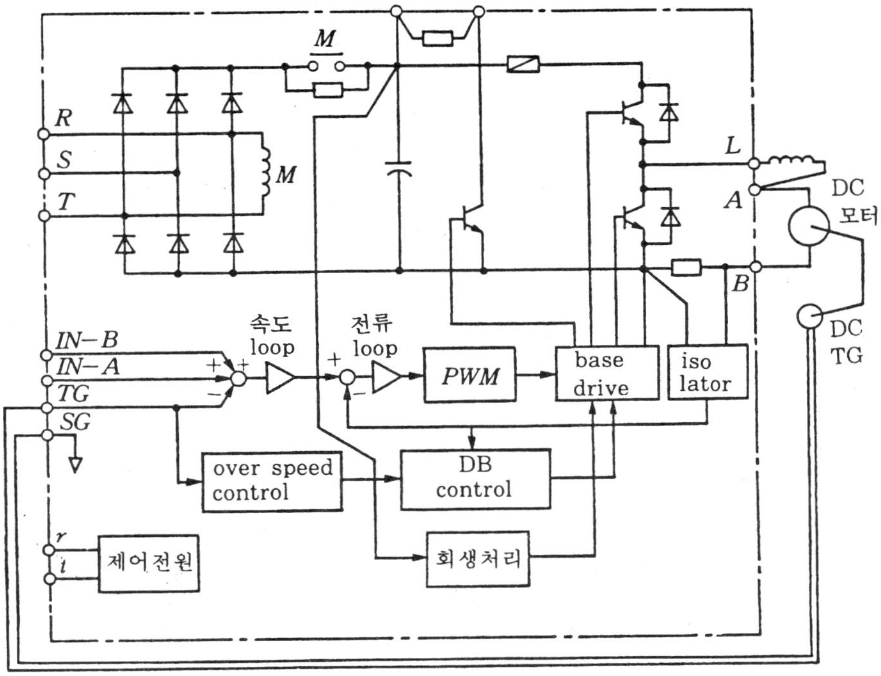

그림 5-10 트랜지스터용 1방향제어 DC 서보 제어기

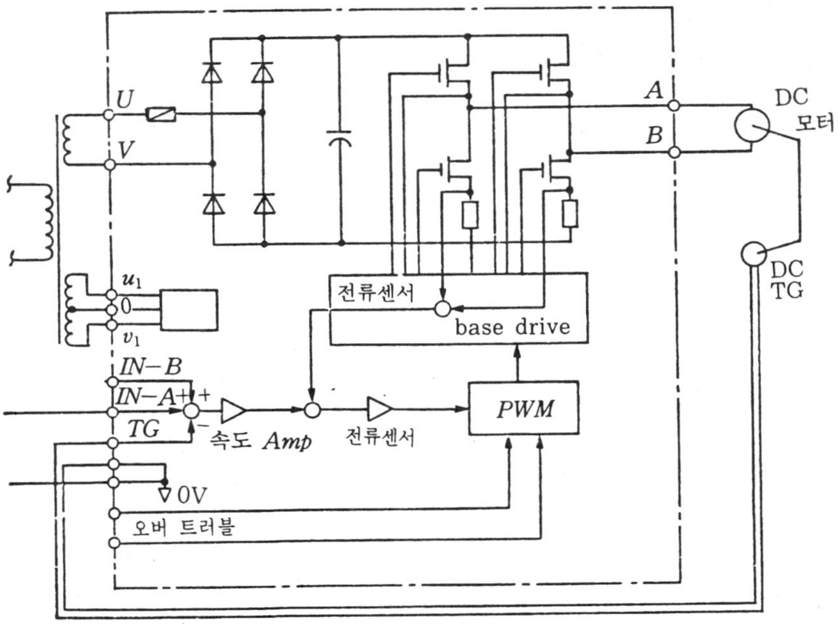

그림 5-11 전력용 MOS FET를 사용한 가역 제어 DC 서보 제어기의 예

5-4-3 AC 서보모터 제어

AC 서보모터는 DC 서보모터와 비교해서 브러시와 정류가 없는 것도 있고, 많은 특징을 가지고 있다. 특히 벡터 제어의 개념이 생겨서 DC 서보모터와 같은 제어성능이 나오는 것이 증명되므로 급속히 실용화 되었다. 복잡한 제어회로도 디지털화 기술, LSI 기술, 마이콤 기술 등의 전자공학의 발달로 가격적인 측면에서도, DC 서보와 동등한 분야에서도 사용할 수 있고, 특히 다음과 같은 용도에서 AC 서보의 특징이 있다.

1) 기계의 소형화로 인하여 서보모터가 기계의 사이에 들어가서 외부에서 용이하게 유지보수할 수 없는 용도(공작기계, 산업기계, 로봇 등)
2) FA화에 의해 하나의 공장에서 많은 서보모터를 사용하여 개개의 유지보수가 곤란한 용도
3) 고전력률(power rate), 고전력률 밀도가 요구되는 용도(XY table)
4) 브러시 분말이 의심되는 용도(반도체제조설비)
5) 나쁜 환경에서 사용되어 브러시 정류자가 손상되기 쉬운 용도(사출성형기 등)

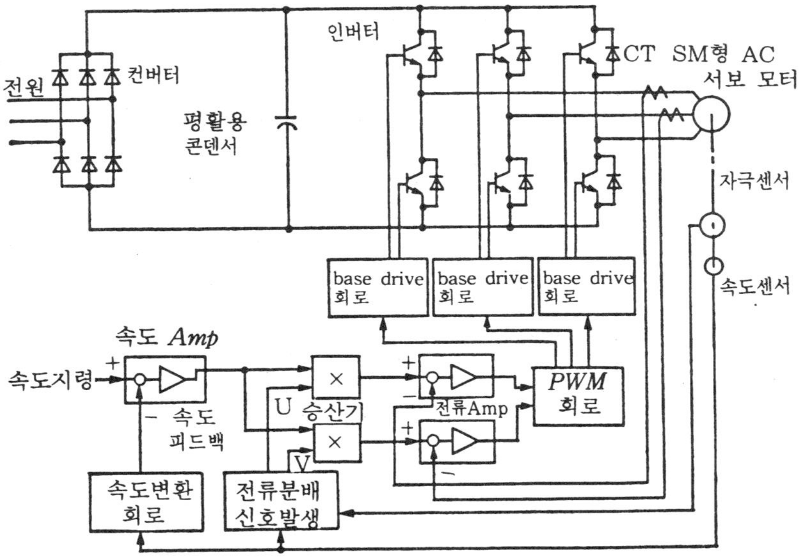

그림 5-12 SM형 AC 서보모터의 제어 블록도

· **SM형 서보모터와 IM형 서보모터** SM형 AC 서보모터는 DC 서보모터와 같은 형태로 전기자전류에 비례한 토크를 발생한다. 한편, IM형 AC 서보모터는 여자전류성분과 토크 전류성분의 곱에 비례한 토크를 발생하고, 수 kW 이상의 대용량기에 적합하다.

그림 5-12에 SM형 AC 서보의 제어블록도를 나타낸다. 이 경우 계자의 회전위치를 알기 위한 자극 센서가 필요하고 옵티컬 엔코드와 레졸버 등의 위치 센서에 이 기능을 부가시킨 예가 많다.

항목	정현파전류구동	구형전류구동
구동파형	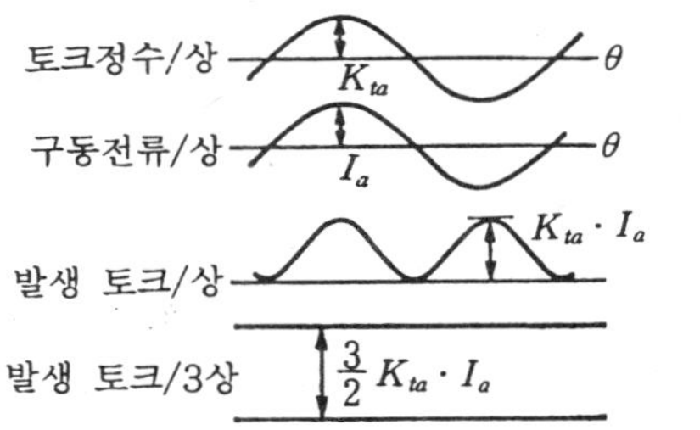	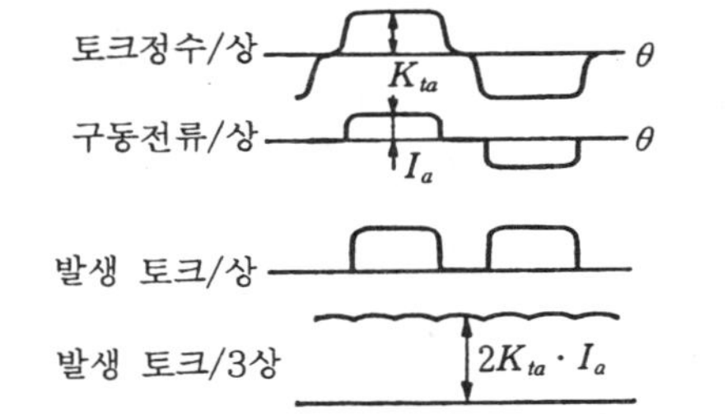
구동	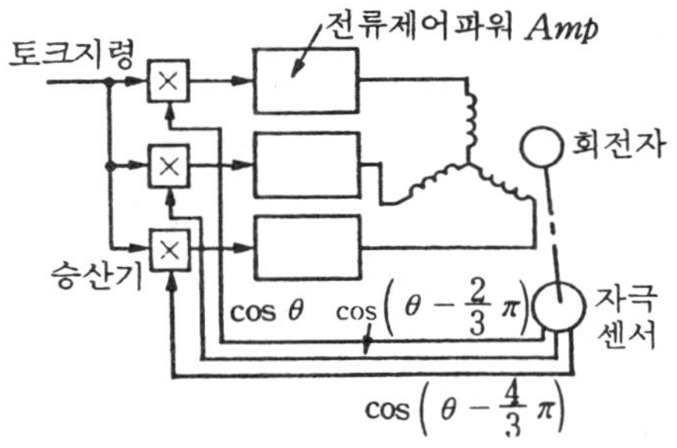	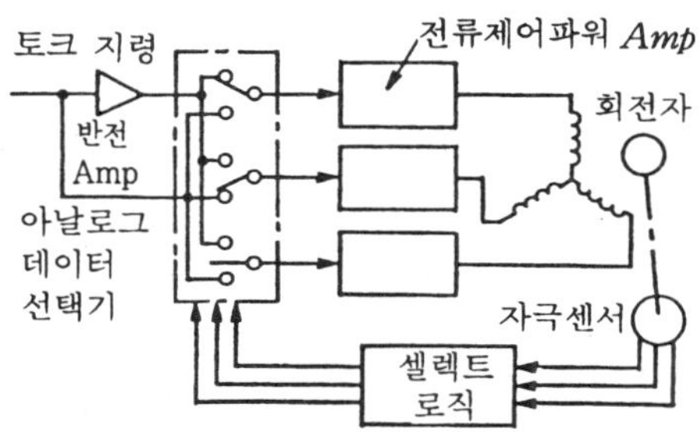
특징	· 회전각도에 관계되고 원활한 토크가 얻어진다. · 위상 보상이 용이하게 된다. · 전류지연을 발생시켜 위상보상을 행하는 것에 의해 효율이 좋은 운전이 된다. · 정현파를 발생하는 자극센서가 필요하고 고가로 판다.	· 상의 전류 절환시에 토크의 진동을 발생한다. · 위상보상이 어렵다. · 고속회전에서 모터 인덕턴스에 의한 전류지연이 발생한다. 토크가 저하된다(수하특성). · 자극센서는 방향파로 된다(값이 안정된다).

그림 5-13 SM형 AC 서보모터의 구동전류에 따른 비교

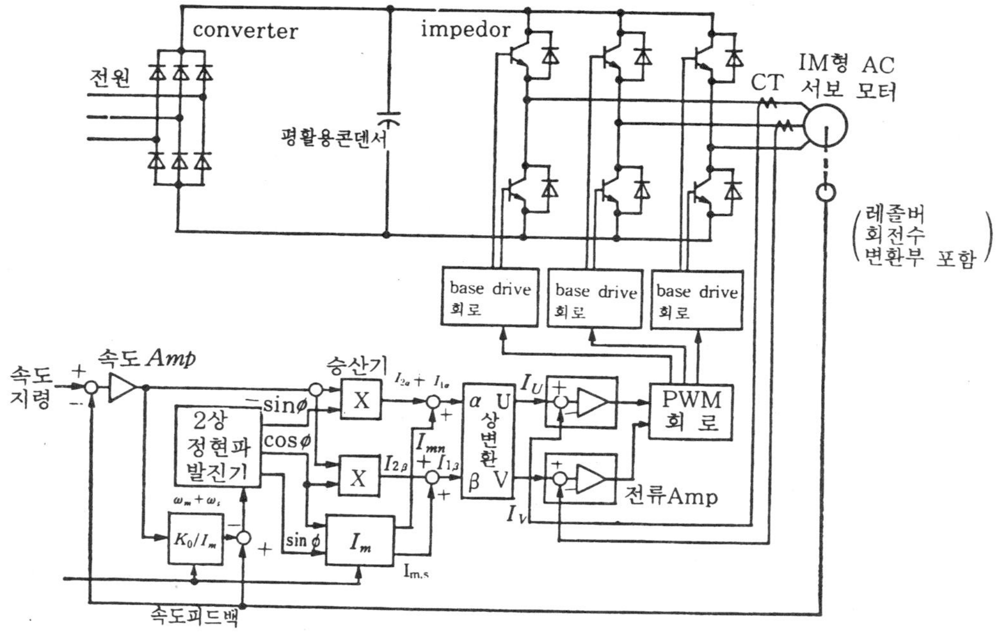

그림 5-14 IM형 AC 서보모터의 제어 블록도

전기자전류를 회전각에 의해 정현파상으로 유화시킨 정현파전류구동과 방형파상으로 변화시킨 구형파 전류구동이 있고, 그 비교를 그림 5-13에 나타낸다.

그림 5-14에는 IM형 AC 서보의 제어 블록도를 나타낸다. 이 경우 레졸버(resolve) 회전각 주파수 변환기로 모터 회전주파수를 얻고 있다. 속도 앰프(Amp)의 출력에 비례한 슬립 주파수를 모터 회전주파수에 가산해서 모터의 구동주파수를 얻는다. 이 보다 2상 정현파발진기로 $\cos\Phi$, $\pm\sin\Phi$를 연산하고 $-\sin\Phi$와 $\cos\Phi$는 속도 Amp 출력과의 곱을 취해서 토크 성분 전류로 되며, 여자전류 성분 $\cos\Phi$, $\sin\Phi$가 각각에 가산되어 1차 전류지령으로 되어, 속도 앰프 출력에 비례한 토크를 얻을 수 있다.

5-4-4 AC 서보모터 제어의 사례

(1) 속도 제어형 AC 서보 제어

속도제어형 AC 서보 콘트롤의 블록을 그림 5-15에 나타낸다. 이 예에서는 AC 서보모터에 SM형을 사용해서 센서로서는 위치검출용 인크리멘트 펄스(increment 펄스 A,

B, *Z*상) 계자자극의 회전위치를 검출하는 자극 펄스(*U*, *V*, *W*상)의 양쪽을 발생할 수 있는 옵티컬 엔코더가 사용되고 있다. 속도 피드백(feedback) 신호는 옵티컬 엔코더에서 얻어지는 인크리멘트 신호를 F-V 변환해서 사용되고 있다.

전기자전류를 모터의 유기전압과 동상 또는 역상으로 흐르기 때문에 자극 펄스와 인크리멘트 펄스를 이용하고, $\sin(\rho\theta)$, $\sin(\rho\theta-\frac{2\pi}{3})$, $\sin(\rho\theta-\frac{4\pi}{3})$의 정현파 파형이 기억반(memory table)에서 얻어지며, 각각 속도 앰프의 출력과 승산으로 해서 *U*, *V*, *W* 상의 전류지령으로 하고 있다.

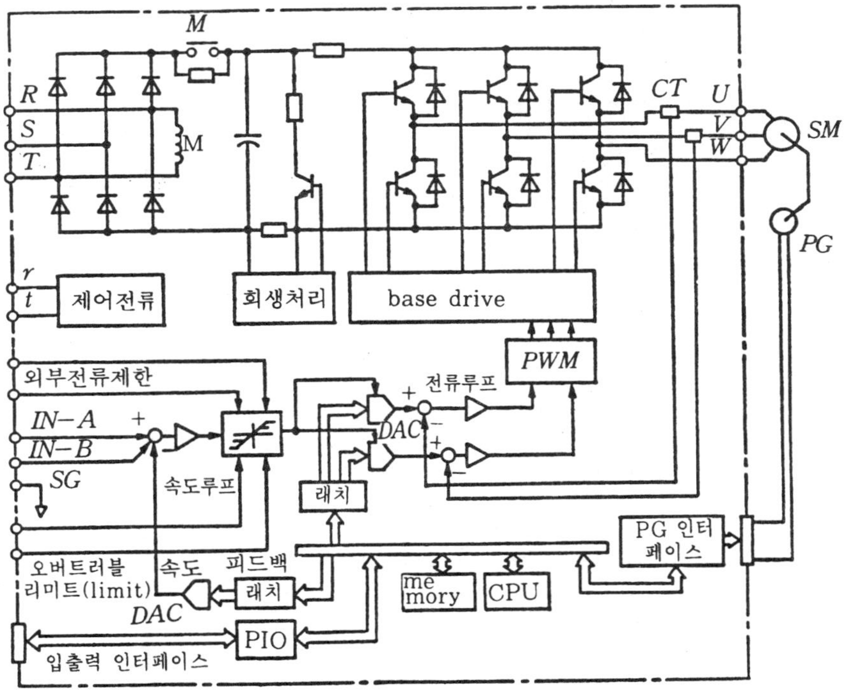

그림 5-15 속도제어형 AC 서보제어기

(2) 위치제어형 AC 서보 콘트롤

위치제어형 AC 서보 콘트롤의 block을 그림 5-16에 나타낸다. 위치제어형 콘트롤은 지령 펄스와 엔코더에서 피드백 펄스의 편차 펄스를 저장하는 편차 계수기를 내장하고, 그 출력을 속도지령으로 한 위치 루프가 짜 넣어져 있다.

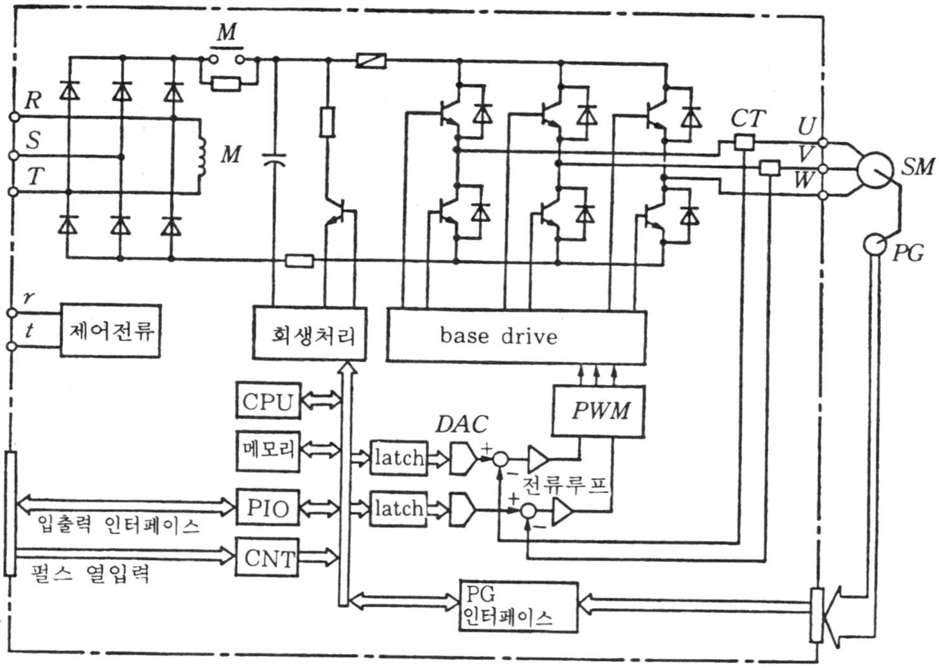

그림 5-16 위치제어형 AC 서보제어기

5-5 응용예(wire bond)

와이어 본드(wire bond)는 지름 20～50[μm] 정도의 금 또는 알루미늄선으로 IC 칩과 외부 lead 단자간을 초음파 열압착방식 등으로 고속으로 접속하는 것으로 X, Y 및 θ축 등을 위치 결정하기 위해 3～4축 정도의 위치 결정기구와 형상인식장치를 가진 것이다. 또 와이어 본드는 고속, 고정밀도, 고신뢰성이 요구될 뿐만 아니라, 가동률을 높이기 위해 고속연속운전의 내구성, 설치상 면적의 최소화 등 엄격한 설비투자 효율향상을 요구한다.

DC 또는 AC 서보모터가 이 위치결정 기구에 사용되고 있다. 위치결정기구에 대하여 고속, 고정밀도, 고속연속운전 요구 및 다른 전자기기에 대하여 잡음을 발생시키지 않고, 외부로부터의 잡음에 대하여 오동작하지 않으며, 고신뢰성으로 보수점검용이 소형경량 등 요구가 있으므로 사용되는 서보모터도 이들 조건을 만족하지 않으면 안 된다. 그림 5-17에 위치결정기구를 나타낸다.

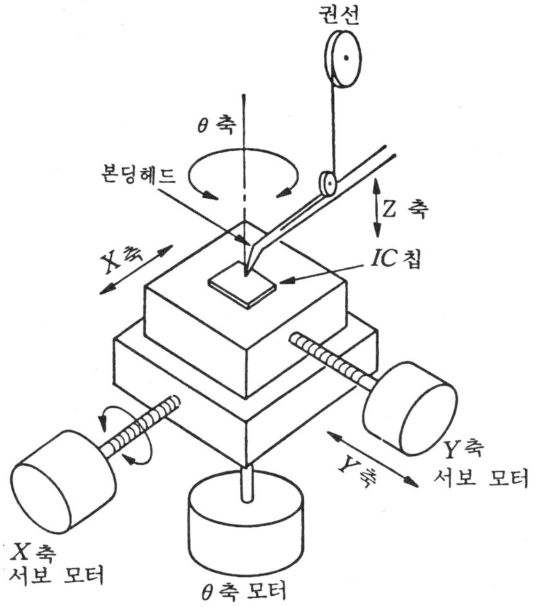

그림 5-17 와이어 본드 위치 결정기구

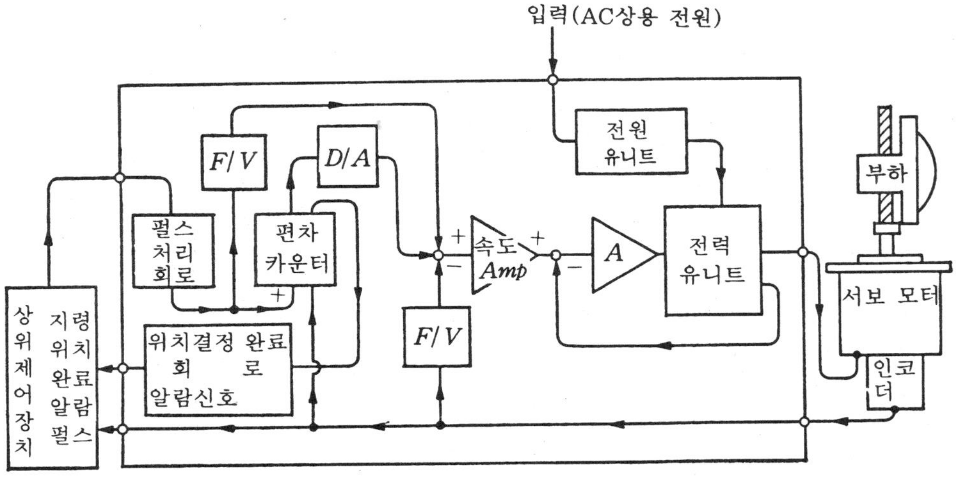

그림 5-18 구동회로 블록도

위치결정의 구조에 관하여 그림 5-18의 구동회로 블록도로 설명한다. 위의 제어장치에서 구동회로의 지령신호가 입력되면 구동회로에 유효한 펄스열로 변화되고, F-V 변환기에 의해서 아날로그 전압으로 변환됨과 동시에, 편차 카운터에 펄스가 가산된다. 이 가산된 펄스량은 D/A변환에 의해 아날로그 전압으로 변환되고 F-V 변환기에서 출력에 가산되어 속도 지령으로 되고, 모터는 회전을 시작한다. 동시에 모터의 반부하측에 취부된 인코더는 회전각에 비례한 펄스를 발생하고, 편차 카운터의 유지분량을 감산한다. 또, 인코더 출력에 접속되어 있는 F-V 변환기는 속도 피드백용으로 엔코더 출력 펄스를 아날로그 전압으로 변환하여 속도 앰프에 가해진다.

지령 펄스가 연속적으로 입력되어 있으면 앞에 설명한 연속동작이 되고, 편차 카운터는 어떤 일정분량을 유지하므로 모터는 회전을 지속한다. 펄스입력이 없게 되면 편차 카운터의 보유 펄스가 제로(0)로 될 때까지 모터는 회전하다가 정지한다.

여기서 모터의 회전각 θ는

$$\theta = \text{편차 카운터에 들어온 지령 펄스} \times \frac{360°}{P_n} \ [\text{도}] \tag{5-1}$$

모터의 회전속도 N[rpm]은

$$N = \text{편차 카운터에 들어온 지령 펄스 주파수} \times \frac{60}{P_n} \ [\text{rpm}] \tag{5-2}$$

단, P_n은 모터 1회전당 엔코더 출력 펄스 수

표의 위치결정은 통상 볼나사에 의해서 이루어진다.

그림 5-19에 모터 사용과 볼나사 기구약도를 나타낸다.

1) 엔코더 1펄스의 table 이동량 δ는

$$\delta = \frac{P_B}{P_n} \ [\text{cm}] \tag{5-3}$$

단, P_B는 볼나사의 리더피치

2) 모터속도 N_R[rpm]시 편차 카운터에 들어온 지령 펄스 주파수 f[pps]는

$$f = \frac{N_R}{60} \times P_n \ [\text{pps}] \tag{5-4}$$

3) 모터 속도 0에서 N_R까지의 가속시간 t_R은

$$t_R = \frac{2\pi \cdot N_R (J_M + J_B + J_L)}{60 \cdot (T_P - \eta T_R) \cdot 10^3} \ [\text{s}] \tag{5-5}$$

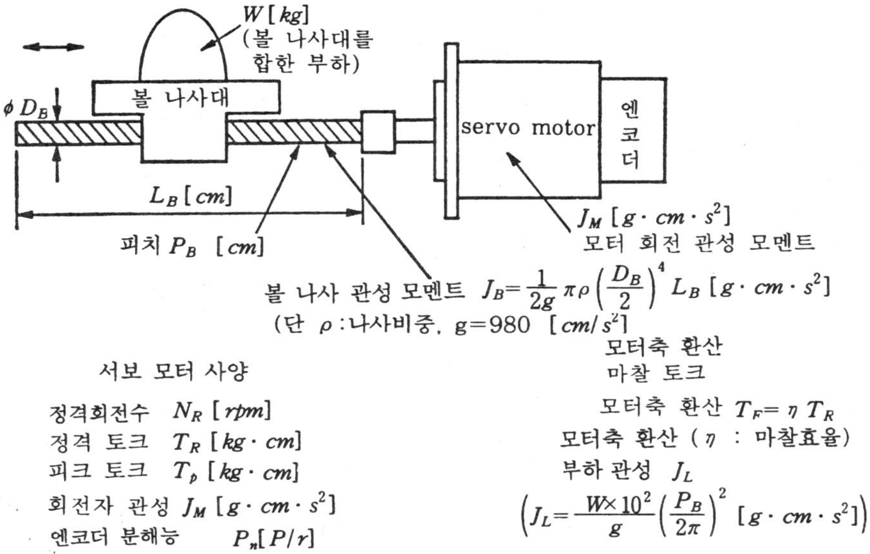

그림 5-19 테이블 볼 나사 및 서보모터 사양

4) 이 때, 각가속도 α_R는

$$\alpha_R=\frac{2\pi\cdot N_R}{60\cdot t_R}\text{ [rad/s}^2\text{]} \tag{5-6}$$

입상에서 입하까지의 각가속도를 α_R, 최고 속도를 N_R로 한 경우의 대형(台形)속도 프로필에 의해 모터의 가감속 제어는 서보특성을 내고, 빠른 위치를 결정하는 효과가 있다(그림 5-20 참조).

그림의 삼각형 또는 사다리꼴로 쌓여있는 면적 S는 송출 펄스량이며, S에 대응하는 t_1, t_2, …, t는 그 때의 송출시간이다. 그림에서 송출펄스와 송출시간 t의 관계를 조사하면, $S\leq f\cdot t_R$일 때, 속도 프로필은 삼각형이 되며 가속시간 t_{ac}는

$$t_{ac}=\sqrt{\frac{S}{S_R}}\times t_R=\sqrt{\frac{S}{f\cdot t_R}}\times t_R\text{ [s]}$$

$$(S_R=f\cdot t_R)$$

송출시간은

$$t=2t_{ac}=2\sqrt{\frac{S}{f\cdot t_R}}\times t_R\text{ [s]} \tag{5-7}$$

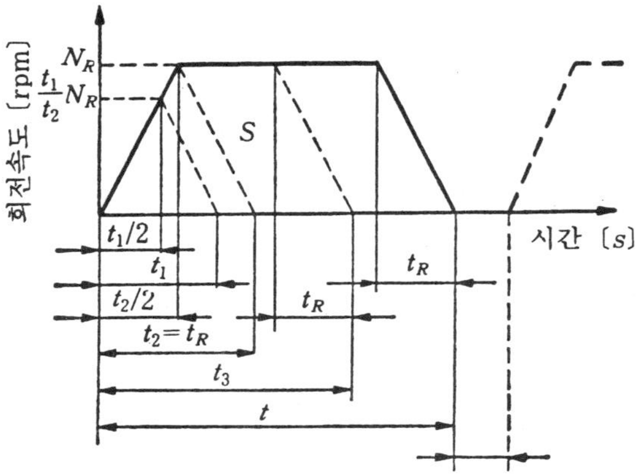

그림 5-20 속도 프로필

$S > f \cdot t_R$일 때 속도 모양은 사다리꼴이 되고, 전체 송출량 S는 가감속에 필요한 송출량 S_1은

$$S_1 = f \cdot t_R$$

과 N_R에 필요한 송출량 S_2는

$$S_2 = (t - 2\,t_R) \cdot f \quad (\text{단, } t\text{는 구해지는 송출시간})$$

와의 합으로

$$S = S_1 + S_2 = f \cdot t_R + (t - 2\,t_R) \cdot f \tag{5-8}$$

식 (5-8)을 변형해서

$$t = \left(\frac{S}{f} + t_R\right) [\mathrm{s}]$$

로 된다. 실제는 구동장치의 일정 펄스로 인해 이것보다 5~10[ms] 정도는 지연되고 있다.

참고문헌

(1) 秋山勇治, アクチュエータの種類と応用, オートメーション, 34, 1, 日刊工業(1989)

(2) 長坂長彦, これからの小形モータ技術, 小形モータ技術ガイド, 日本能率協会(1990)

(3) 渡辺秀次, FA 業会におけるサーボモータ, 小形モータ技術ガイド, 日本能率協会(1990)

(4) 糸見和信他, 制御用モータ技術活用マニュアル, 総合電子出版(1987)

(5) 見城尚志, 秋山勇治他, 続制御用モータの活用, 大河出版(1985)

(6) 日本電機工業会技術資料第145号, 直流サーボモータ, ブラシレス直流サーボモータ及び直流タコジェネレータの用語と定義, 日本電機工業会(1986)

(7) 大崎 卓, DC サーボモータ, 省力と自動化(1985. 2月)

(8) 大崎 卓, AC サーボモータ, 省力と自動化(1985. 3月)

연습문제

(1) DC 서보모터의 장점과 단점을 기술하여라.

(2) AC 서보모터의 특징을 기술하여라.

(3) DC 서보모터의 전형적인 서보 시스템에 대하여 설명하여라.

(4) DC 및 AC 서보모터의 종류와 특성을 기술하여라.

(5) AC 서보모터의 기술적 문제를 나열하고 설명하여라.

(6) 컴퍼레이터(비교기)를 이용하여 PWM신호를 만드는 방법을 기술하여라.

(7) DC 및 AC 서보모터를 구동하는 전력회로의 제어 방식을 열거하고 간단하게 설명하여라.

제 6 장

스테핑 모터

6-1 스테핑 모터

20세기에 들어오면서 스테핑 모터의 발명이 속속들이 이루어지고 있다. 미국 맥코이(Andrew T, MacCoy)는 전기 타자기(typewrite)용 모터로써, 회전방지의 라쳇(Rachet, 역전방지기구)이 달린 1스텝이 30°의 영구 자석형 모터를 발명했다.

이 모터는 1907년에 미국특허가 인정되었다.

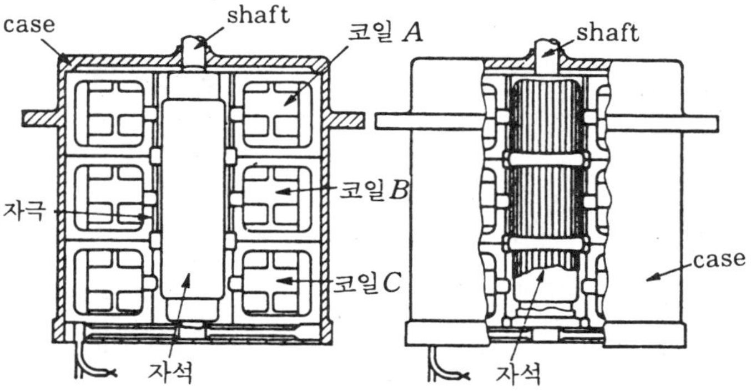

그림 6-1 프렌치의 3상 VR형 스테핑모터

1923년에는 스코트랜드의 프렌치(James Weir French)에 의해 그림 6-1에 표시되어 있는 것과 같은 3상 VR형 스테핑 모터가 발명되고, 이때부터 스테핑 모터의 명칭이 사용되어졌다.

1930년대에는 스테핑 모터와 유사한 히스테리시스 모터(hysterisis motor) 등이 시계용으로 많이 발명되었다.

1940년대에 들어서면서 임펄스 모터명칭이 사용되어지게 되고, 기계 중에 일정각도로 보내는 작업을 행하기 위해 사용되어지게 되었다.

1952년에 GE사의 파이에르타그(Karl M, Feiertag)가 개발한 발전기는 오늘날의 하이브리드형 스테핑 모터의 근원이라고 할 수 있다. 그림 6-2, 6-3에 그 종단면도 및 횡단면도를 나타냈는데, 이 구조는 기본 스텝각이 5°의 2상 하이브리드형 스테핑 모터가 그것이다.

1950년대가 되어 스테핑 모터의 명칭이 사용되기 시작하고, 펄스수로서 이용되게 되었다.

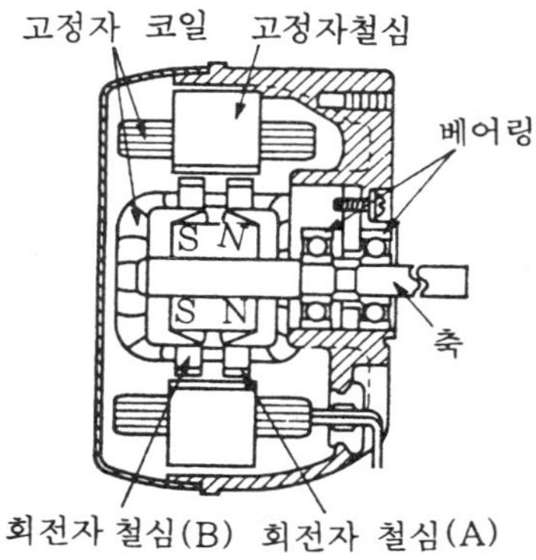

그림 6-2 파이에르타그의 고주파 발전기 종단면도

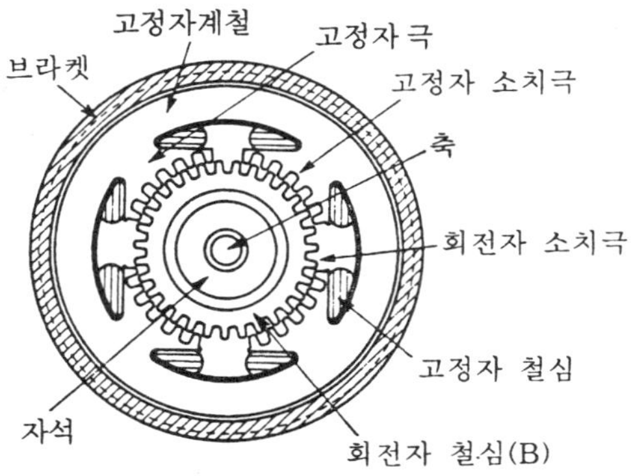

그림 6-3 횡단면도

이 시대부터 반도체 스위치의 진보와 더불어, 계산기, 직물기, 레이더 시스템(radar system), 대포의 조준, 자동제어기기 등으로 용도가 급속히 확대되어 간다.

1964년의 BASIC(Beginner's All-Purpose Symbolic Instruction Code)의 탄생과, 1971년의 마이콤(micro computer)의 출현에 이은 퍼스컴의 출현에 의해, 그 단말기기인 프린터나 플로피 디스크장치의 구동모터로써 그 사용량이 급증하고, 디지털 제어기술의 진보와 더불어 자동기계장치의 속으로 수용확대가 진행하고 있다.

6-1-1 특징

스테핑 모터(stepping motor)란 펄스 모터, 임펄스 모터, 스텝 모터 또는 스테퍼 등이라고도 불리우며, 옛 표현으로는 계동(階動)모터라든가 진보(進步)모터 등이라고 불리우는 모터이다.

이 모터는 정해진 순서로 고정자 코일을 여자하면, 그때마다 일정각도만큼 스텝 회전하는 구조를 가진 모터이며 아래에 그 주요한 특징을 서술한다.

(1) 제어회로

스테핑 모터의 구동제어회로는 펄스신호를 각상 코일에 분배하는 논리분배회로와 코일에 여자전류를 공급하는 구동 스위칭 회로부로 되어 있다. 그 회로는 다른 서보 모터의 제어회로와 비교하면 상당히 간단하고 단순하다.

(2) 디지털 기기와의 적합성

스테핑 모터는 마이콤 등에 응용된 디지털 기기와의 조합이 극히 용이하고 회전각도, 속도, 정・역회전, 기동・정지 등의 동작이 정확, 신속하게 행해지는 이점을 가지고 있다.

(3) 위치결정제어

위치결정제어에 DC 모터 등 서보 모터를 적용하는 경우, 어떤 각도위치에 회전자를 유지시켜 두기 위해서는 끊임없이 정・역전류를 보내는 브레이크 작용을 부여해 둘 필요가 있다. 그러나 스테핑 모터에서는 여자를 유지하는 만큼 홀딩(holding) 토크를 얻을 수 있고, 퍼머넨드형과 하이브리드형 스테핑 모터에서는 여자를 끊어버려도 디텐트 토크를 얻을 수 있으므로 정확한 위치결정제어가 가능하고 염가로 실행할 수 있는 이점이 있다.

(4) 회전각도오차

스테핑 모터의 각도 오차는 통상, 기본 스텝각도의 5% 정도이지만, 입력 펄스수가 늘어도 그 오차를 누적시킬 수가 없으므로 극히 고정밀도의 위치결정을 할 수 있다.

(5) 저속 · 고 토크

스테핑 모터는 같은 입력의 다른 모터와 비교해서 저속 · 고 토크 모터이다. 다른 서보모터의 사용 회전수는 1000 [rpm] 이상인데, 1.8°의 스테핑 모터를 1000 [pps]속도로 구동해도 300 [rpm]이 되며, 지극히 저속으로 같은 입력의 모터에 비하여 큰 토크를 얻을 수가 있다.

(6) 속도가변제어

스테핑 모터의 회전각도는 입력펄스수에 비례하고, 회전속도는 입력펄스의 주파수(pulse rate)에 비례하므로, 입력 펄스 주파수의 간단한 절환(변환)에 의해 회전속도를 큰 폭으로 가변제어 할 수가 있다.

(7) 고신뢰성

스테핑 모터는 베어링 이외에는 브러시와 정류자(commutator)의 마찰 부분이 없고, 특별한 보수가 불필요하여 신뢰성이 높으며, 수명이 긴 모터이다.

(8) 정속성

구동 토크가 모터의 회전위치에 의해 변화하고 여자함에 따라 토크변동이 일어나므로 속도변동이 크다. 모터 토크와 관성에 의해 결정되는 고유진동수와 구동펄스 주파수, 혹은 모터 장치부 등의 고유진동수와의 사이에서 공진을 일으키며, 진동소음의 문제가 발생하기 쉽다는 결점이 있다.

6-2 스테핑 모터의 분류

스테핑 모터(stepping motor)는 입력펄스에 대응하여 일정각도씩 스텝상에 회전한다. 이 때문에 펄스모터 혹은 스텝모터라고도 불리우며 위치결정 제어용에 사용되고 있다. 지금까지 많은 종류가 개발되어 왔는데 현재는 스테핑 모터를 구조면에서 분류하면

(1) 가변 릴럭턴스형(VR : variable reluctance type)
(2) 영구자석형(PM : permanent magnet type)

(3) 하이브리드형(HB : hybrid type)

등 3개의 타입으로 대별된다.

(1) 가변 릴럭턴스형 스테핑 모터

이 타입은 간단히 머리글자를 따서 VR형 스테핑 모터라고 불리고 있다. 역사적으로는 19세기 중경부터 아주 기초적인 구조를 한 모터라고 할 수 있다.

그 구조는 그림 6-4에 표시한 것처럼 고정자와 회전자에는 모두 일정 간격의 돌극기어가 배치되어 있고, 코일을 여자함에 따라 고정자와 회전자의 같은 돌극기어가 일직선상으로 일치하려 하는 힘을 이용하여, 스텝상의 회전력을 얻는 타입의 모터이다.

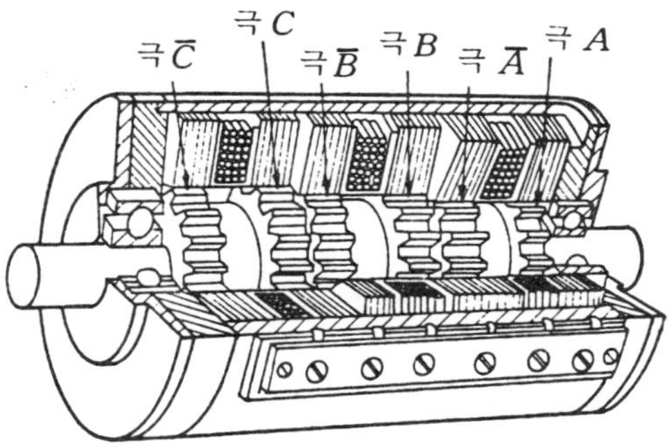

유도기 : 종속
직류기 : 직렬

그림 6-4 VR형 스테핑 모터(종속 접속형)

그림 6-4에 표시되어 있는 모터는 3상 종속(從續 cascade) VR형 모터의 한 예이며 A, B, C의 각 자극에는 각각 12매의 돌극치가 설치되어 있고, A자극, B자극, C자극의 같은 기어는 10°씩 간격이 어긋나 축방향으로 겹쳐져 있다.

(2) 영구자석형 스테핑 모터

이 타입은 PM형 스테핑 모터라고도 불리우며, 회전자에 영구자석을 이용한 구조의 스테핑 모터이다.

1차적으로는 그림 6-5처럼 고정자에는 프레스 가공에 의해 톱니(claw)기어형상의 기어극이 이용되며, 회전자에는 원주방향으로 여러 개의 자석이 이용되고 있는 저가의 모터를 가리키는 경우가 많다.

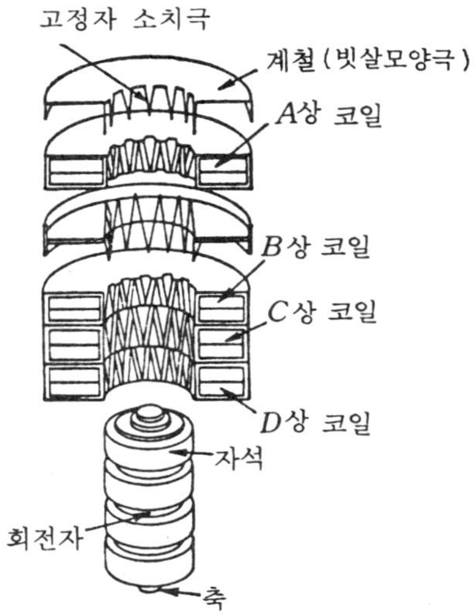

그림 6-5 PM형 스테핑 모터의 일례

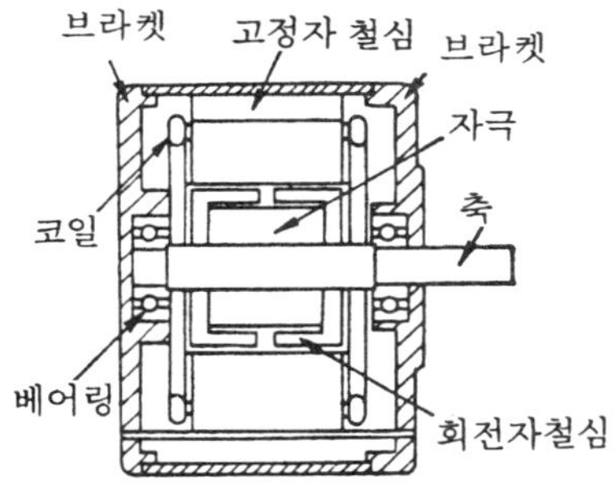

그림 6-6 HB형 스테핑 모터의 일례

(3) 하이브리드형 스테핑 모터

이 모터는 복합형 스테핑 모터 또는 HB형 스테핑 모터라고 불리며, VR형 모터와 PM형 모터를 결합시킨 구조의 모터이다(그림 6-6).

VR형 모터의 회전자측이나 고정자측에 영구자석을 배치하여 공극(airgap)부에 직류 바이어스 자계를 발생시킴에 의해 출력 토크를 증가시켜 효율을 향상시키고 있다.

6-3 스테핑 모터의 구조와 원리

6-3-1 3상 VR형 스테핑 모터

그림 6-7은 12자극의 3상 VR형 스테핑 모터를 나타내는 구조이다. 이 모터의 고정자는 적층된 규소강판으로 만들어져, 30°씩 같은 간격으로 12극의 극이 설치되어 있다. 그림에 표시되어 있는 것처럼 제1극, 제4극, 제7극, 제10극에는 이 순서로 상호간에 감긴 방향이 다른 권선이 직렬로 접속되어 있다(이하, 이 전선을 *A*상권선이라 부른다).

그림에서는 생략되어 표시되어 있지 않으나, 이 A상 권선과 완전한 같은 모양의 감은 방식을 한 코일이 제2, 제5, 제8, 제11의 극에 감겨 있고, 여기에서는 이 코일을 B상 권선이라 부르기도 한다. 또, 제3, 제6, 제9, 제12의 극에도 같은 권선이 설치되어 있고, 이것을 C상 권선이라 한다.

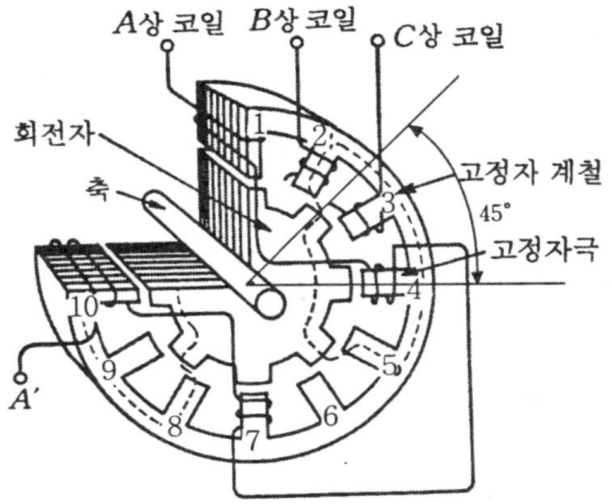

그림 6-7 3상 VR형 스테핑 모터의 일례(A와 A'는 역극성이 되도록 권선을 감고 B, C를 합하여 독립된 권선을 가진 고정자와 기어형 회전자로 한다.)

회전자는 괴상(塊狀)철심의 외주에 8개의 돌극이 같은 간격 즉, 45°간격으로 설치된 간단한 구조로 되어 있다.

지금 그림 6-7 A에서 A'로 전류를 흐르게 하면, 제1극은 S극, 제4극은 N극, 제7극은 S극, 제10극은 N극으로 되는데, 그림에 나타나 있는 회전자위치가 자속이 가장 통하기 쉬운 상태로 되어 있으므로 회전자는 이 위치에서 유지시키게 된다. 여기서 A상 권선의 여자를 끊고, B상 권선을 여자하면 제2, 제8극과 S극으로, 또, 제5, 제11극은 N극으로 자화되고, 제5극에서 15°만큼 위치가 벗어난 회전자 돌극을 지나, 제2극에서 고정자 계철을 통하여 제5극으로 되돌리는 그림 6-7의 점선에 의해 표시된 폐자로가 생긴다.

마찬가지로 제11극에서 제8극을 지나, 본래의 제11극으로 되돌리는 폐자로도 생긴다.

이 고정자와 회전자의 기어 사이에 발생하는 토크에 의해 회전자는 회전하고, 제2극과 회전자의 돌극이 완전한 대향상태가 되는 위치에서 토크는 "0"이 되므로, 오버슛(overshoot)한 후, 감쇄진동은 정지된다.

다음으로 B상 권선의 여자를 끊고 C상 권선을 여자하면, 완전히 같은 모양으로 작용하여 회전자는 다시 15°스텝 상회전하고, 이어서 C상에서 A상, A상에서 B상으로 여자변환을 행하면 회전자는 연속적으로 회전해 간다.

모터는 식 (2-10)에서 알 수 있듯이 자장에너지가 최소가 되는 방향, 바꿔 말하면 자속이 최대가 되는 방향으로 토크가 움직인다. 그림 6-8의 전개도에 있어서 A상만을 여자했을 때는 회전자 기어가 A상권선의 기어 아래로 있을 때가 최대자속이 되고 ①의 위치에서 정지한다. 이어서 B상으로 여자를 절환하면 화살표 방향으로 힘이 작용하여 ②의 위치에서 정지하고 C상으로 절환하면 ③의 위치로 진행한다. 이와 같이 A, B, C의 여자를 반복함에 의해 일정 스텝(기본 스텝)씩 회전한다.

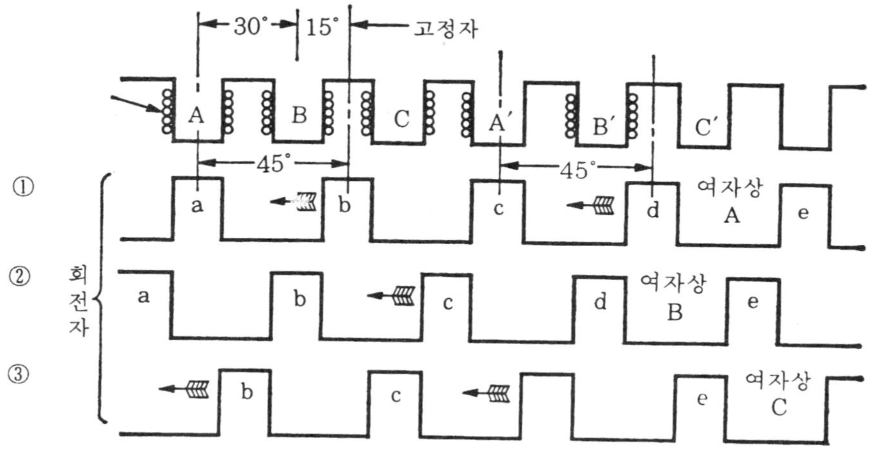

그림 6-8 VR형 스텝 모터의 동작원리($A \rightarrow B \rightarrow C$상과 순차 여자를 절환함에 따라 1스텝 45°씩 회전자가 이동한다.)

그림 6-8에서는 1상씩 여자 했지만 2상씩 동시에 여자 했을 때는 그림 6-8의 정지위치의 중간에서 정지한다. 또 각상에 흐르는 전류의 비율을 바꿈에 따라서 도중의 임의의 각도에서 정지시킬 수도 있다.

6-3-2 PM형 스테핑 모터(빗살모양 극형)

그림 6-9에 PM형의 구조를 나타낸다. 이 방식도 VR형과 유사한 스텝동작을 한다. 또 기본 스텝각 θ_s는 각각 다음과 같이 된다. 여기에서 m : 여자상수, N_r : 회전자 기어수, P : 회전자 자극수이다.

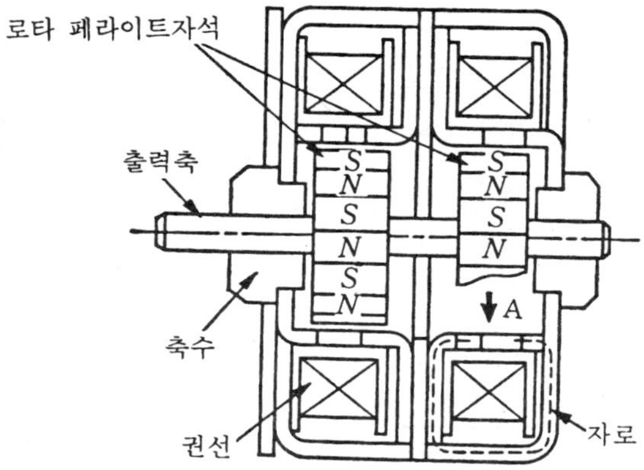

그림 6-9 PM형 스텝모터의 구조. 다극 착자한 회전자의 링 권선을 손톱형 자극을 가진 고정자를 위상차 90°에서 2개조로 합하고 있다.

VR, HB형 :

$$\theta_s = \frac{360°}{mN_r} \tag{6-1}$$

PM형 :

$$\theta_s = \frac{360°}{mP} \tag{6-2}$$

여기서 θ_s는 스텝각도이고, m은 상수이다.

스테핑모터는 동기모터와 같은 원리이기 때문에 정적(靜的)인 토크는 식 (3-38) 또는 (3-39)와 같아지며 그림 6-10과 같은 모형이 된다. 부하가 요구하는 토크의 최대치

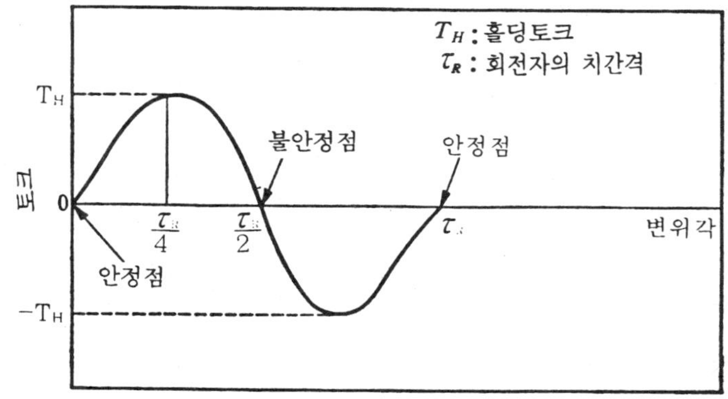

그림 6-10 스텝모터의 정 특성. 부하토크가 가해지면 안정된 위치보다 이동하고 홀딩토크를 넘으면 탈조 한다.

(holding torque)를 넘으면 마주하고 있는 기어가 벗어나 탈조한다. 또 동작시에는 안정점의 전후에 진동하는 일이 많으므로 이 억제가 중요한 문제가 된다.

스테핑모터를 연속적으로 펄스구동 했을 때의 특성을 그림 6-11에 나타낸다. 기동시는 자기동영역내의 주파수를 이용하여 회전하기 시작하면 주파수를 증가하여 고속으로 할 수가 있다. 즉 이 특성곡선은 같은 모터에서도 부하의 관성모멘트와 구동회로방식에 의해 대폭 변화하므로 주의를 요한다.

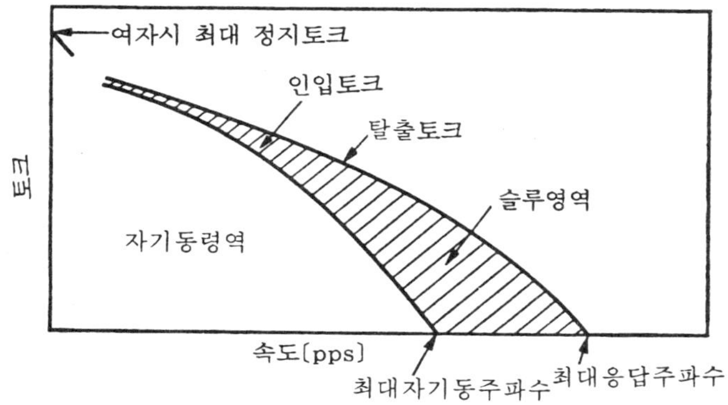

그림 6-11 스텝모터의 속도-토크특성. 자기동 영역내의 주파수에서 기동하고 회전하기 시작하면 슬루영역 내에서 운전할 수 있다(pps : 펄스/s).

스테핑모터는 일반적으로 센서없는 오픈루프(open loop)에서 속도 및 위치제어를 실행할 수 있으므로 회로가 간단해지며 또 마이콤과의 연계성도 좋아서 자동기나 OA (office outimation)기기에 사용되고 있다.

이 모터는 일명 캔 타입 모터 또는 인덕터(inductor)형 또는 유도자형 모터라고 불리며, 자극부나 케이스가 프레스 가공에 의해 만들어지므로 구조가 간단하고 저렴한 비용으로 만들 수가 있다. 따라서 수요가 많고 PM형 스테핑 모터라고 하면 대다수가 이 타입을 차지하고 있다.

그림 6-12는 이 모터의 외관을 나타내는 부분단면도이다. 그 극부분의 일부를 전개하여 모터측에서 본 그림을 그림 6-13으로 나타낸다. 이 모터는 7.5°스텝의 2상 PM형 스테핑 모터의 예인데 회전자에는 12극에 대하여 $N-S$극이 정현파상으로 분포하여 착자되어 있다.

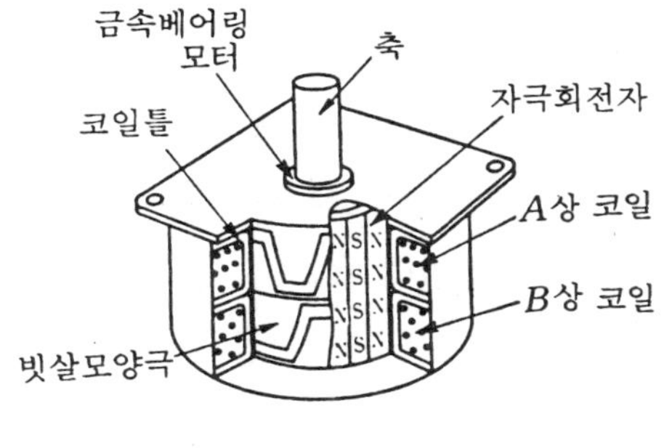

그림 6-12 빗살무늬극의 모터

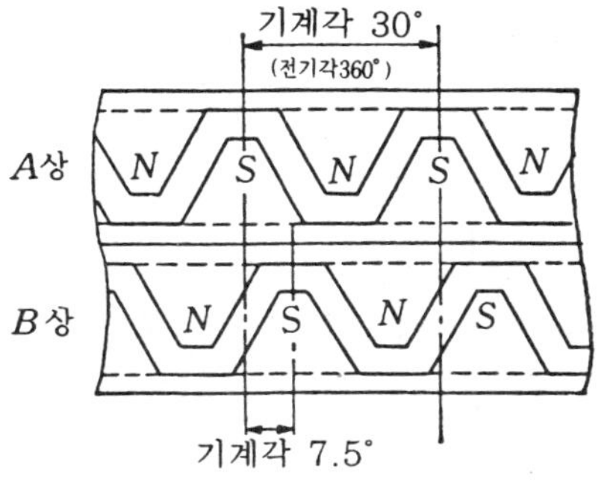

그림 6-13 빗살무늬극의 부분 전개도

고정자는 A상 코일이 감겨진 코일틀과 B상 코일이 감긴 코일틀(bobbin) 및 링(ring) 원판의 내주에서 직각으로 되어 발생된 사다리꼴 치상의 빗살무늬극을 가진 같은 형상의 4매의 계철판으로 되어, A상 코일틀과 B상 코일틀은 각각 2매의 계철판 사이에 끼워져 있다.

A상극과 B상극의 중심선은 서로 전기각으로 90°(이 모터에서는 기계각으로 7.5°) 벗어나 있어서 축방향으로 겹쳐져 있다. 이 모터의 극수는 12이므로 전기각 360°는 기계각 $\theta_m = \frac{360}{12} = 30°$에 상당한 모터이다.

지금, A상 코일과 B상 코일에 흐르는 전류의 방향을 정·역으로 절환했을 때, 극의 자속분포가 어떻게 변화하는 가를 기계각 30°(전기각 360°)의 범위에서 조사해 본다.

그림 6-14(a)는 A상 코일과 B상 코일에 정방향의 전류를 흘렸을 때의 극의 자화상태

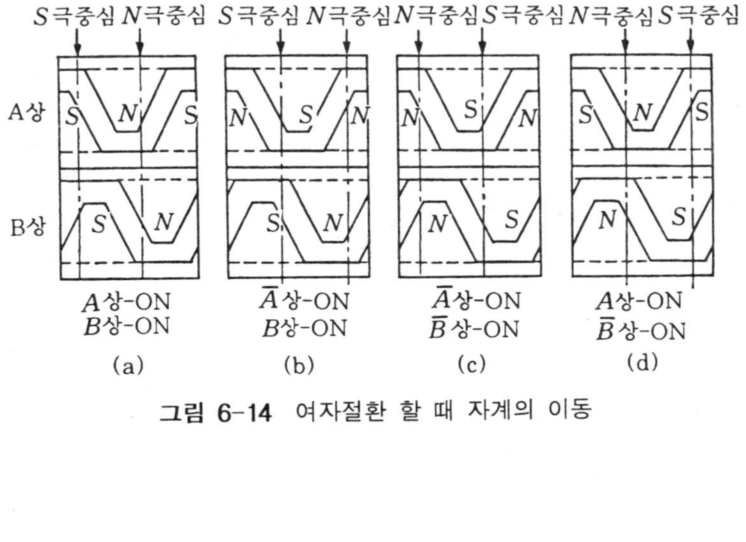

그림 6-14 여자절환 할 때 자계의 이동

를 나타낸 것으로, S극 중심위치와 N극 중심위치가 화살표로 나타내고 있다.

다음에 A상 코일의 전류를 역방향으로 절환한 경우를 생각해 본다. 즉 A상 여자상태에서 A상 여자상태로 절환하면, 빗살모양극 배열되어있는 A상 코일이 감겨진 코일틀 중앙부의 자계의 방향이 역전하게 되므로 아래쪽에 있는 빗살모양극이 N극이 되고, 위쪽이 빗살모양극은 S극으로 자화되게 된다. 이 여자절환에 의해 S극 및 N극 중심위치는 그림 6-14(b)에 표시하듯, 오른쪽으로 7.5°(전기각에는 90°)만큼 이동한다.

따라서 B상 코일의 전류를 역방향으로 절환하면($\overline{B}$상을 여자하면), B상 코일틀의 계자도 반전하므로 극의 S극과 N극이 교체하고, 그림 6-14(c)처럼 S극과 N극의 중심은 다시 오른쪽으로 7.5°이동한다. 다음으로 A상 코일의 전류를 다시 한번 절환, 즉 극의 자화방향을 교대하면 S극과 N극의 자극의 중심은 그림 6-14(d)에 나타낸 것처럼 다시 7.5° 오른쪽으로 이동하게 된다.

이와 같은 여자절환에 의해 자극중심은 우측으로 이동해 가는데, 이 절환순서를 거꾸로 행하면, 왼쪽으로도 이동시킬 수 있는 것은 쉽게 이해된다.

6-3-3 HB형 스테핑 모터

그림 6-15에 HB형의 구조를 나타낸다. 이 방식도 VR형과 유사한 스텝동작을 한다.

HB형 스테핑 모터에서 가장 일반적인 타입이 되어 있는 기본 스텝각이 1.8°의 2상 2극식(bipolar) 모터를 예로 하여 동작원리를 조사해 보기로 한다.

이 모터는 그림 6-15에 표시했듯이 고정자 철심은 적층된 규소강판으로 만들어져 8개

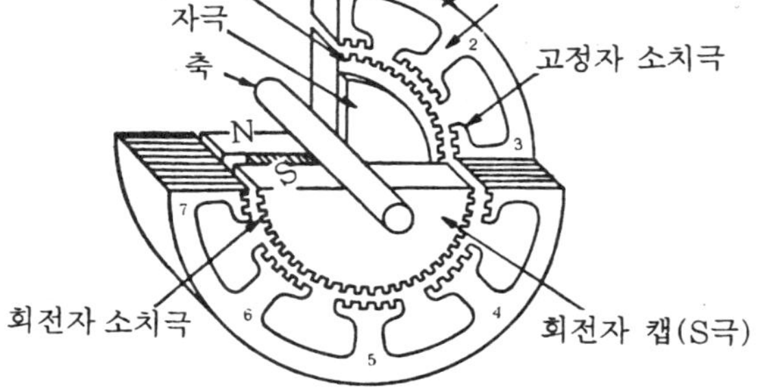

그림 6-15 HB형 스테핑 모터의 구조도

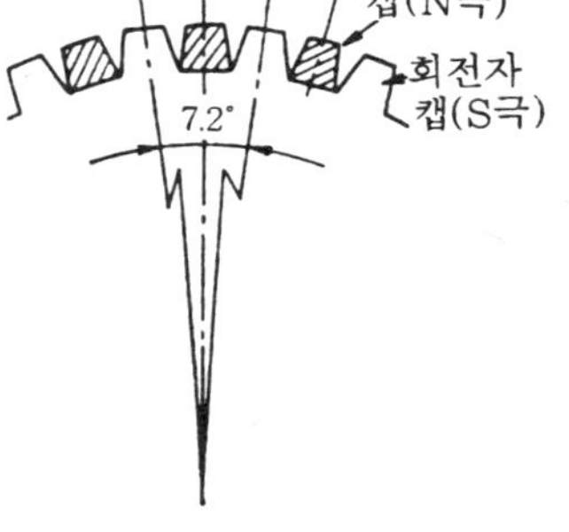

그림 6-16 회전자 켑의 위상차

의 극이 45°간격으로 배치되어 있는 각 고정자 극은 각각 5개의 작은 톱니로 된 극(소치극)이 7.2°간격으로 극 중앙에서 좌우로 배분하여 설치되어 있다.

한편 회전자에는 외부에 50개의 소치극을 가진 회전자 켑, 축방향으로 착자된 마그넷을 끼워서 지지하도록 구성되어 있다.

이 상하 2개의 회전자 켑(cap)에는 적층된 규소강판, 괴상철심 혹은 철 소결재료가 사용되고, 자석에는 사마륨(samarium : SM) 코발트(Cobalt : Co) 네오디미윰(Neodymium : Ne), 철 등의 회토류 자석이나 알리코(Alnico) 자석, 페라이트(Ferrite) 자석 등이 사용되고 있다. 또 축은 비자성체를 사용해야만 한다.

상하 2개의 회전자 켑의 소치극은 서로 위상이 전기각으로 180° 어긋난 상태로 만들어져 있다(그림 6-16).

권선은 그림 6-15에는 생략해서 나타나 있지 않지만, 제1의 극과 제3의 극, 제5의 극과 제7의 극에, 제3과 제7극의 감는 방향이 제1과 제5극의 방향과 반대로 되도록 A상 코일이 감겨 있다.

같은 모양의 감는 방식에 의해, 제2, 제4, 제6, 제8의 극에 B상 코일이 감겨져 있다.

지금 그림 6-15에 있어서 회전자 켑의 N극측 소치극이 제1의 극 및 제5의 극 소치극과 1대 1의 대향상태에 있을 때, S극측 회전자 켑의 소치극은 제3의 극과 제7의 극 소치극과 1대 1의 대향상태가 되어 있다. 또, 이때 제2와 제6의 극 소치극은 N극측의 회전자 켑 소치극에 대해 1/2 간격만큼 시계방향으로 벗어나 있고, S극측의 회전자 소치극에서는 1/2 간격만큼 반시계방향으로 어긋난 상태로 되어 있다. 제4극과 제8극의 소치극은, 이것과는 반대로 회전자 켑 소치극에 대하여 N극측에서 1/2 간격 반시계방향으로 벗어나 S극측에서는 같은 간격만큼 시계방향으로 벗어난 상태가 된다.

따라서 자석의 N극측에서 유출된 자속은 제1의 극과 제5의 극을 지나, 외주 계철부를 축방향으로 뒤틀리면서 제3극 및 제7극으로 들어가고, S극측 회전자 켑에 도달하는 흐름 이외에, N극측 회전자 켑에서 제2극으로 들어가 축방향으로 흐른 후 S극측 회전자 켑으로 흘러 들어간다. 마찬가지로 흐름은 제4극과 제8극으로, 제6극에서 제4극과 제8극으로 발생한다.

이와 같은 복잡한 자속의 흐름에 의해 각 극의 소치극부에는 여러 가지 크기와 방향을 가진 자속밀도의 분포가 가능해진다.

이 자속밀도의 접선성분을 2승한 값의 총화에 비례한 회전자 토크에 작용하고, 그의 총화가 0이 되는 회전자 위치에서 평형되어 정지한다.

회전자 켑의 S극측에서 회전자 켑이 평형되어 정지하고 있는 상태에 의한 관계위치를 그린 것을 그림 6-17에 나타낸다. 이 그림에서 A상과 B상을 동시에 여자하여 제1과 제2극을 N극으로 자화했을 때, 제1의 극과 제5의 극은 소치극의 3/4의 대향관계에 있고, 회전자에는 반시계방향의 토크가 발생하고 있다. 제2극과 제6극의 소치극도 3/4의 대향위치에 있는데 토크는 시계방향으로 작동하고 제1과 제5극의 토크와 평형한다.

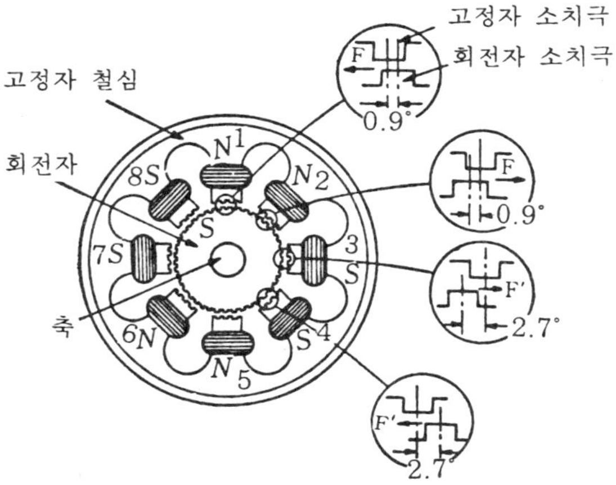

그림 6-17 2상 여자의 평형점 기어극의 대향

제3극과 제7극은 1/4 대향의 관계위치에 있으며, 4극와 제8극도 1/4 대향으로 되어 있다. 이러한 극의 권선 여자에 의한 기자력은 자석의 기자력과 역방향으로 되어 있기 때문에 자속은 제1, 제2, 제5, 제8의 각 극부에 비하여 작은 값이지만 약간의 흐름이 있고, 토크가 발생한다. 그러나 제3 및 제7극의 토크와 제4 및 제8극의 토크의 방향은 서로 역방향이 되므로 똑같은 이 위치에서 평형된다.

이 모터를 회전자 켑의 N극측에서 본 경우는 제1의 극과 제3의 극, 혹은 제2의 극과 제4의 극의 관계가 반대의 대향면적관계가 되는 것만큼 완전히 같은 토크가 발생하므로 모터 전체에서는 발생 토크의 값이 2배가 되는 것으로 이해하면 된다.

여기서, A상 코일의 여자를 끊고, 거꾸로 역방향으로 여자하면 제1극은 S극으로 반전하고, 제3의 극은 N극, 제5극은 S극, 제7극은 N극에 각각 반전한다. 이 때 rotor에는 그림 6-18(a)의 화살표로 나타낸 것과 같은 토크가 작용하고, 그림 6-18(b)에 나타난 위치까지 rotor가 스텝 회전하여 평형 정지하게 된다.

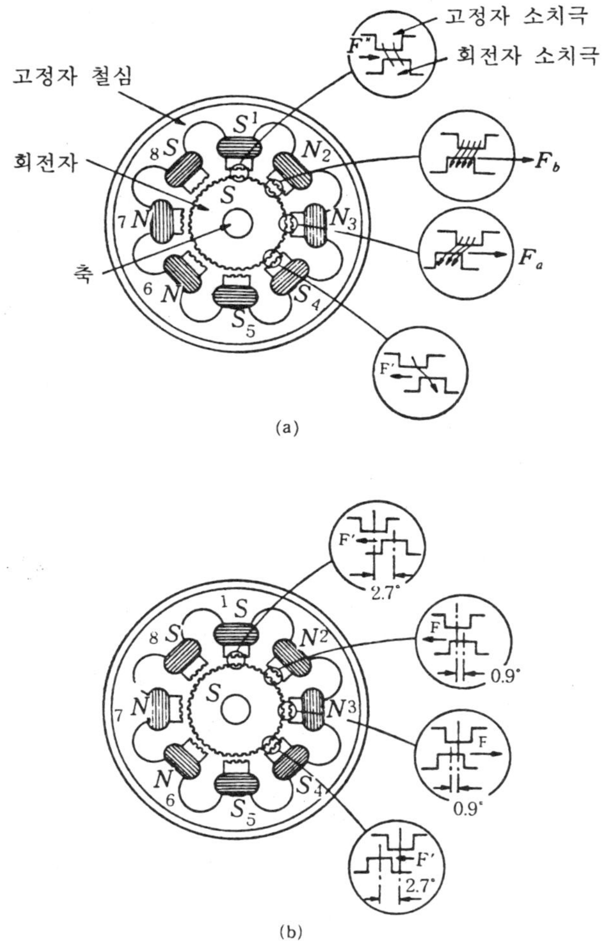

그림 6-18 HB형 스테핑 모터의 기어극 대향

다음으로 A상 코일은 그대로 하고 B상 코일의 여자방향을 반전시키면 마찬가지로 1.8°의 스텝 회전을 반복한다.

6-4 스테핑 모터의 특성

본절에서는 스테핑 모터의 기본적인 4개의 특성을 설명한다.

6-4-1 토크-속도특성

스테핑 모터의 토크-속도특성을 나타내기에는 정(靜)토크 특성과 동(動)토크 특성의 2개의 특성에 대해 생각해 보는 것이 필요하다.

(1) 정토크 특성

정토크 특성(static-torque characteristics)은 일명 스티프네스 특성이라든가, 변위각 θ와 토크 T의 관계라는 점에서 $\theta - T$특성, 혹은 정지 토크 특성 등이라고도 불리고 있다.

정토크 곡선은 모터의 정지위치를 기준으로 하여, 외부에서 강제적으로 출력축을 회전시켰을 때의 출력축 변위각과, 외부에서 가해진 인가 토크와의 관계를 나타내는 곡선으로써 표시된다.

(a) 홀딩 토크(holding torque)

홀딩 토크란, 스테핑 모터를 여자상태로 하여 출력축을 외부에서 돌리려고 했을 때 이 힘에 대항하여 발생하는 토크의 최대치를 말한다.

이 홀딩 토크를 최대 정지 토크, 최대 홀딩 토크, 구속 토크, 보지 토크 등으로 불리기도 한다. 그 크기는 여자전류의 크기, 여자방법에 따라서도 변화한다. 같은 모터에서는 2상 여자로써 사용하는 경우가 1상 여자로써 사용하는 경우보다 통상 1.4배 정도 큰 값이 된다.

(b) 디텐트 토크(Detent torque)

모터 내부에 자석이 사용되고 있는 PM형 스테핑 모터나 HB형 스테핑 모터에서는 여자전류를 흘리지 않아도 자석에 의한 자속 때문에 안정 평형점으로 모터를 끌어당기는 토크가 나타낸다.

이 무여자의 상태에서 외부에서 출력축으로 토크를 가했을 때 발생하는 토크의 최대치를 디텐트 토크(detent torque)라 한다. 디텐트 토크는 무여자 보지 토크라든가, 레지듀얼 토크(residual torque)라고도 불리고 있다.

(2) 동토크 특성(dynamic torque characteristics)

(a) 풀 인 토크 특성(pull-in-torque characteristics)

인입 토크 특성이란, 축에 직결된 풀리(pulley)에 추를 매다는 등의 방법으로, 축에 부하 토크를 가하여, 임의의 구동 펄스를 인가하거나 멈추게 하여 모터를 기동정지시켰을 때 그 모터를 오동작 없이 회전시킬 수 있는 한계의 부하 토크, 즉 그 값 이상의 추를 매달면 회전의 실수를 일으켜 버리는 한계 토크를 구하고, 그 구동 펄스와 한계 토크와의 관계를 나타낸 특성인 것이다.

무부하상태에서 이 값보다 빠른 입력 펄스 주파수에서는 모터를 기동시킬 수가 없게 되어지는 한계 속도를 최대 자기동주파수(maximum pull-in pulse rate)라 한다.

스테핑 모터의 회전속도는 펄스 레이트라는 말로 표현되는 경우가 많고, 이것은 단위시간에 인가되는 펄스 수(pps)를 나타낸 것이다.

토크 곡선의 아래방향영역은 자기동영역이라 불리며, 이 범위에 드는 펄스 레이트(pulse rate)와 부하 토크에서 구동하면, 오동작하지 않고 기동, 정지시킬 수가 있는 범위를 나타낸다.

(b) 탈출 토크 특성(pull-out torque characteristics)

탈출 토크 특성은 풀 아웃(pull-out) 특성, 스루윙(slewing)특성이라고도 하며 어느 일정부하로써 자기동시킨 모터의 인가 펄스 레이트를 올려가고 그 이상 빠른 펄스 레이트에서는 오동작(mis step)을 일으키거나 정지해버리거나 하는 한계의 주파수를 구하고 그의 한계 펄스 레이트와 부하 토크치의 관계를 나타낸 특성이다.

무부하시에 이 주파수 이상의 펄스를 인가하여도 모터가 응답할 수 없는 한계 펄스 레이트를 최대응답 주파수(maximum slewing pulse rate)라 한다.

탈출 토크 곡선을 구하는 경우에는 모터를 자기동시킨 후 펄스 레이트를 상승시켜가는 대신에 펄스 레이트는 일정하게 해주고 부하 토크를 증가시켜 가며 회전이 정지해 버리는 한계의 토크값을 구하여도 같은 특성곡선을 얻을 수가 있다.

이 곡선상의 토크를 탈출 토크라 하며, 이 값은 반드시 인입 토크보다 높은 값이 된다. 탈출 토크(pull-out torque)와 인입 토크(pull-in torque)에 의해 둘러 쌓이는 영역은 스루영역이라고 한다. 이 영역은 인가 펄스 레이트를 변화시키면 미스 스텝이나 공진을 일으키기 쉬운 불안정한 범위이므로 탈조하지 않도록 주의해서 운전해야 한다.

6-4-2 응답특성

스테핑 모터를 운전할 때, 회전각도 θ[rad]나 회전각속도 ω[rad/s]가 시간의 경과에 따라서 어떻게 변화하고 있는가 관측해 보면 모터는 구동하면서 회전하고 정지시에는 오버슛한 후, 감쇠진동하면서 정정함을 알 수 있다.

이와 같은 회전의 동향을 나타내는 특성을 응답특성이라 하며, 그 중 1펄스만 인가시킨 때의 회전의 동향을 나타내는 특성을 스텝프 응답특성, 연속 펄스를 가한 때의 응답특성을 연속응답특성이라 한다.

이 응답특성은 동특성(dynamic 특성)이라고도 불리며 공진이나 진동소음을 방지하여 최적운전하는데, 극히 중요한 특성이다.

(1) step 응답특성

그림 6-19는 정토크 특성과 step 응답의 관계를 나타낸 그림이다.

스텝 입력이 주어지면 모터는 목표 평형점(그림의 *A* 점)을 향하여 회전하는데, *A* 에 도달했을 때는 모터의 관성 모멘트 때문에 급히 정지할 수가 없어서 지나쳐 버린다.

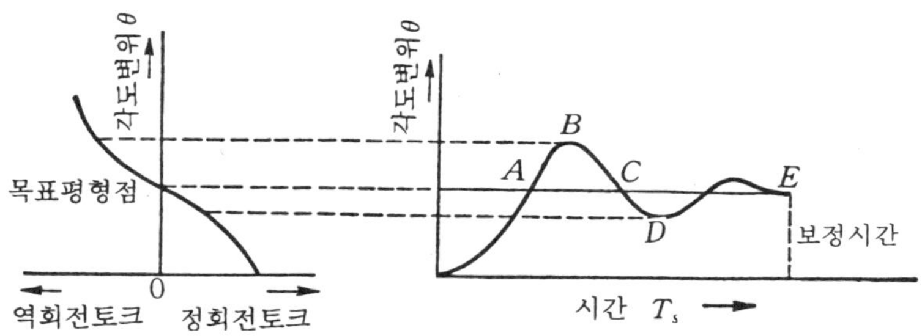

그림 6-19 스텝 응답 특성

(2) 연속 응답특성

스테핑 모터는 펄스 신호에 따르게 되어 회전하고, 신호로써 보내는 펄스 레이트에 비례하여 속도가 변화하는 모터이다.

그러나 모터나 부하에는 관성이 있으므로 모터의 실제 움직임을 펄스 레이트보다 빠르거나 늦게 회전하고, 펄스 신호에 따르지 않고 탈조해 버리는 경우도 생긴다.

이와 같은 회전 동작은 과도 응답특성이라든가, 연속 응답특성, 혹은 간단히 동특성이라고 불리고 있다.

6-4-3 공진특성

스테핑 모터는 입력 펄스가 인가될 때마다 목표안정점이 절환하여, 새로운 토크가 발생하여 부하 토크를 끌어 당기면서 회전을 계속한다. 목표위치에 접근함에 따라 그 발생 토크는 작아지며, 또한 새로운 펄스에 의해 커다란 토크로 절환함과 더불어 모터는 가속된다.

이와 같이 모터의 발생 토크는 연속적인 입력 펄스에 대응하여 증감하므로 모터는 본질적으로 진동하면서 회전해 간다고 할 수 있다. 이 진동주기와 입력 펄스의 시기가 같으면 스테핑 모터의 약점인 공진의 문제가 생긴다.

스테핑 모터의 공진 주파수에는, 모터 소유 진동수의 수배의 주파수에 상당하는 50～300 [Hz]에서 발생하는 저역공진과, 모터의 전기적인 경우 정수에 가까운 1000[Hz] 전후의 slew 영역에서 생기는 중역공진과, 그 이상의 고속영역에서 발생하는 고역공진의 3개가 있다.

6-4-4 각도정도특성

스테핑 모터의 각도정도는 특히 위치결정 제어용으로써 사용되는 스테핑 모터에서는 그 정도가 장치 본체의 성능에 직접영향을 주고, 장치의 양부판정에 직결하는 매우 중요한 특성의 하나이다.

(1) 정지각도정도

정지각도정도(positional accuracy)는 정지위치정도라고도 불리며 이론상의 정지위치에서의 오차를 나타내는 정도이다.

모터축에 정도를 평가하는 데 충분한 분해능을 가진 엔코더를 직결하여 임의의 위치에서 N스텝만 회전시켰을 때, 이론적인 전회전각도 $N\times$(기본 스텝각)과 실제로 엔코더에서 측정된 회전각도와의 차이를 프롯트(plot)하고, 그 최대치 $\varDelta\theta_{i\max}$와 최소치(minus측 최대치) $\varDelta\theta_{j\max}$의 1/2를 %표시, 또는 각도표시에 의해 나타낸 것이다.

(2) 스텝각도정도

스텝각도정도(step accuracy)는 인접각도정도, 스텝정도(step to step accuracy)라고도 불리며, 1스텝의 실측각도와 이론각도(기본 스텝각)와의 편차를 평가하는 정도이다. 구체적인 계산 방법은 임의의 위치에서 1스텝씩 360° 회전시켰을 때의 각 스텝마다의 회전위치를 실측하고, 인접의 실 회전각도 α_n을 각 스텝마다 산출하여 이론 스텝각 θ_s와의 차 Δd_n을 구한다.

(3) Hysterisis 정도

스테핑 모터의 정지위치는 그 위치에 스텝시키는 경우의 회전시키는 방향의 차이에 의해 차가 생긴다. 모터를 시계방향으로 스텝시켜서 정지시켰을 때의 정지위치와 반시계방향으로 스텝시켰을 때의 정지위치를 엔코더에 의해 측정하고, 양자의 차를 계산하여 % 또는 각도로 표시한 것이 **히스테리시스 정도**(hysterisis accuracy)이다.

구체적인 측정방법을 나타내면, 임의의 위치에서 우선 동일방향으로 360°의 범위에서 1스텝마다의 정지각도 위치를 실측하고 이것을 θ_1, θ_2, …, θ_n …라 한다.

다음으로 역방향에서 1스텝씩 되돌리면서 기동위치까지 정지각도 위치를 실측한다. 이 각도위치를 … θ_n', …, θ_2', …, θ_1'으로 하면 히스테리시스 정도는

$$\text{히스테리시스 정도} = |\theta_n' - \theta_n| \ (\text{최대치})$$

로 구해진다.

6-5 스테핑 모터의 운전

6-5-1 스테핑 모터의 여자

여자란, 코일에 전류를 흘려서 고정자극을 자화하는 것인데, 이 여자절환에 의해 모터를 회전시킬 수가 있다.

2상 모터의 여자법에는 다음의 4개의 방법이 자주 이용되고 있다.

(1) 1상 여자방식
(2) 2상 여자방식
(3) 1-2상 여자방식
(4) micro step 여자방식

이 외에 더블 1-2상 여자방식이 있는데, 이것은 마이크로 스텝 여자 중에서 스텝각을 거친 특수한 사례로써 취급하기로 한다.

(1) 1상 여자방식

1상 여자방식은 모터 코일의 1상분만큼을 순번으로 전류를 흘리는 방법으로, 어느 기간에서는 전류가 완전히 흐르지 않는 코일이 존재하게 되므로 모터 내의 도체 이용률이 떨어진다. 따라서 발생 토크가 작아지는 결점이 있는 반면, 입력이 작고 온도상승이 낮은 이점도 있다.

(2) 2상 여자방식

2상 여자방식은 A상과 B상 2개의 코일을 동시에 여자하는 방식으로 스테핑 모터의 운전법으로써 가장 좋은 방식이다.

(3) 1-2상 여자방식

이 1-2상 여자방식은 1상 여자와 2상 여자를 상호 조합한 여자방식으로 1상 여자의 안정평형점과 2상 여자의 안정평형점이 전기각에서 45°, 즉 기본 스텝각의 1/2만큼 벗어나 있으므로, 이 여자방식을 이용함에 따라 기본 스텝각의 절반씩은 정지시킬 수 있다. 이에 대하여 스텝각으로 회전시키는 여자방식을 **풀 스텝** 여자라 부르는 경우도 있다. 1-2상 여자를 이용하면 토크의 변동이 작아지게 되어서, 공진주파수를 변화시킬 수 있기 때문에 진동이나 소음에 대한 대책으로 여러 가지 이용되고 있다.

(4) micro step 여자방식

스테핑 모터는 1회의 펄스 신호를 받을 때마다 기본 스텝각만큼 회전하는 모터인데, 각상의 코일에 흐르는 여자전류 크기를 적당한 값으로 절환함에 의해 그 모터의 기본 스텝각보다 작은 임의의 각도 위치에서 정지시킬 수가 있다.

이와 같은 상전류의 크기를 변화시켜 기본 스텝보다 작은 회전을 얻는 여자방식을 마이크로 스텝 여자 또는 **미니 스텝** 여자 혹은 바니아 여자라 한다.

각 상전류를 분할하는 방법에는,

(1) analog 제어방식
(2) digital 제어방식
(3) pulse폭 변조방식

등이 이용되고 있다.

(1) 아날로그 제어방식은 여자전류를 아날로그적으로 제한하여 분할하는 방식이며, (2)는 A/D 변환소자에 의해, 정현파 전압을 복수의 DC 전압 레벨(level)로 분할하고, 각 분할 level별로 여자 전류치 level을 제어하는 방식, 또는 (3)의 정현파 전압레벨과 펄스폭이 다른 복수레벨로 분할하여 상전류제어를 행하는 방식이다. 이 여자방식을 이용하면 모커 스텝의 분해능을 대폭으로 높일 수가 있으므로 회전이 원활해지고, 공진이 일어나기 어려운 등의 이점이 있다. 한편, 제어회전이 복잡하고 고가인 점을 피하여야 한다.

6-5-2 스테핑 모터의 구동

스테핑 모터를 운전하기 위해서는 적당한 여자 시퀀스에 따라 코일에 전류를 흘려 보내야 한다.

그러기 위해서, 이 전류절환의 시퀀스를 만들어내는 논리회로와 코일에 전류를 흐르게 하는 구동회로가 필요해 진다.

이 구동회로에는 전원전압을 직접 권선에 인가하는 극히 간단한 구동법에서, 코일에 흐르는 전류레벨을 검출하여 트랜지스터 스위치를 ON-OFF시키는 정전류구동 등 여러 가지 방법이 있고, 어떠한 드라이브 회로를 사용하느냐에 따라 모터의 토크, 효율, 소비전력, 진동 등의 성능이 변화하고, 제어계 전체의 성능도 이 드라이브회로에 의해 크게 좌우된다. 드라이브회로의 파정은 스테핑 모터를 적절하게 사용하는 것이 가장 중요한 요소이다.

드라이브(drive)회로의 구동법을 나누어 보기로 한다.

(1) 직렬저항 구동(resistance drive)
(2) 바이레벨 구동(bilevel drive)
(3) 초퍼 구동(chopper drive)
(4) 런핑모드 구동

의 4개로 나눌 수가 있다.

(1) 직렬저항구동

스테핑 모터의 전선은 등가적으로 저항과 인덕턴스를 직렬로 접속된 R-L회로이다. 이 R-L직렬회로에 E [V]의 전압을 인가한 때의 전류상승 동작곡선은 지수곡선이 된다.

인덕턴스가 큰 모터에서는 전류가 코일에 흘러들기까지 시간이 필요하고, 스위칭과 동시에 최대 토크가 발생하지 않고 가속이 늦어지게 되며 트랜지스터 스위치의 턴-오프 때에도 전류가 계속 흐른다. 이 전류 때문에 제동 토크가 발생하여 가속을 약하게 한다.

이같은 전류상승 동작이나 하강의 늦어짐을 저속 또는 종속회전에서 사용되는 경우에는 무시할 수 있는 정도에서라도 전류상승 동작의 경우 시정수에 가까운 고속회전시에는 무시할 수가 없게 된다.

직렬저항구동법은 이 전류상승의 지연을 작게 하여 고속구동에 대처하려고 하는 것으로써 모터 코일에 직렬로 외부저항 R을 접속하고, 전원전압을 그 저항에 의한 전압강화분만큼 높은 값으로 구동하는 방법이다.

(2) 바이레벨구동

바이레벨구동이란 전류상승을 빠르게 하기 위한 기동의 스위칭 때에는 높은 전압을 인가하고, 전류가 일정치에 도달한 곳에서 전압을 내리는 구동법으로 2전원을 필요로 하는 것이므로 2전압 전원구동이라고도 불리운다.

2전압 전원에 의한 구동법의 이점은,

(1) 구동회로의 효율이 좋아진다.
(2) 모터를 고속운전하는 경우의 성능이 향상한다.
(3) 홀딩 때의 전력손실이 작아진다.

결점으로는,

(1) 추가전원을 필요로 한다.
(2) 펄스인가의 타이밍이 틀리면 과전류가 흐르는 위험성이 높다.

등이 있다.

이 바이레벨 구동법의 일종으로 서로 절환 펄스의 인가시에는 높은 전압에 의해 구동하고, 전류가 정격값에 이른 곳에서 코일과 직렬로 저항을 삽입하도록 하여 전류의 증가를 억제하는 구동법이 있다. 이 구동법은 앞의 2전압 전원구동에 대하여 과전압 구동이라고도 불리운다.

(3) 초퍼구동

모터 정격전압의 10배에서 20배의 높은 전압을 코일에 가함에 따라 상절환 스위칭시의 전류상승을 급준하고 이 모터 코일과 직렬로 설치된 미소저항 단자에서 검출되는 전압신호를 소정의 기준전압과 비교하여 전류에 비례한 전압신호가 그 설정치를 넘으면 스위치-오프(switch-off)하고 전류가 설정치보다 낮으면 스위치-온(switch-on)하는 동작을 구동펄스 인가기간 중 계속하고 전류를 일정 레벨로 억제하는 구동법을 초퍼(chopper)구동이라 한다.

(4) 런핑모드(runping mode) 구동

스테핑 모터를 자기동 주파수 영역의 저펄스 레이트에서 기동시켜, 기동시에 커다란 가속 토크를 얻고 부하 및 회전자의 관성을 계속 가속하고, 적정한 시점에서 점점 펄스 레이트를 증가시키면서 인가해 가며, 일정속도의 고속 펄스 레이트까지 부하를 가속하는 구동법을 슬로 업(slow up)구동, 또는 스루 업(slew up)구동이라 한다. 또 이와는 반대로 고속 스루영역에서 운전시키고 있는 모터를 자기동영역까지 펄스 레이트를 내리고서 정지로 이끄는 구동법을 슬로 다운(slow down)구동, 또는 슬루 다운(slew down)구동이라 부른다.

이와 같은 슬로 업 구동, 슬루 다운 구동을 행하는 구동이 런핑구동법이다.

참고문헌

(1) 田倉敏靖 : 実用ステッピングモータ活用ガイド, 総合電子出版(1987)
(2) 田中国昭 : 電気開拓史入門, 電気学会(1986)
(3) 秋山勇治 : 小形モータ設計マニュアル, (株)トリケップス(1986)
(4) 見城尚志 : 電子機器用精密小形モータ, 総合電子出版(1981)

연습문제

(1) 스테핑 모터의 3개 타입을 들고 그 차이를 간단히 설명하라.

[답] VR형 : 고정자와 회전자에 설치된 요철구조에 의해 생기는 릴럭턴스의 변화를 이용한 모터

PM형 : 영구자석과 여자코일의 스위칭에 의한 자극의 흡인 반발력을 이용한 모터

HB형 : VR형과 PM형을 조합한 타입의 모터

(2) 문 그림 6-1의 구조를 가진 PM형 스테핑 모터의 스텝각은 몇 도인가?

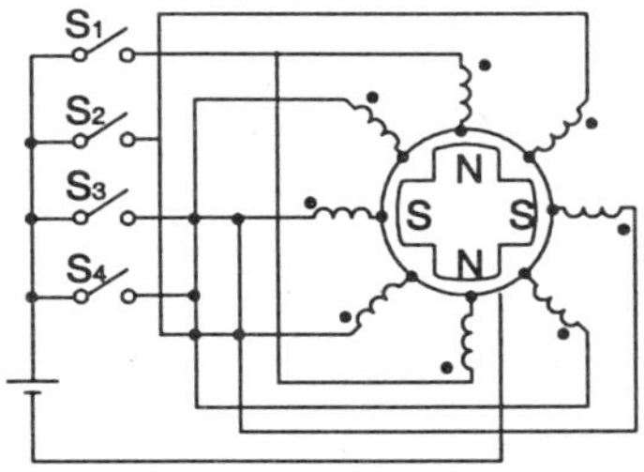

문 그림 6-1

[답] 권선의 ・에 주의하면 $S_1 \rightarrow S_2 \rightarrow S_3 \rightarrow S_4$에 대해 시계방향으로 45°씩 이동한다.

(3) 스테핑 모터의 특징을 기술하여라.

(4) 스테핑 모터의 여자방식을 열거하고 설명하여라.

(5) 스테핑 모터의 4가지 특성을 들고 설명하여라.

(6) 스테핑 모터의 구동 방법 4가지에 대하여 설명하여라.

제 7 장

유니버설 모터

유니버설 모터(universal motor)란 원래 교류와 직류 어느 쪽이라도 사용할 수 있도록 설계된 모터에 대하여 이름 붙여진 명칭이다. 그러나 오늘날에는 직류에서도 사용할 수 있지만, 주로 교류용으로서 사용하기 위해 설계된 모터를 가리켜 부르는 경우가 많다. 즉, 이 모터를 직류전원으로만 사용하는 예는 거의 없고, 주로 교류전원에 대하여 사용하고, 회전속도의 절환 등을 목적으로 하여 모터와 직렬로 다이오드나 SCR(silicon controlled rectifier)을 삽입하는 등의 방법에 의해 얻어지는 직류전원에 대해서도 회전가능한 모터를 가리키는 경우가 일반적이다.

이 모터는 DC 모터와 마찬가지로 정류자(commutator)를 갖춘 전기자(armature)와 주자계를 만드는 계자(magnet field)로 구성되어 있다. DC 모터와는 달리, 교류에 의해 번자계(alternating field)가 발생하기 때문에 철손을 억제하고 발열을 없애기 위하여 모든 철심(core)를 적층하여 만드는 점이 특징적이다. 또, 이 모터는 효율향상이나 역률의 개선을 위하여 전기자의 기자력을 계자의 기자력보다 크게 하는 것이 필요하다. 그러나 이것은 동시에 정류작용을 어렵게 하는 셈이 된다. 즉, 기자력은 큰 전기자 코일에 의해 생성되는 자계에 의해 계자에 비뚤어짐이 생기고(이 작용을 **전기자 반작용**(armature reaction)이라 한다) 브러시에 의해 단락되는 코일중에 유기하는 전압이 커지므로 정류가 곤란해진다. 따라서, 특히 대형의 유니버설 모터에서는 이 브러시에 의해 단락되는 코일속에 생기는 유기하는 전압을 소멸시키기 위해, 보상권선(compensating winding)을 설치하는 예가 많다.

유니버설 모터는 같은 전압을 인가 할 경우, 교류에 비해 직류에서 사용하는 것이 큰 토크를 얻을 수 있다. 예를 들면 100 [W] 직류용으로써 설계된 모터와 200 [W] 교류용으로 설계된 모터의 출력 토크가 거의 같아질 정도로 용량의 차가 생긴다. 또한 교류 주파수가 높아지면 질수록 모터의 발생 토크가 감소해진다. 이것은 직류에서는 계자의 전압강하가 코일저항에 의한 것임에 대하여 교류에서는 코일 임피던스에 의한 것만큼 큰 값이 되기 때문이다.

유니버설 모터를 분류하면 대략 다음의 (1)~(5)와 같은 타입으로 나눌 수 있는데, 소형 모터에서는 주로 단상 직권전동기(series motor)가 이용되고, 유니버설 모터라고 하면 직권전동기라고 생각해도 좋을 만큼 이 직권모터라는 호칭이 일반화되어 있다. 그러나 다른 구조에 대해서도 간단히 설명해 둔다.

(1) 단상 직권모터(single-phase series motor)

이 모터는 그림 7-1처럼 계자권선 F와 전기자 A가 직렬로 접속된 모터이다. 그림 7-2와 그림 7-3은 보상권선을 가진 모터의 예이고, C는 보상권선을 나타낸다. 보상권선은 전기자 전류에 의한 기자력을 소멸시키는 작용을 하므로 역률의 저하를 방지하고, 정류를 개선하기 위해 설치하고 있다. 그림 7-2는 보상권선이 전기자와 직렬로 감기고, 계자와 전기각에서 90°만큼 어긋나게 설치되어 있는 예이고, 그림 7-3은 유도작용에 의해 보상하는 방식이다.

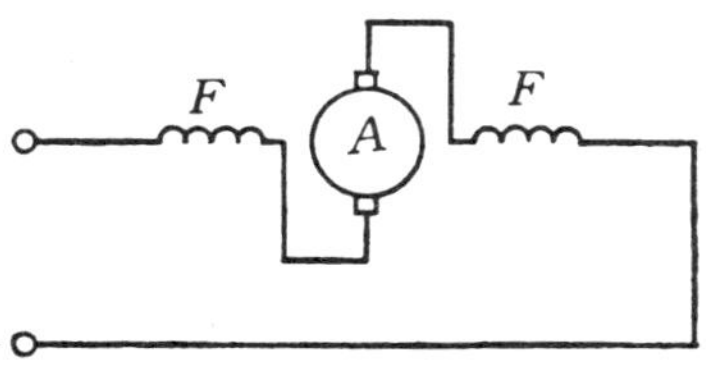

그림 7-1 단상 직권 모터의 결선도(1)

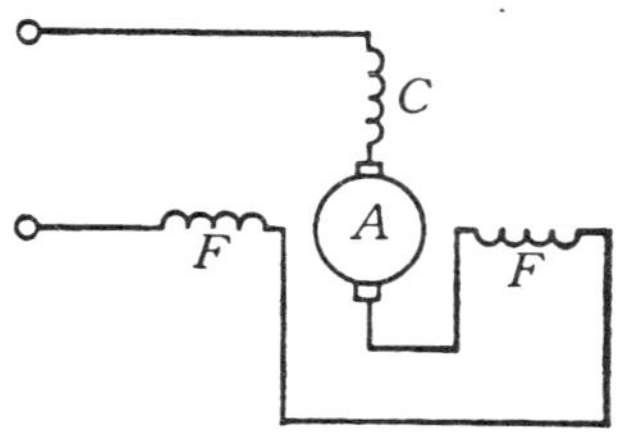

그림 7-2 단상 직권 모터의 결선도(2)

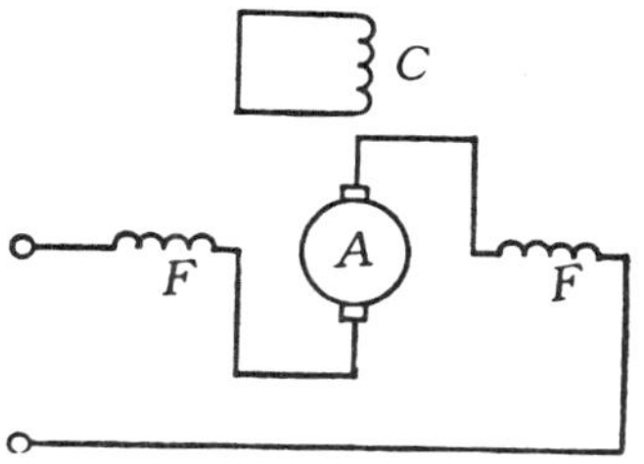

그림 7-3 단상 직권모터의 결선도(3)

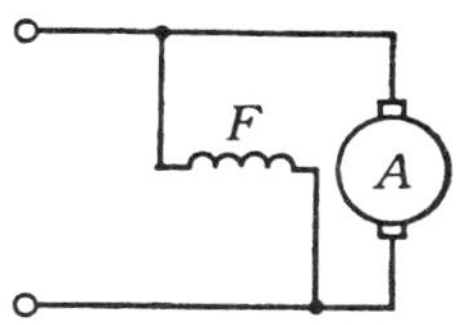

그림 7-4 단상 분권모터

(2) 단상 분권모터(single-phase shunt motor)

이 타입은 그림 7-4에 나타냈듯이 전기자 A와 병렬로 계자 F가 접속된 모터이다.

(3) 단상 복권모터(single-phase compound motor)

이 타입은 그림 7-5처럼 전기자 A와 직렬로 접속된 계자 F_1과 병렬의 계자 F_2가 설치된 모터이다.

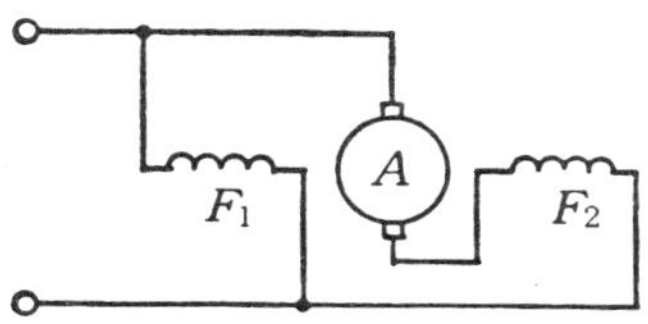

그림 7-5 단상 복권모터

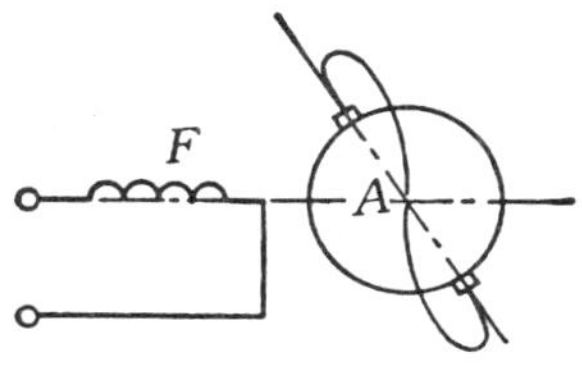

그림 7-6 단상 반발모터

(4) 반발모터(repulsion motor)

이 타입은 그림 7-6처럼 계자권선 F에만 전원이 접속되고, 전기자권선은 계자방향으로 기울어지며, 정류자와 브러시 사이에서 단락되어 있다. 계자권선과 전기자권선과의 변압기작용에 의해 생긴 기전력에 의해 전기자중에 전류가 흐른다. 이 전류와 계자자계는 상호작용에 의해 회전력이 얻어진다.

이 브러시를 반대측으로 기울어지게 하면 역방향으로 회전시킬 수가 있다. 계자권선을 브러시축과 평행한 성분과 직각성분으로 나누어 생각하면 이 모터는 그림 7-3에 나타낸 (1)의 유도보상형의 직권모터와 동일하다고 볼 수가 있다.

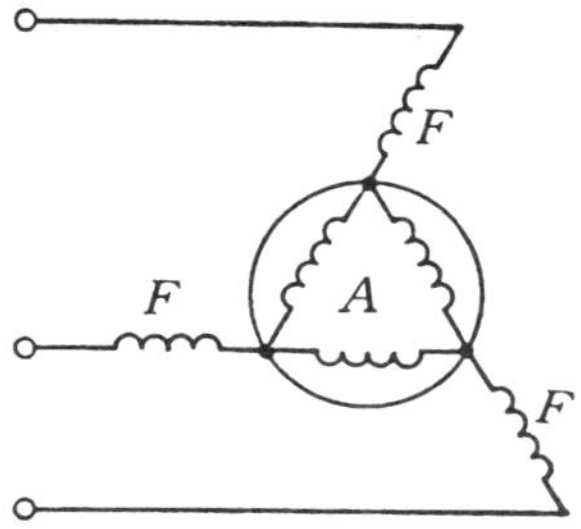

그림 7-7 3상 직권모터

(5) 3상 직권모터, 3상 분권모터

이러한 모터는 단상 직권모터나 분권모터를 3상권선 구조로 한 모터이고, 예를 들면 3상 직권모터에서는 그림 7-7처럼 결선되어 있다.

7-1 직권모터(SERIES MOTOR)의 구조

직권모터의 구조는 그림 7-8의 개략도에 나타나듯이 주요부는 고정자와 회전자로 이루어지고 각 부분의 명칭은 그림에 표시한 바와 같다. 이 그림은 고정자를 보지(保持)하고 로터의 축받이부(bearing)를 지탱하는 브라켓트는 생략한다.

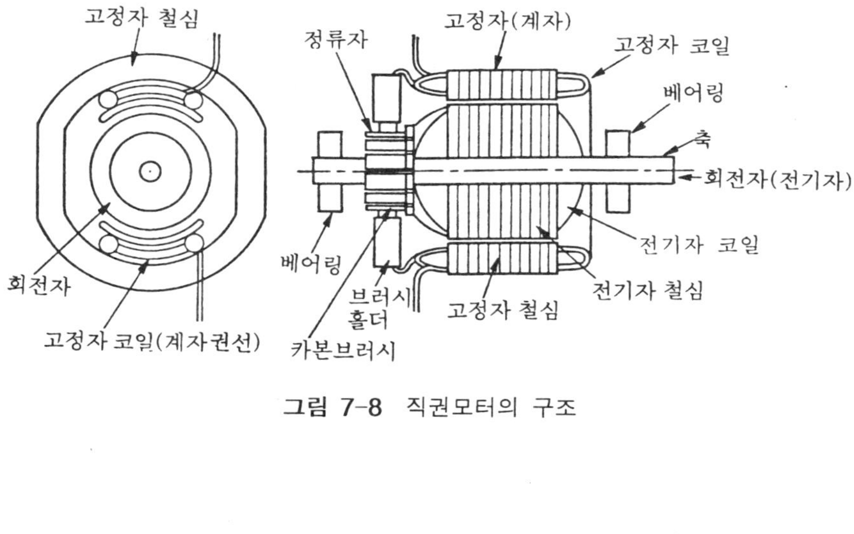

그림 7-8 직권모터의 구조

사진 7-1은 전기자의 일례를 나타내고, 또한 사진 7-2는 권선부를 정류자와 반대의 방향에서 본 것으로 전기자 권선은 대칭위치의 홈에서 홈만큼 왼쪽의 홈으로 이어져 있다. 이 감는 방식은 1홈 단절권이라 불리운다. 사진 7-3은 정류자와 정류자편의 일례를 나타낸 것으로, 사진 7-4에는 이 정류자 가까이에 습동 카본 브러시와 그것을 지지하는 브러시 홀더를 나타낸 것이다. 또한, 사진 7-5에 고정자의 일례를 나타낸다.

사진 7-1 전기자

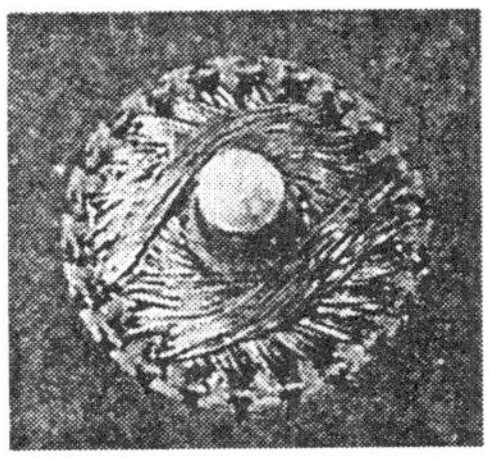

사진 7-2 전기자 권선

사진 7-3 정류자와 정류자편

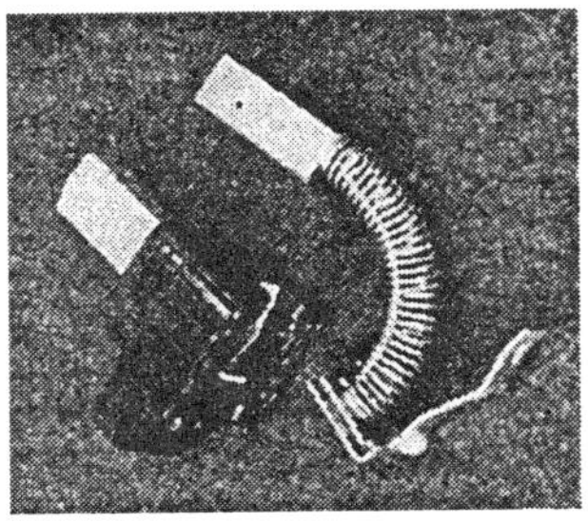

사진 7-4 브러시 홀더와 카본 브러시

사진 7-5 고정자

직권 모터는 통상 그림 7-8에 나타나 있듯이 2극 구조로 되어 있어서 2개의 계자 코일의 중간에 전기자 코일이 접속되어 있다. 즉, 계자코일의 한쪽이 전원에 접속되고 다른쪽이 브러시 홀더에 의해 지지된 카본 브러시의 한 끝에 접속되어 있다. 그 브러시에서는 정류자를 중개로 하여 각 전기자 코일에 통전되도록 접속되어 있다. 전기자 코일과 정류자의 접속의 일례를 그림 7-9에 나타낸다. 이 감는 방식은 "겹쳐감기"라고도 하며, 대부분의 직권모터에서 채용되고 있다.

2의 정류자편에 브러시가 접하여 전류가 흘러들어 오고, 8의 정류자편에서 전원으로 되돌아오는 경우에는 그림의 화살표로 나타나듯이 1~6의 슬롯에서 윗쪽에서 아랫쪽으로 흐르고, 7~12의 슬롯에서는 아래에서 위로 향하여 흐르는 것을 알 수 있다. 전기자가 회전하여 한쪽의 브러시가 3의 정류자편에 접촉하면 다른 쪽의 브러시는 9에 접촉하게 되므로 2~7의 슬롯에서 윗쪽에서 아래로 전류가 흐르고 8~1의 슬롯의 아래에서 위로 전류가 흐른다. 어느 위치로 모터가 회전하여도, 계속 이 관계가 유지되므로, 플레밍의 왼손의 법칙에 따라서 계속 같은 방향의 회전력이 발생하게 된다. 이 작용이 정류자의 정류작용이며 사진 7-3으로 나타낸 것처럼 간단한 원통상의 부품으로 매초 500~700 회로의 스위칭을 가능하게 한다. 이처럼 간단한 기구에 의해 정류를 가능하게 한 지혜에 감탄하게 된다.

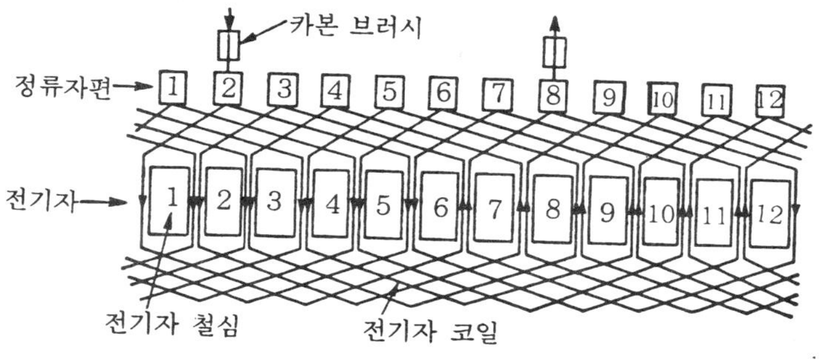

그림 7-9 전기자 코일과 정류자의 접속 예

직권모터에서는 일반적으로 브러시의 위치가 회전방향보다 일정각도 만큼 늦어진 위치에 어긋나게 설치되어 있다. 이것은 전기자에 흐르는 전류에 의해 계자가 약해질 수 있는 전기적 중성축에 브러시를 둠에 의해서 정류작용을 용이하게 하려고 하는 것이다.

7-2 동작원리

유니버설 모터의 동작원리는 제3장의 직류 모터의 원리와 기본적으로 완전히 동일하다. 다만 직류 모터에서는 주자계가 영구자석에 의해 방향이 일정하게 되어 있는데 반해, 유니버설 모터에서는 여자 코일에 의해 만들어지고, 그 방향이나 강도가 시간과 함께 변화한다는 점이 다를 뿐이다. 어느 쪽의 모터도 영구자석이나 계자코일 전류에 의한 기자력에 의해 자계와 전기자 코일 중에 흐르는 전류와의 작용에 의해 회전력을 발생한다. 유니버설 모터에서는 전기자와 계자전류의 방향은 전원의 주파수에 따라 변화는 하지만, 이 변화는 전기자와 계자에서 동시에 발생하므로, 그것은 바로 직류 모터에서 ＋브러시와 －브러시의 단자를 교체함과 동시에 영구자석 N과 S극도 교체한 경우와 같은 관계로 모터의 회전방향은 일정하게 유지된다는 셈이다.

유니버설 모터에서는 브러시에 의해서 단락된 코일에는 주자계의 변화로 인하여 유기된 변압기 기전력 때문에 단락전류가 흐르게 된다. 그 때문에 직류 모터보다 정류조건이 나빠지므로, 이 단락 전류를 억제하기 위해 수지(resin)가 들어간 고저항 카본 브러시 등의 사용 예가 많다.

7-2-1 토크의 기본식

지금까지 교류에서도 같은 방향의 토크가 발생하는 것을 정성적(定性的)으로 설명했는데, 이 관계는 다음의 토크 특성의 계산식에 의해 정량적(定量的)으로 알 수가 있다.

지금 도체 a에 작용하는 회전력 t는 직류 모터와 같이 다음의 식에 의해 구해진다.

$$t = f \cdot \frac{D}{2}$$

$$= BlI \times \frac{D}{2} \ [\mathrm{N \cdot m}] \tag{7-1}$$

여기서, f : 플레밍의 왼손법칙에 의한 전자력

D : 전기자의 직경[m]

B : 계자극의 자속밀도[$\mathrm{Wb/m^2}$]

l : 도체의 유효길이[m]

I : 도체전류[A]

Φ를 1극당의 자속[Wb], P를 극수로 하면,

$$B=\frac{P\cdot\phi}{l\cdot\pi D}\ [\mathrm{Wb/m^2}] \tag{7-2}$$

이 되고, 또 i_a를 전기자 전류 a를 전기자의 병렬회로수로 하면,

$$I=\frac{i_a}{a}\ [\mathrm{A}] \tag{7-3}$$

가 된다.

전기자 도체수를 z로 하면 모터 전체의 발생 토크는

$$T=t\cdot z\ [\mathrm{N\cdot m}] \tag{7-4}$$

식 (7-4)에 식 (7-1), (7-2), (7-3)의 관계식을 대입하면,

$$\begin{aligned}T&=BlI\times\frac{D}{2}\times z\\&=\frac{P\phi}{l\pi D}\cdot l\cdot\frac{i_a}{a}\cdot\frac{D}{2}\cdot z\\&=\frac{P}{2\pi a}\cdot z\cdot\phi\cdot i_a\ [\mathrm{N\cdot m}]\end{aligned} \tag{7-5}$$

처럼 나타난다.

여기서, 전기자 전류 i_a는 교류이므로

$$i_a=I_m\sin\omega t \tag{7-6}$$

한편, ϕ는 철손을 무시하면,

$$\phi=\Phi_m\sin\omega t \tag{7-7}$$

로 놓을 수가 있다.

식 (7-5)에 식 (7-6) 및 식 (7-7)을 대입하면,

$$\begin{aligned}T&=\frac{P}{2\pi a}z\cdot\Phi_m\cdot I_m\sin^2\omega t\\&=\frac{P}{4\pi a}z\cdot\Phi_m\cdot I_m(1-\cos 2\omega t)\end{aligned} \tag{7-8}$$

식 (7-8)에서 모터 토크는 평균 토크가 $\frac{P}{4\pi a}\times z\Phi_m I_m$이고, 전원 주파수의 2배의 주

파수에서 변화한다. 그림 7-10에 나타난 변동 토크가 됨을 알 수 있다.

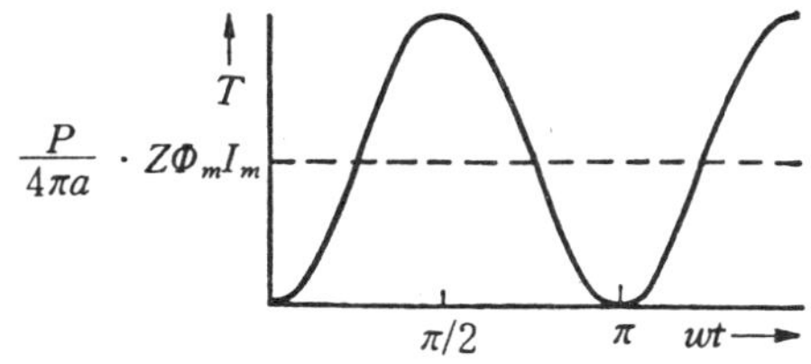

그림 7-10 모터의 발생 토크

유니버설 모터에서는 직류나 교류에서도 동일방향의 회전 토크가 얻어지는 교직 양용의 모터인데, 교류의 경우에는 자계가 전원주파수에 따라 교번하므로 와류손 등의 철손을 억제하기 위해 고정자 철심도 적층구조로 하는 대책이 필요해진다는 점은 전술한 바와 같다.

7-2-2 회전수의 기본식

플레밍의 오른손 법칙에 의하면 자속밀도 $B[\text{Wb/m}^2]$의 자계 중에서 $l[\text{m}]$ 도체가 $v[\text{m/s}]$로 움직일 때, 그 도체에 유기하는 기전력은

$$E_a = Blv\,[\text{V}] \tag{7-9}$$

모터의 회전수를 $N[\text{rpm}]$으로 하면

$$v = \pi DN/60\,[\text{m/s}] \tag{7-10}$$

식 (7-9)에 (7-10)을 대입하면,

$$\begin{aligned} E_a &= Bl\pi DN/60 \\ &= P\phi N/60\,[\text{V}] \end{aligned} \tag{7-11}$$

단, P는 극수, ϕ는 1극당의 자속

전기자 전도체수를 z, 병렬회로수를 a로 하면, 1극당의 직렬도체수는 z/a개가 있게 되므로 전기자-브러시 사이의 유도기전력은,

$$E_c = \frac{Pz}{a} \phi \cdot \frac{N}{60}$$
$$= K_E \phi N [\mathrm{V}] \qquad (7\text{-}12)$$

이 된다.

7-2-3 모터의 효율

전기자 코일과 계자 코일의 저항을 $r [\Omega]$, 브러시의 전압강하는 $e_b [\mathrm{V}]$, 인가전압을 $V [\mathrm{V}]$로 하면, 브러시 사이의 역기전력 $E_a [\mathrm{V}]$는

$$E_a = V - I_r - e_b \qquad (7\text{-}13)$$

이 점으로 식 (7-13)과 (7-12)에서

$$N = \frac{V - I_r - e_b}{K_E \phi} [\mathrm{rpm}] \qquad (7\text{-}14)$$

를 얻는다. 즉, 모터의 회전수는 거의 단자 전압에 비례하고 주자속에 반비례하는 것을 안다.

모터의 출력은 토크단위가 [kg · m]이면, 1 [kg · m]=9.8 [N · m]이므로

$$P = \omega T = 2\pi \frac{N}{60} T = 1.026 NT [\mathrm{W}] \qquad (7\text{-}15)$$

이고, 모터의 입력은

$$W = VI_a [\mathrm{W}] \qquad (7\text{-}16)$$

이므로, 모터의 효율은

$$\eta = \frac{1.026 NT}{VI_a} \times 100 [\%] \qquad (7\text{-}17)$$

가 된다.

7-3 유니버설 모터의 특성곡선

유니버설 모터의 특성곡선은 직권 모터의 특성, 즉 직권특성과 분권 모터의 분권 특성으로 2분된다.

그림 7-11은 직권특성을 나타낸 것인데, 이 특성의 모터는 기동 토크가 크고, 무부하시에는 고속회전이 된다. 따라서 회전의 상승시간이 빠르고, 부하의 크기에 따라 속도가 변화하므로 변속도 모터라고도 부르고 있다.

한편 분권 모터에서는 그림 7-12에 나타난 것과 같은 특성을 가지며 모터 속도는 부하의 변화에 관계없이 일정하게 유지되므로, 정속도 모터라 불리운다.

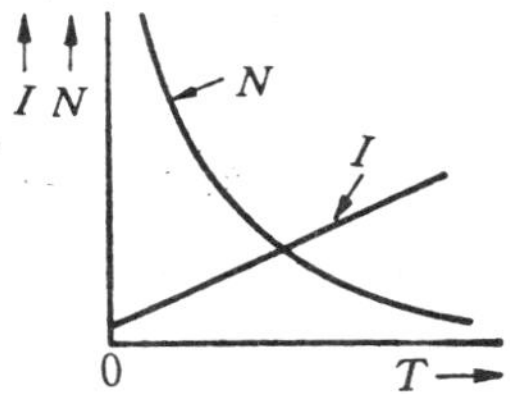

그림 7-11 직권특성

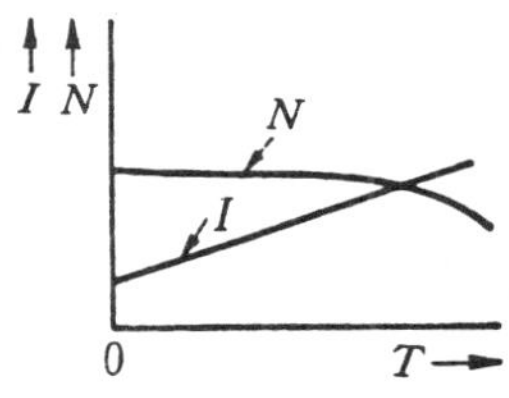

그림 7-12 분권특성

7-4 유니버설 모터의 제어

유니버설 모터의 속도제어는 모터 속도가 식 (7-14)처럼 계자자속 Φ에 반비례하고 전원전압 V, 전기자 저항 r_a에 의해 정해지므로 이러한 Φ, V, r_a를 변화시킴에 의해 행해진다.

분권 모터의 제어에는

(1) 분권계자저항제어
(2) 전기자회로저항제어
(3) 전기자단자전압제어

등의 방식이 있다.

(1) 이 방식은 모터 속도가 계자자속에 반비례한다고 하는 관계를 이용하는 것으로, 계자저

항을 최소로 하면 계자자속은 최대가 되고 속도는 최소화할 수가 있다. 이 방식은 저속 시에 토크가 증가하는 것과 같은 부하를 운전하는 경우에 적합한 제어법이다.

(2) 이 방식은 직권 모터나 분권에도 적용할 수 있는 방식으로 전기자회로에 직렬로 외부저항을 설치하고, 그 값을 변화시키는 것으로 저항을 크게 하면 속도가 감소한다. 이 방식은 외부저항의 전력손실이 큰 결점이 있다. 그러나 단시간정격의 용도에는 응용되고 있다.

(3) 이 방식은 전기자단자전압을 변화시키는 방법으로 워드 레오나드 방식(Ward-Leonard system)이라 불리고 있다. 대형기에서는 다른 모터와 발전기를 만들어서 발전기와 타여계자를 조정함에 따라 전기자와 단자전압을 변화시키는 방법이 행해지고 있다.

직권 모터의 제어에서는 SCR이나 TRIAC(트라이액)에 의한 파형의 위상제어가 많이 이용되고 있다.

그림 7-13에 TRIAC에 의한 제어회로의 예를 나타낸다.

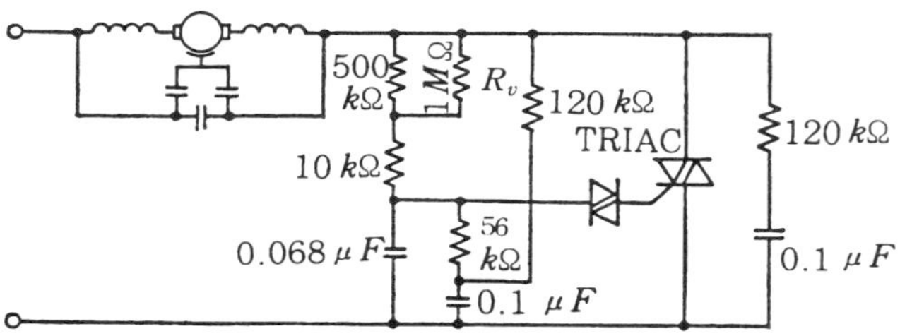

그림 7-13 TRIAC에 의한 위상제어

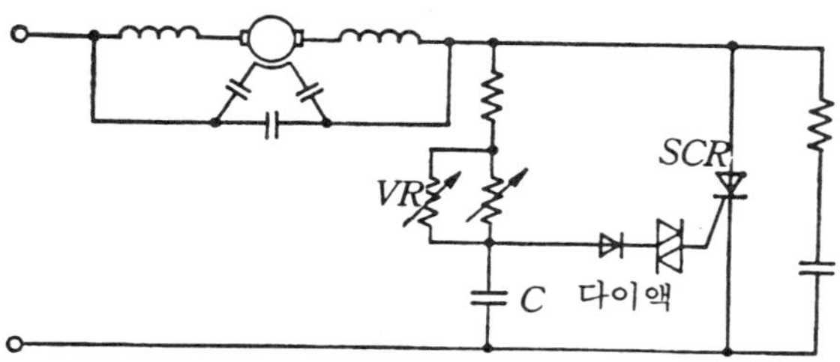

그림 7-14 SCR에 의한 위상제어

그림 7-13에서 가변저항 R_v를 작게 하면 트라이액의 도통각이 커지고 모터입력은 증가한다. 이에 따른 회전수도 증대한다. 거꾸로 저항 R_v를 크게 하면 도통각이 감소하고

입력이 내려가 회전수도 저하시킬 수가 있다. 또 그림 7-14에 SCR에 의한 제어회로 예를 나타낸다.

이 회로에서는 SCR 위상회로에 의해, 다이액 브레이크 오버에 의한 트리거 펄스의 시간을 변화시키고, SCR의 도통각이 제어된다.

7-5 유니버설 모터의 응용예

유니버설 모터의 응용 예는 가정용 전기제품 중에 많이 볼 수 있다.

가령, 전기청소기의 송풍기 모터에는 사진 7-6과 같은 직권 모터가 사용된다. 이 모터는 최고회전수는 40,000 [rpm] 이상으로도 되는 고속 모터로 같은 용량의 다른 종류의 모터에 비해 가장 소형 경량이다. 시리즈 모터는 이와 같은 송풍기나 펌프 등에 응용시키는 예가 많다. 이것은 직권 모터가 다른 모터보다 고속운전이 가능하므로 소형화 할 수 있는 외에 회로저항이 증가하고 풍량이 감소했을 때 수하 토크 특성에 따라 회전수가 증가하는 것으로 풍량이나 압력의 감소를 보상하는 효과를 얻을 수 있기 때문이다.

사진 7-6 전기청소기용 소풍기의 일례

사진 7-7 조리기기용 직권 모터의 일례

이밖에, 직권 모터는 쥬서나 믹서, 푸드 프로세서 등의 조리기기에도 응용되고 있다. 사진 7-7은 쥬서에 사용되는 직권 모터의 일례이다.

또, 전동 드릴 등 전동공구류에도 직권 모터가 응용되고 있다.

조리기기나 전동공구류에 이 직권 모터가 응용되고 있는 이유는 커다란 기동 토크를 얻을 수 있기 때문이다. 부하토크가 증가했을 때 입력의 증가가 부하특성에 의해 비교적 적게 변화하는 이유의 하나라 할 수 있다.

참고문헌

(1) 竹内寿太郎, 磯部直吉 : 電気機器設計学, オーム社(1977)
(2) 後藤文雄 : 電機概論, 丸善(1964)
(3) 大隅菊次郎 : 電気機械, 共立出版(1969)
(4) 山崎秀夫 : 直流機, コロナ社(1962)
(5) 秋山勇治, ほか : 小形モータ設計マニュアル, (株)トリケップス(1986)
(6) 尾本義一 : 電気機器工学, 電気学会(1985)

연습문제

(1) 회전자의 유효 외경이 40[mm], 두께 20[mm]의 2극 유니버설 모터가 있다. 이 모터의 주자속이 6.0×10^{-4}[Wb], 전기자전류가 5.6[A]일 때의 발생 토크를 구하라. 단 전도체 수는 480, 자극의 극호각은 125°로 한다.

[답] 0.0848[N · m]

(2) 상기 모터에서 전기자 브러시간의 역기전력이 70[V]가 될 때의 모터 회전수는 얼마인가?

[답] 14,583[rpm]

(3) 전기자 지름이 0.2[m], 축방향의 길이가 0.3[m], 전기자 코일수 32, 한 개의 코일 권수가 18, 단중중권이고 공극의 자속밀도가 0.15[Wb/m^2]일 때 발전기를 1600[rpm]으로 회전 시켰을 때 유도기전력을 구하여라.

✔ 힌트 $E=\dfrac{Bl\pi DN}{60}$

(4) 정격전압 200[V], 정격전류 25[A], 회전수가 1750[rpm]인 직류 모터의 토크가 7[kg-m]이다. 이 모터의 효율을 구하여라.

✔ 힌트 $\eta=\dfrac{1.026NT}{VI_a}\times100\%$

제 8 장

타이밍 모터

타이밍 모터(timing motor)는 그 회전수가 구동 전원 주파수에 완전히 비례하여 회전하는 모터로 상용 전원 주파수의 안정에서 신뢰할 수 있는 시간 제어 기구에 채용되고 있다. 출력은 크다고 해도 1[W] 이하이고 회전수는 2극 모터의 3600 rpm[60 Hz], 3000 rpm [50 Hz]이므로 다극화에 의한 모터 자신의 회전수를 내리고 또한 감속기에서 회전수를 떨어뜨려 1일 1회전이나 1월 1회전식으로 지극히 광범위하게 이용된다.

이처럼 타이밍 모터는 소형 크기 모터이며 제3장 「교류 모터」에서 이미 서술하였고 중복하는 부분도 있지만 지식을 종합하는 의미에서 간단히 설명한다.

대형의 동기 모터에서는 회전자에도 여자 코일을 삽입시켜 직류 여자를 행하므로 역률은 좋은데 여기서 설명하는 소용량에서는 회전자 자신이 얼마간의 자기여자작용(self-excitation)을 가지며 성능보다 오히려 간편성에 중점이 두어진 모터이다. 현재 설명하는 타이밍 모터(이하 동기 모터라는 경우도 있다)는 기록계기의 차트 전송기구나 자동판매기, 오락기기, 디스플레이 등의 시간 제어에 이용되고 있다. 또한 보다 소형의 모터는 타이머 시간계, 시계 등에 이용된다.

타이밍 모터를 원리면에서 크게 구분하면 릴럭턴스 모터, 히스테리시스 모터, 인덕터 모터(inductor-motor)의 3종류로 분류할 수 있다.

8-1 릴럭턴스 모터(RELUCTANCE MOTOR)

이 모터는 다른 타이밍 모터에 비교하여 구조가 복잡하고 소형이므로 효율도 나빠 불리한 점이 많으므로 타이밍 모터로서는 별로 이용되지 않는다. 다만 1마력 이상의 모터에서는 여자가 불필요하다는 간편함에서 현재에도 이용되고 있다.

이 릴럭턴스 모터의 원리는 일종의 유도동기 모터로 특히 고정자 구조는 인덕션 모터와 완전히 같은 것이다.

회전자에 대해서는 인덕션 모터의 회전자와는 약간 다르며 회전자 표면에 모터 극수와 같은 수의 돌극부를 마련하고 있다. 이 돌극부에 유기된 자극의 반작용을 이용하여 동기화하는 모터이기 때문에 리액션 모터라고 부르기도 한다.

회전자는 인덕션 모터의 농형 회전자와 같은 이치로 특별여자함이 없이 인덕션 모터의 특성에 의해 동기회전 가까이 까지 가속된 회전자가 표면에 있는 돌극부에 발생하는 자극의 작용으로 동기에 끌어넣어지는 동기 모터이다.

릴럭턴스형 타이밍 모터는 단상식이 주로 많고 콘덴서에 의한 2상식 및 세이딩형 모터이다. 어쨌든 고정자 내주에는 2상의 회전자계가 발생하고 그 회전자계 내에 농형 인덕션 코일을 가진 회전자가 회전자계에 기억되어 있으므로 그 실례를 사진 8-1(a), (b)에 나타낸다.

보통 4극 정도의 모터가 많으나 회전이 빠르므로 사용에 편리하도록 출력축에서 감속기로 접속하는 구조로 되어 있다.

사진 8-1(a)에서 알 수 있듯이 회전자와 주면은 일부를 잘라내어 돌극구조로 되어 있다. 회전자 철심부는 돌극으로 되어 있는 것, 그 외주 전체에서는 농형 코일이 들어 있으며 인덕션 모터로서의 기동토크에서 자기동한다.

(a) 4극 릴럭턴스 모터(회전자 직경 $\phi 30$)

(b) 세이딩식 릴럭턴스 모터(회전자 직경 $\phi 10$)

사진 8-1

이 특성은 인덕션 모터와 마찬가지이므로 제3장 인덕션 모터를 참조하도록 한다.

8-1-1 릴럭턴스 모터의 동작원리

릴럭턴스 모터는 일반적으로 자기기동성(self-starting)이 없으므로 인덕션 모터로써 기동시키고 동기속도 90% 가까이까지 가속했을 때 회전자의 돌극부가 고정자에서 발생하는 회전자계에 끌어당겨지고 동기로 옮겨가는 것이다. 즉 회전자의 돌극부가 고정자극 아래를 통과하는 사이에 동기화하지 않으면 동기속도에 도달하지 않으므로 농형코일의 저항을 작게 하여 인덕션 모터로서 도달할 수 있는 회전수를 높게 해두는 것이다.

동기속도로 인입된 회전자는 동기회전을 계속하고 부하토크를 걸면 내부상차각(internal phase angle)을 늘려 이에 대응하며 동기회전을 계속한다. 이처럼 기동 특성은 인덕션 모터에 따라 결정되므로 기동토크를 크게 하기 위해서는 농형 2차 코일의 저항을 크게 하면 좋다. 그러나 이런 경우는 슬립이 커지고 오히려 동기 인입이 어려워지므로 거꾸로 슬립을 작게 할 목적에서 농형 코일의 저항을 작게 하면 기동토크가 작아진다. 이와 같이 상반하는 특성이 되므로 용도에 맞춰 타협점을 찾아야만 한다.

이 관계를 나타낸 것이 그림 8-1의 도중 (b)가 농형코일의 저항값이 큰 경우이고 마찬가지로 (a)가 저항값이 작은 경우이다. 그러므로 양 특성을 만족시키기 위해서 인덕션 모터의 2중 농형이나 딥슬롯형의 원리를 채택해야 한다.

한편 릴럭턴스 하기 위해 인덕션 모터의 회전자에 슬롯과 돌극부를 만들었으므로 기동시에 이 돌극부와 고정자극과의 흡인력이 합하여지면 로크(lock)하는 경우가 있다. 이 록킹(locking)을 방지하기 위해 회전자의 슬롯은 경사지게 하거나 극수로 분할할 수 없는 회전자 슬롯수로 하는 등의 연구가 진행되고 있다.

어쨌든 발생토크는 예를 들면 그림 8-1(a)의 인덕션 모터의 기동에 의해 그림 중 A점까지 가속되면 동기속도로 끌어당겨진다. 이어서 그림 중 B점까지 부하토크를 올려가면 동기탈조를 일으키고 다시 인덕션 모터의 특성으로 되돌아 간다. 따라서 동기모터로써는 동기 인입점 A의 특성은 상당히 중요한 것으로 그때의 부하관성에 따라서도 변화하기 때문에 사용에 따라서는 기동전체의 안정을 생각할 필요가 있다.

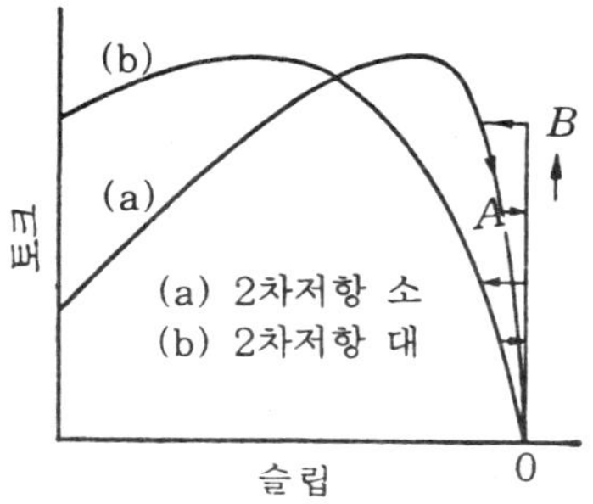

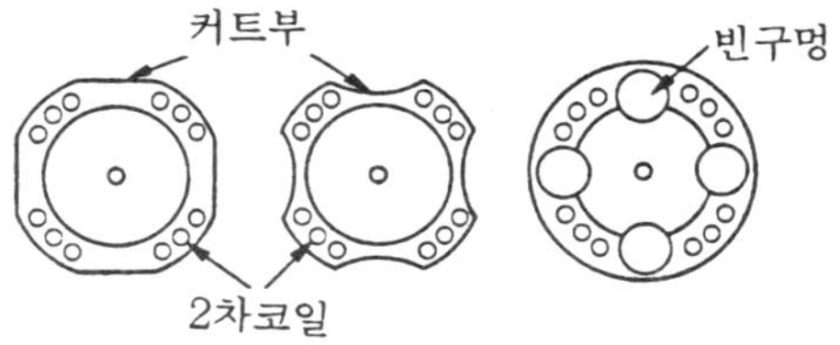

그림 8-1 릴럭턴스 모터의 기동특성 **그림 8-2** 릴럭턴스 모터의 회전자의 모형 단면도

타이밍 모터와 같은 소형 모터로 되면 고정자극에서 발생하는 자속분포를 정현파 모양으로 분포되게 하는 것은 매우 곤란하고 설계에 따라서는 회전자 슬롯 형상을 공극의 자속분포에 맞추어 그림 8-2에 나타난 것과 같으며 사용실체와 맞추어 결정해 가는 것이 보통이다. 그림 8-2의 회전자 단면은 인덕션 모터의 회전자에서 그 일부를 커트한 것으로 커트부의 면적이 본래의 전면적의 30～40%로 하는 것이 좋다. 이처럼 여러 가지 연구를 하여도 역률이나 효율은 본래의 인덕션 모터의 전부하의 1/2 정도로 운전한 것보다 낮은 값이 된다.

이처럼 소용량의 리액턴스 모터는 콘덴서 런식이 많고 콘덴서 런식은 기동토크가 작고 코깅은 물론 크다.

8-2 히스테리시스 모터(Hysterysis Motor)

히스테리시스 동기모터는 원리적으로 회전이 부드럽고 저소음이기 때문에 자명종 시계에도 사용되고 있다. 나아가 최근까지 고급 레코드 플레이어나 테이프 레코더 등에 잘 쓰이고 있는데 그 전기효율이나 체적효율이 나쁘고 가격이 비싸다.

그러나 히스테리시스 모터의 토크발생원리는 많은 모터 중에서도 특수한 것으로 모터를 배우는 사람으로서 어느 정도는 알아두어야 한다.

히스테리시스 모터의 토크발생원리는 금세기 초반에 스타인메츠(Steinmetz)가 소개한 것으로 이것을 응용한 사람이 워렌(H. E. Warren)으로 1918년에 워렌 모터(Warren motor)를 발명하였다.

그러나 이론을 결정한 것은 Teare 교수이고 1940년에 그의 연구발표가 이루어졌다.

8-2-1 히스테리시스 모터의 구조와 동작원리

기본적인 히스테리시스 동기모터의 구조는 인덕션 모터와 거의 같은 고정자를 이용하고 회전자계를 발생시켜 그 회전자계 내에 히스테리시스링에서 이루어지는 회전자를 공극을 통하여 스스로 회전하는 곳에 삽입한다. 그 간단한 단면도를 그림 8-3에 나타낸다.

히스테리시스링 회전자란 자기적으로 반경질의 재료로 만든 원통형상이다. 그 재료는 현재로서는 쿠·니·페(Cu, Ni, Ge)나 쿠·니·코(Cu, Ni, Co)라는 자성재료가 있으며 당시는 탄소강이나 텅스텐 탄소강이 사용되었다. 즉 약한 영구자석강으로 보자력 H_c가 100~200 에레스테[Oe]의 히스테리시스 재료를 반경질 재료로서 사용하고 있다.

모터의 구조는 그림 8-3처럼 내외전형인데 이외에 고정자 외주에 자극치를 내어 그 외측에 캡(cap)형 회전자를 씌워 돌리는 타입이 있다.

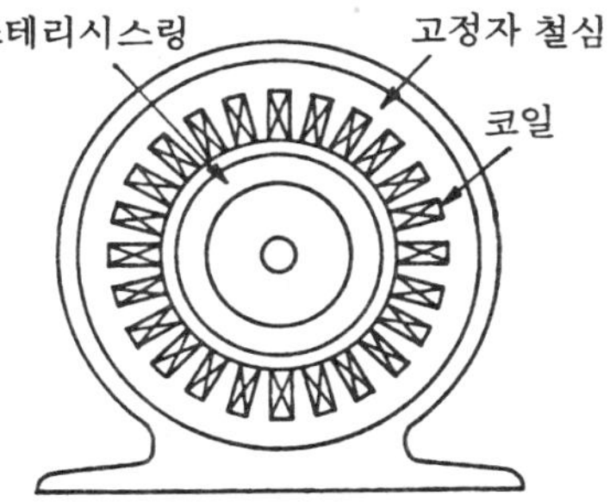

그림 8-3 히스테리시스 모터의 단면도

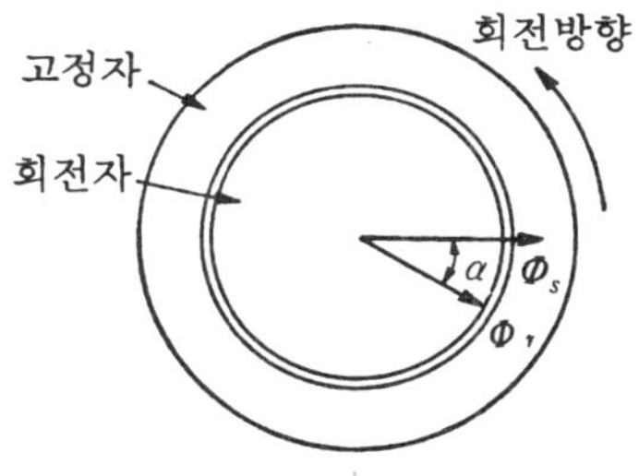

그림 8-4 히스테리시스의 원리를 표시한 그림

한편 히스테리시스 모터의 동작원리는 고정자에서 발생시킨 회전자계에 반경질재의 히스테리시스링 회전자를 자화한다. 이 링 상에 발생한 유기자극과 고정자에서의 회전자계와의 사이에 위상차가 생기고 이 양 자극의 흡인력으로 회전력을 발생시키는 것으로 고정자의 자극수에 관계없이 고정자의 극수에 대응한 자극수가 히스테리시스링 회전자 상으로 유기하므로 회전자는 그대로 고정자극수를 절환함으로써 회전수를 변경하는 것도 가능하다.

고정자에서 발생시킨 회전자계의 자속을 벡터적으로 Φ_s로 하고 그 크기와 방향을 그림 8-4에 나타낸다. 이 자계의 회전방향을 CCW라 하고 화살표로 표시한다. 그러면 회전자링 위에는 Φ_s와 Φ_r이 위상각 α(동기시 내부상차각과 같다)를 가지고 같은 방향으로 동기회전한다. α의 크기는 사용한 히스테리시스링의 재료에 따라 결정한 값이 된다. 이 관계는 히스테리시스링의 회전과는 관계없이 일정하며 말하자면 히스테리시스링만을 회전자계로 여자시킨 자극이 회전하므로 자기점성이 있어서 손실을 발생한다. 이 점성력이 토크가 되며 회전자를 돌리는 데 있어서 바꿔말하면 히스테리시스링을 유지하고 히스테리시스 손실이 토크가 되어 나타내는 것이다. 그리고 부하가 가벼운 경우 이 부하에 이겨서 동기회전에 도달한다. 이렇게 되면 회전자 재료는 히스테리시스 손실의 크기 즉 히스테리시스 루프가 큰 재료로 링을 만드는 것이 출력 토크가 커지는 것이다.

그러나 고정자에서의 회전자계의 강도가 회전자인 히스테리시스링을 포화하기까지 여자할 수 있다는 말이 되므로 영구자석 재료처럼 H_c가 큰 재료에서는 사용할 수 없게 된다. 일반적으로는 전술한 바와 같이 H_c는 150 [oersted] 정도이고 오히려 B_r이 큰 재료를 골라야 한다.

이처럼 히스테리시스 모터는 회전자의 여자로 결정한 토크를 발생하고 그 크기는 링이 가지고 있는 히스테리시스손에 비례하므로 링위에 발생한 자극에 맞춰 zero(0) 속도에서 동기속도까지 일정 토크로 회전한다. 그 토크 T는 식 (8-1)로 나타나고 히스테리시스손이 토크가 된다.

$$T = EVP \tag{8-1}$$

여기에 E : 링재료의 히스테리시스손, V : 링의 체적, P : 극수

이것이 보통의 모터(Bli이다)와 다른 점이다.

식 (8-1)에서 판단되는 것은 발생토크의 크기는 히스테리시스링의 체적에 비례하므로 링은 크면 좋다고 생각되는데 앞에서 설명한 것과 같은 것이 된다.

히스테리시스링의 전체가 고정자에서의 기자력으로 충분히 포화하기 까지 여자하는 만큼의 능력이 있는 것으로 모터의 정격시에 마치 이 링이 포화하는 듯한 강도가 아니면 과여자시에는 손실이 증가할 뿐이다.

결국 고정자의 자화능력과 히스테리시스링의 크기가 자기적으로 평형되어 있지 않으면 안 된다.

이상의 이론에서 발생하는 히스테리시스 토크도 실제 문제로서는 일정한 토크 외에 링이 도체인 점에 따라 와전류 토크도 발생한다. 또 고정자 슬롯 때문에 표면에는 고조파

자속도 나타나고 히스테리시스링의 표면의 자속 리플에 의한 히스테리시스손도 증가하며 그만큼 토크 저하도 있다.

이런 상황을 그림 8-5에 나타낸다.

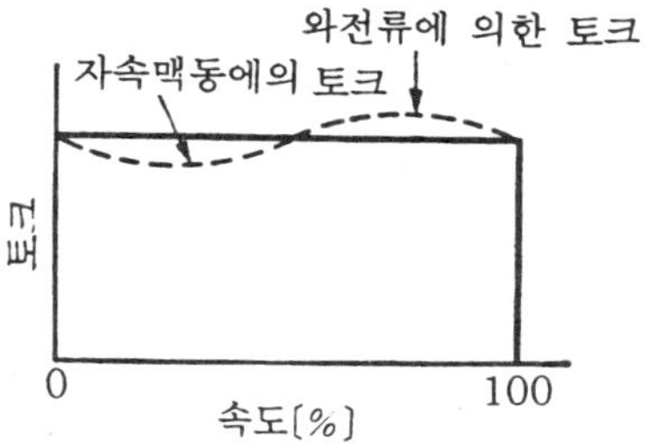

그림 8-5 히스테리시스 모터의 기동특성

사진 8-2 세이딩식 2극 히스테리시스 모터

(회전자에는 히스테리시스 원판 2매 사용 회전자 직경 ϕ 15)

따라서 히스테리시스 모터가 동기속도에 도달하면 히스테리시스링 상의 자속과 고정자의 회전자계가 동기가 되어 회전하는데 동기회전 중인 모터에 부하를 가해 가면 부하에 맞는 내부상차각이 발생하고(최대의 α가 된다), 링의 히스테리시스 루프가 출력분만큼 줄어들게 된다. 즉 이 줄어든 히스테리시스의 면적에 상당한 에너지가 출력된다.

한편 히스테리시스 모터의 고정자 구조 중 세이딩코일에 의한 것은 특히 소형으로 적당하다. 그 실례로써 사진 8-2에 2극의 히스테리시스 모터를 나타낸다.

이외에 히스테리시스 모터의 일종으로 워렌 모터가 있다. 이 회전자는 히스테리시스링이지만 그 링 중앙에 스포크(spoke)가 있고 이 부분의 릴럭턴스 효과에 의해 동기회전하여 토크가 커지고 탈조하기 어려워지는 등의 특징이 나온다.

8-2-2 워렌 모터(Warren motor)

워렌 모터는 2극 세이딩(shading)식 히스테리시스 동기모터로 전술한 바와 같이 발명자의 이름으로 알려진 모터로서 전기시계나 타이머 등에 옛날부터 사용되어 왔다. 구조는 간단하게 그림 8-6에 나타낸다. 고정자의 세이딩식 회전자계에 그림 8-7에 나타난 차륜상의 작은 히스테리시스링 2~3매 정도를 스스로 회전하게 하여 넣으면 동기모터로써 동작하는 것이다. 그림 8-6의 여자코일을 상용전원에서 교번여자하면 회전자는 히스테리시스 모터의 원리로 60[Hz]에서 3600[rpm], 50[Hz]에서 3000[rpm]으로 회전한다. 사용에 편리한 것처럼 사진 8-4에 나타난 기어열로 1[rpm]정도의 회전으로 내려가 있다. 이 기어열은 기어박스에 담아져 있고 박스 내에는 윤활유가 봉입되어 있다.

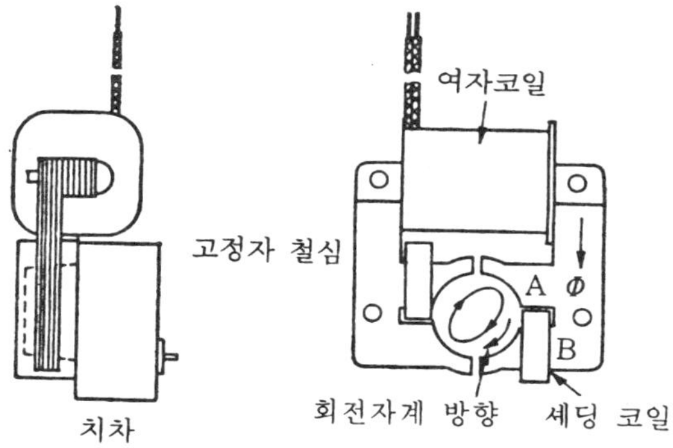

그림 8-6 워렌 모터

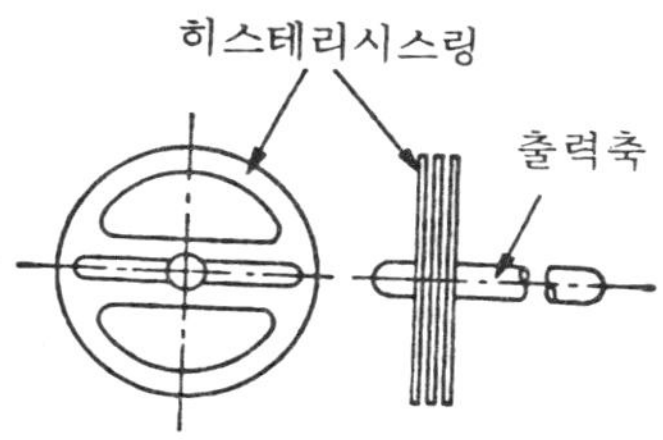

그림 8-7 워렌 모터의 회전자

Warren motor의 구조와 동작 원리

그림 8-6에 나타낸 워렌 모터의 코일에 교번전류를 흘리면 고정자 철심에 표시한 것처럼 Φ인 교번자속이 발생하고 고정자 철심의 선단 부분에서 한쪽은 A극측으로 다른 쪽은 B극측으로 흐르는데 B극측은 세이딩 코일에 의해 늦은 위상으로 나타나고 결국 A, B의 자극면에 있어서 그림 8-8에 나타낸 것처럼 타원회전자계를 발생한다.

이 회전자계 내에 그림 8-7에 나타낸 것과 같은 히스테리시스 재료에서 생긴 회전자를 적당한 공극을 두고 배치한다. 실제로는 히스테리시스 회전자와 기어열은 사진 8-3에 나타낸 것처럼 박스 내에 조립되어 있다. 그림 8-7에 나타난 회전자가 회전자계로 여자되면 히스테리시스 모터의 원리로 자기동하고 전원주파수와 동기하여 회전한다. 그 회전방향은 그림 8-6에서 나타낸 A극에서 B극으로 향하여 화살표로 나타난 방향이 된다.

회전자의 직경은 $\phi 13$으로 작고 발생토크도 1[gr · cm]로 약한 것이지만 회전자 중앙부의 자로부에 자기저항이 낮아지므로 이 양단에 자극이 멈추기 쉽고 동기회전시에는 2극의 반작용도 나타나고 동기회전 토크는 기동시에 비해 커지게 되며 탈조하기 어렵다. 이 점에서 전술한 히스테리시스 모터와는 다른 기동토크 분포가 된다.

사진 8-3 워렌 모터 실물사진

사진 8-4 워렌 모터회전자와 기어의 실물사진

사진 8-4에 회전자와 기어의 실례를 나타낸 것으로 그림 8-7의 구조와 비교하고자 한다.

히스테리시스링이 말하자면 링 형상이라면 그림 8-6의 회전자계 내에 있어서 기동토크를 측정하면 어떠한 기동위치에 있어서도 기동토크는 같은 크기이고 전술한 히스테리시스 모터와 완전히 같은 이론으로 설명이 된다. 그러나 워렌 모터의 경우 회전자 중앙자로 때문에 회전자 기동위치와 더불어 기동토크도 변화한다. 여기서 특수한 미소토크 계측에는 워렌 모터의 각 회전자의 기동위치에서 기동토크를 측정한 결과를 나타낸다.

기동토크는 그림 8-8에 원그래프로 나타낸다. 그래프의 중심을 토크의 원점으로 하고 중심에서 방사선 방향의 길이로 그 점에서의 기동토크를 나타내고 있다. 그 장소를 알 수 있도록 고정자도 함께 나타낸다. 기동토크의 그래프는 각 인가전압과 함께 성장해 가는데 세이드 위치의 방향에 회전자의 스포크(spoke)가 오는 위치에서는 최저 기동토크가 되고 이 위치에서의 기동토크는 어느 정도까지 커지게 되며 높은 인가전압에서는 오히려 작아지게 된다. 그러나 토크의 보증은 최저점에서 실행해야 할 것이며 최저 기동토크 만을 각 인가전압에서 계획하여 그래프를 그리면 그림 8-9가 된다.

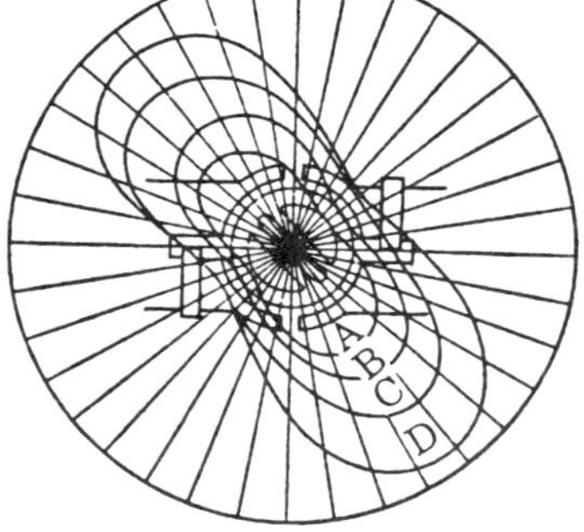

0.25gr · cm
A : 150 *AT*
B : 200 *AT*
C : 250 *AT*
D : 300 *AT*

그림 8-8 워렌 모터의 기동토크분포도

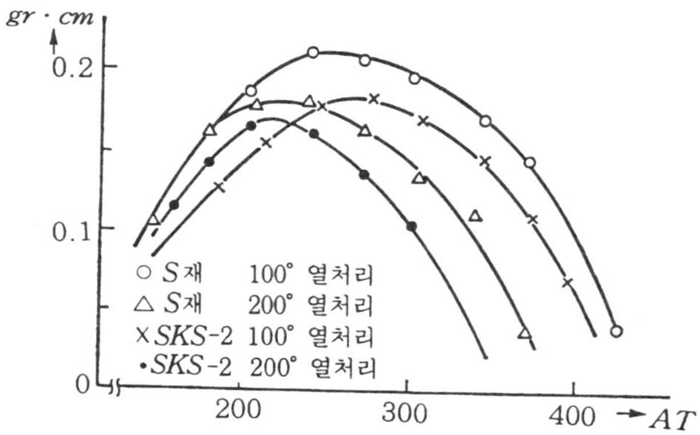

그림 8-9 워렌 모터의 최저기동 토크 특성
(링의 재질과 열처리에 따른 차이를 표시)

여기서 문제는 히스테리시스링의 재질과 열처리에 따라 이 관계가 크게 움직이고, 가령 같은 링이면서 열처리를 잘못하면 그림 8-10처럼 최저 기동토크가 0이 되며 사점(死点)이 된다. 즉 정격전압을 인가하면서 그때의 회전자의 위치에 따라서는 기동하지 않는다고 하는 것이다. 이러한 모든 회전자 재료의 히스테리시스 루프를 이루는 작업에서 본 재료의 관리에는 특별한 주의가 필요하다. 아울러 제조공정에 있어서 히스테리시스링의 자기특성을 충분히 관리해 두지 않으면 기동하지 않는 모터가 생기고 만다. 따라서 설계의 목적은 히스테리시스링 재료의 자기특성을 완전하게 확보하는 것과 그것을 구동하는 고정자의 여자력(勵磁力)과의 사이에 자기적으로 조화가 되도록 해야 하는 것이다.

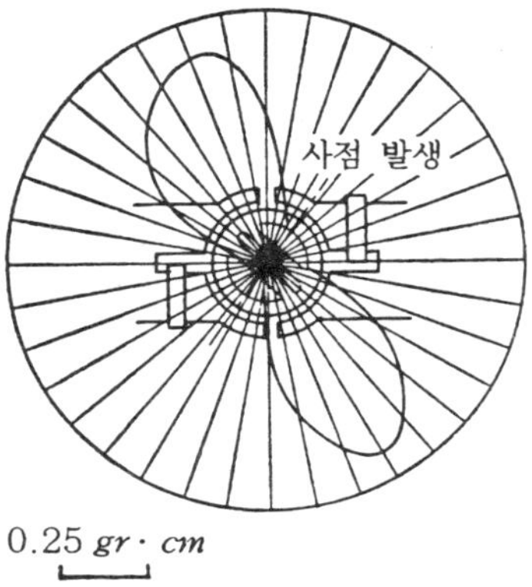

그림 8-10 워렌 모터의 기동토크 분포도
(회전자 자기특성 부적합, 300AT에서 위험한 점이 발생)

이상과 같이 히스테리시스 재료에는 여러 가지 곤란한 문제가 포함되어 있는데 워렌 모터에 대해서 말하면 구조가 간단하고 저렴한 가격면에서 큰 수요가 있다.

8-2-3 다극 히스테리시스 모터(MULTIPOLAR HYSTERESIS MOTOR)

워렌 모터는 2극으로 회전이 빠르므로 윤활유 및 소음의 문제가 있다. 그래서 시계나 타이머와 같은 경부하용으로 개발되었던 것이 저속 회전의 다극 히스테리시스 모터(multipolar hysteresis motor)이며 최초로 고안해 낸 것은 미국의 A. W. Haydon, 1931년이었다.

전술한 바와 같이 히스테리시스 모터의 회전자링 재료는 반경질재료이므로 그림 8-4에 나타낸 것처럼 회전자가 고정자의 내주에서 회전하는 구조에서는 다극화가 곤란하다. 다극화한 경우 회전자의 원주가 짧으면 자극간격이 좁아지고 반경질재료에서는 μ가 크므로 자극간 단락을 일으키고 충분한 자극의 강도를 얻을 수 없다. 이 때문에 자극간 거리를 가능한한 넓히는 하나의 방법으로서 회전자를 고정자의 외주에서 돌리는 다극 히스테리시스 모터가 고안되었다.

다극 히스테리시스 모터의 구조와 동작원리

회전의 원리는 전술한 히스테리시스 모터와 완전히 같은데 구조가 통상의 모터와 달리 그림 8-11에 나타낸 것처럼 컵형(cup type) 회전자로 그 내부에 얇은 히스테리시스링이 붙여 있다.

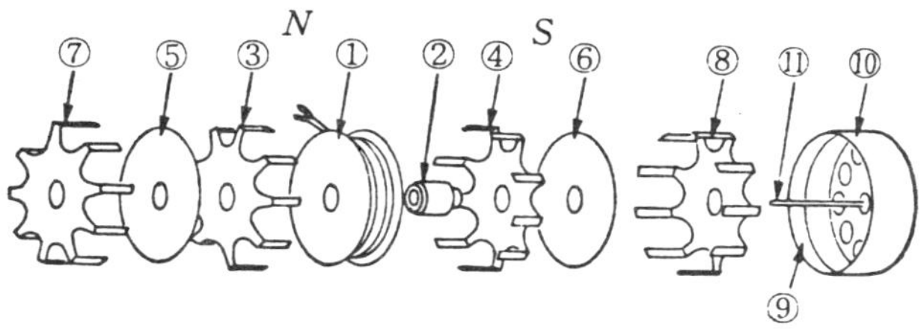

① 여자코일
② 중심원통 철심
③ 주극자극치
④ 대극 주자극치
⑤ 세이딩 원판
⑥ 대극의 세이딩 원판
⑦ 세이딩극 자극치
⑧ 대극의 세이딩 자극치
⑨ 히스테리시스링 회전자
⑩ 회전자 case

그림 8-11 18극 히스테리시스 모터의 분해도

고정자는 그 중심에 있는 코일 ①에서 발생하는 자속을 끌기 위해 철심 ②의 원통이 있고 축받이가 넣어져 있다. 자극이 되므로 외부철심 ③이 N극일 때 ④의 극은 S극이 되고 자극 ③과 ④는 서로 어긋나도록 맞물리고 다극자극치를 형성한다. 그림 중 ⑤, ⑥은 shaded판으로 보통 동판이 사용된다. 이것들을 끼워서 다른 한쪽의 외부 자극치 그림에 나타낸 ⑦, ⑧을 겹치듯이 조합시키면 ⑦의 자극치는 ③의 자극치에 대해 shaded극이 되고 마찬가지로 ⑧의 자극치는 ④에 대한 shaded극이 된다. 결국 ③, ⑤, ⑦과 ④, ⑥, ⑧의 부품을 겹쳐서 전자극치가 서로 같은 간격이 되도록 어긋나게 하여 맞물린다.

극수도 여러 가지 종류가 있는데 그림 8-11은 18극을, 사진 8-5는 16극의 히스테리시스 모터의 경우로 발생토크는 3[gr · cm] 정도에서 회전에 무리가 없는 부드러운 회전을 얻을 수 있다.

다극 히스테리시스 모터의 토크 향상책의 하나로써 모양의 히스테리시스링을 모터 극수와 같은 수의 작은 스리트(slit)내지는 타상을 입히던지 자극의 경계로써 작은 구멍을 설치하거나 해서 일종의 차별작용을 시키면 전에 워렌 모터항에서 서술한 것과 같은 릴럭턴스 효과가 가미되므로 동기탈출 토크가 30% 정도 향상된다.

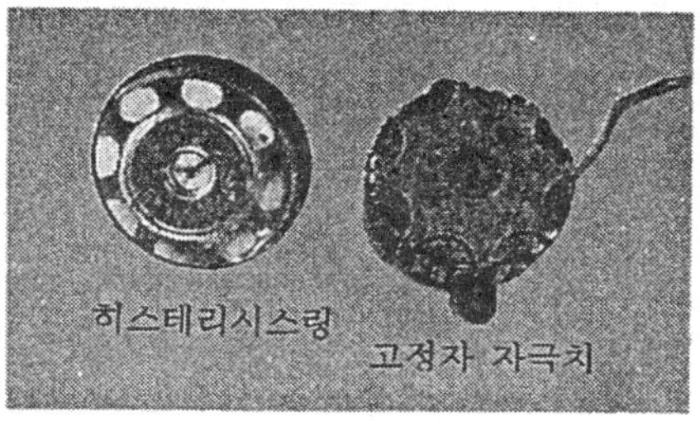

사진 8-5 16극 히스테리시스 모터 실물사진(회전자 외경 ϕ45)

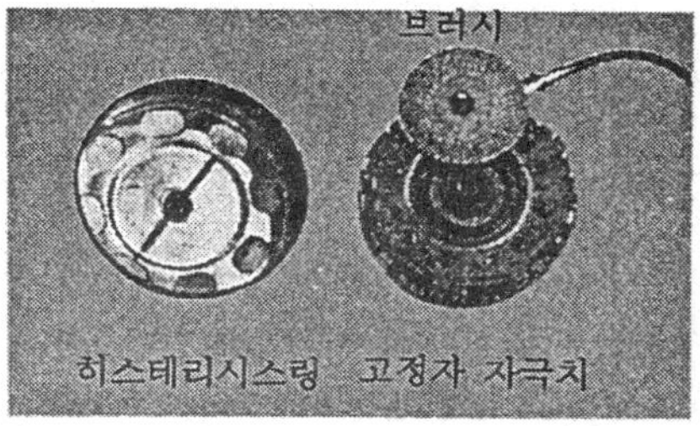

사진 8-6 브러시부착 16극 히스테리시스 모터의 실물사진(회전자직경 ϕ45)

그 외 부가가치로써 클러치 부착 히스테리시스 모터가 있으며 사진 8-6에 나타낸다. 이것은 무여자시의 히스테리시스 회전자는 자극이 약해서 축방향으로 스프링의 힘으로 회전자 위치를 고정자 자극 위치로부터 벗어나 코일을 여자하는 것이며 히스테리시스 회전자를 흡인하여 회전을 시작한다. 여기에 클러치 동작을 지탱하게 할 수 있다. 이 동작에서 출력축에 부착된 피니온(pinion)을 맞물려 무여자가 되면 다시 스프링의 힘으로 회전자는 축방향으로 이동하고 피니온도 1번 기어와 맞물리지 않도록 조립이 되어 있다. 이렇게 한 타이머 기구에는 상당히 상태가 좋은 것이 있다.

이와 같은 동작도 히스테리시스 모터이기에 가능하며 인덕터 모터에서는 불가능한 동작이다.

어쨌든 다극 히스테리시스 모터는 그림 8-11에서 보았듯이 구조가 복잡하고 고가이며 전기효율도 나쁘다는 것 등으로 현재에는 모습을 감추었다.

히스테리시스 모터의 설명을 마치는데 있어서 필자가 생각하는 히스테리시스 모터의 특징을 하나 덧붙이고자 한다. 그것은 히스테리시스 모터는 동력 다이나믹 센서로서의 활동이 있다고 생각한다. 가령 동작 중의 기어의 전달효과를 계측하는 등의 미소토크계 센서로써 최적의 성능을 가지고 있다고 생각한다. 그 근거는 내부상차각이 부하토크에 대하여 임의적으로 결정하는데 있다.

8-3 인덕터 모터

인덕터 모터에도 수종이 있다. 지금에야 타이밍 모터로써 이용되는 모터의 90% 이상이 인덕터형이고 국내에서의 연간 생산수는 6,000만대를 넘고 있다. 이와 같이 인덕터 모터는 타이밍 모터의 주류를 이루는 모터가 되어왔다고 할 수 있다.

인덕터 모터의 역사는 히스테리시스 모터보다 오래되었으며 1877년 덴마크의 기사 Paul Sacour에 의해 발명되었는데 그 발전 경과는 완만한 것이었다. 그것이 오늘날에 와서 특히 25년간에 커다란 진보를 이루었다. 즉 페라이트(ferrite) 자석이 싸지고 더구나 원활하게 공급되게 되었으며 다극착자기술로 발전하고 가전기기의 보급이 커지게 된 것이다. 생활의 편리성의 향상 등이 이루어지고 타이밍 모터로의 수요도 또 커졌다. 이러한 것과 보조를 맞춰 소형화와 합리화를 동시에 발전시킨 인덕터 모터가 타이밍 모터의 대명사로 되게 된 것이다.

8-3-1 콘덴서식 2상 인덕터 모터

단상 전원에서 구동시키는 인덕터 모터는 다극 기어모양 영구자석 회전자를 가진 자극과 고정자에 발생하는 자극과의 사이에서 상호 흡인과 반발로 회전하는 것이다. 본 모터는 콘덴서에 의한 분상으로 2상의 회전자계를 발생시켜 그 중에서 영구자석 회전자를 돌리는 가장 기본적인 것이며 높은 토크를 얻을 수 있다.

또 본 모터는 타이머 구동용이라기보다 공업용 기기에 많이 사용되고 있다. 전동밸브나 기록계기의 챠트보내기, 자동판매기나 디스플레이 등에 이용되는 동기모터이며 그 회전수는 전원주파수와 극수로 결정된다.

$$N = 60\frac{f}{P}\,[\text{rpm}] \tag{8-2}$$

여기에, f : 주파수[Hz], P : 극수

그러나 실제 사용 예에 있어서는 6 [rpm]이나 1 [rpm] 등의 저속회전이므로 감속기어열에 따라 요구회전수까지 내려서 이용하고 있다.

2상 인덕터 모터의 구조와 동작원리

단상 구동이기는 하지만 2개의 솔레노이드 코일을 가진 모터로 콘덴서에 의한 2상 교류에 의해 회전자계를 발생시킨다. 여기에 다극 영구자석 회전자를 회전시키는 모터로 이 2개의 코일이 각각 다극고정자 자극치를 가진 그림 8-12처럼 접속되어 있고 한편의 코일 1에는 전원과 동상의 여자전류를 흘리며 코일 2에는 콘덴서에 의해 90° 앞선 전류가 흐른다. 즉 단상 전원에서 분상하여 2상교류를 얻게 되며 이 2상에서 회전자계가 발생한다. 이렇게 발생시킨 두 개의 고정자극을 서로 위치적으로 전기각에서 90°어긋나게 배치하면 이 2상의 자계는 각각 H_1, H_2를 나타내고

$$\left.\begin{aligned} H_1 &= H_m \sin \omega t \\ H_2 &= H_m \cos \omega t \end{aligned}\right\} \tag{8-3}$$

가지며, 식 중의 H_m은 자계의 최대치가 된다. 이 합성자계는 전원과 동기한 회전자계가 되고 ω의 각속도를 갖고서 회전하게 된다.

이러한 2개의 고정자의 구체적 구조배치도를 그림 8-13에 나타낸다. 또 실제의 부품도 사진 8-7에 나타냈는데 비교하기 바란다.

본 모터는 2개의 독립한 모터와 공통으로한 축에 연결한 것과 같으며 회전자는 공통이고 각각의 고정자 자극군을 전기각에서 90° 어긋나게 하여 결합한 것이어서 그 합성자계는 전원과 동기한 다극회전자계가 된다.

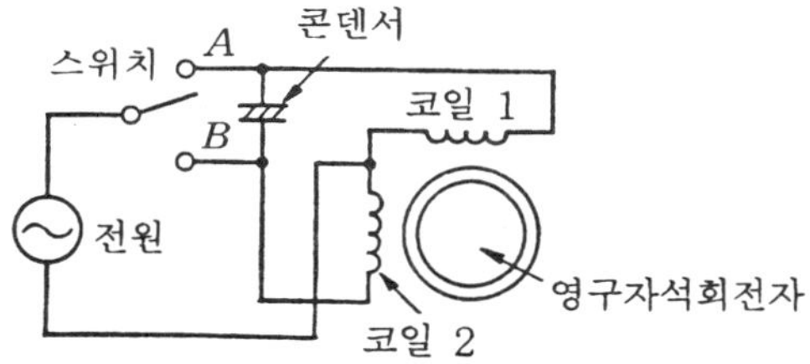

그림 8-12 2상 모터의 결선도

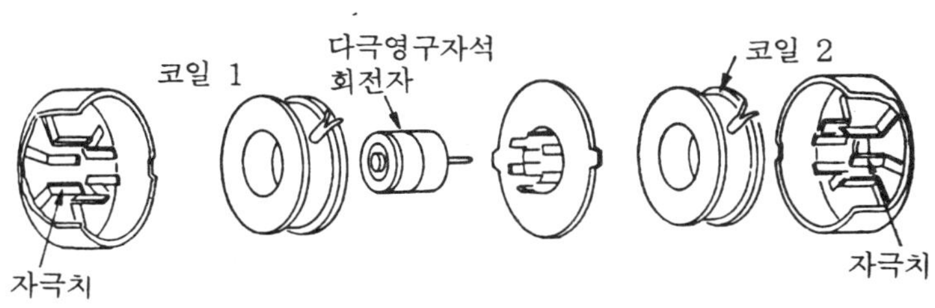

그림 8-13 12극 2상 인덕터 모터 분해도

상기 2개의 코일 1, 2와 그림 8-12에서 서술한 바와 같이 접속되어 있으므로 그림에 나타낸 스위치가 위쪽에 있느냐 아래쪽에 있느냐에 따라 발생자계의 회전방향이 변화하게 된다. 즉 모터의 회전방향을 *CW*에서 *CCW*로 절단할 수 있는 특징도 있다.

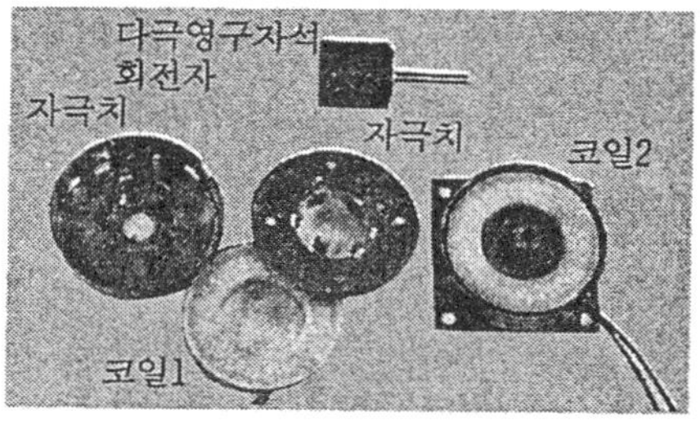

사진 8-7 12극 2상 인덕터 모터의 실물 분해사진

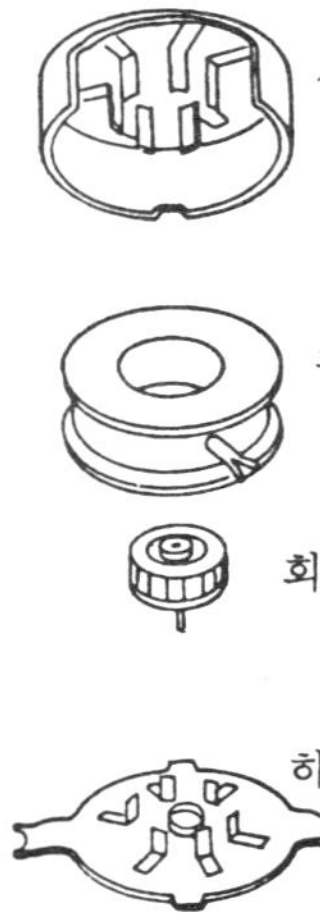

그림 8-14 12극 인덕터 모터의 분해도

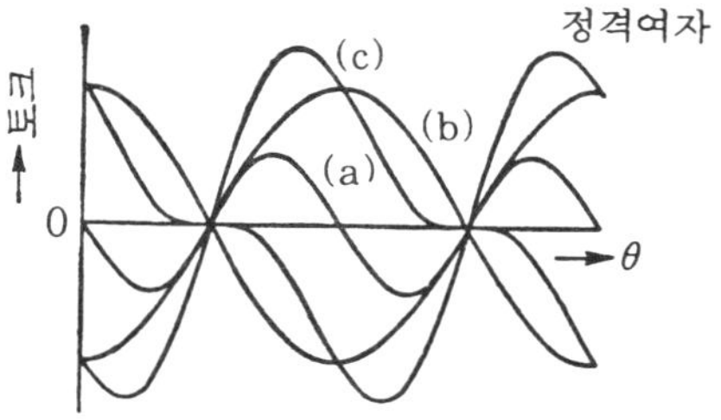

그림 8-15 단상 인덕터 모터의 발생토크

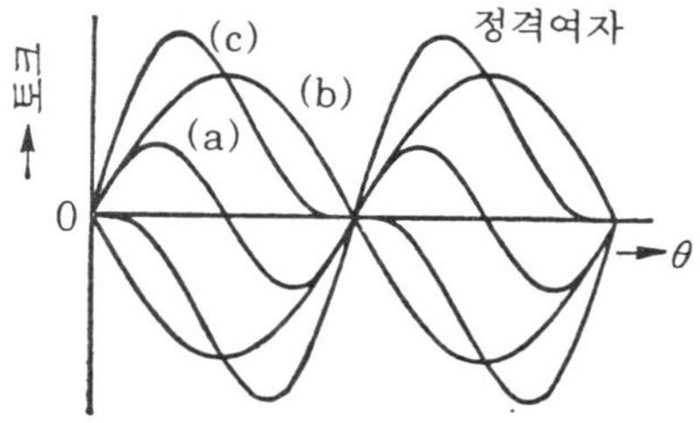

그림 8-16 단상 인덕터 모터의 발생토크를 90°앞서게 한 것

이 2개의 모터를 연결한 같은 축상에서 토크를 발생시키는 것인데 이해를 쉽게하기 위해 1개씩 떼어내어 생각해 보기로 한다.

그림 8-14에 1개분의 모터를 꺼내어 무여자상태에서 토크를 측정해 보면 그림 8-15중 (a)에 나타난 듯한 릴럭턴스 토크(reluctance torque)를 얻을 수 있다. 다음으로 그림 8-14의 코일을 직류여자하여 마찬가지로 토크를 측정하면 그림 8-15(b)처럼 전류토크가

발생한다. 측정시에는 토크 (a)와 토크 (b)의 합은 토크 (c)로 나타낸다. 여기서 그림 8-14의 1개분의 모터에서 발생하는 토크 분포를 알았는데 그림 8-13에 나타난 것처럼 같은 모터를 같은 축상에 전기각으로부터 90° 벗어난 위치에 결합하는 것이기 때문에 다른 한 편의 모터도 단독으로 토크를 측정하면 발생 토크도 90° 앞선 위치에 있으므로 그림 8-16처럼 된다. 이러한 양 토크 그림 8-15와 그림 8-16을 합성하면 그림 8-17이 되고, 한 상의 릴럭턴스 토크였던 2조파 토크가 정확하게 사라지지 않게 되며 2개의 모터가 각각이 가지고 있던 4조파 토크를 정확히 합하게 되는 것으로 강조된다. 따라서 그림 8-17에 나타난 2상 모터의 출력축에는 무여자시의 4조파 토크가 남고, 이 토크를 디텐트 토크라 한다. 2조파의 릴럭턴스 토크가 없어지므로 코깅도 대폭으로 줄고 부드러운 회전도 얻을 수 있다.

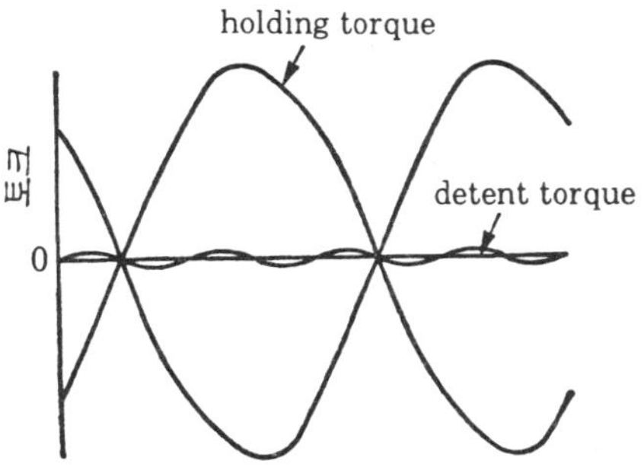

그림 8-17 그림 8-15와 8-16을 합성한 2상 인덕터 모터의 발생토크

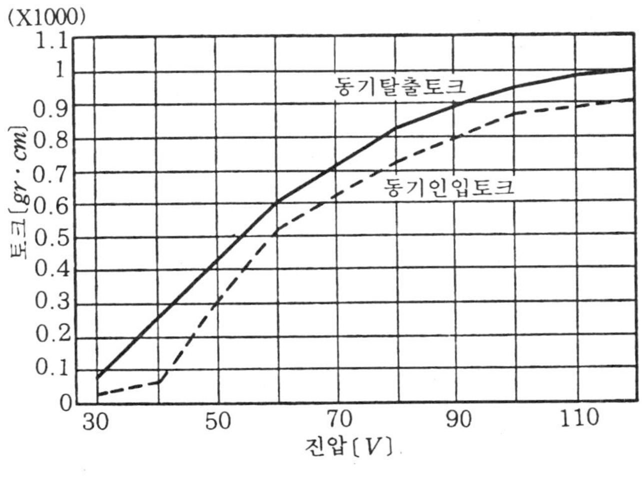

그림 8-18 2상 인덕터 모터의 동작특성

이와 같은 구조를 가진 모터를 2상 인덕터 모터라 한다. 여기에 교류정격전압을 인가하여 SM모터로서의 토크를 측정하면 그림 8-18처럼 되고 동기인입토크와 동기 탈출 토크와의 차이가 작은 것이 특징으로 이것이 2상의 회전자계의 좋은 점이다. 그림 8-12에 나타난 스위치의 절환에서 양방향으로 자기동할 수 있는 동기모터가 되며 타이밍 모터로서는 고급스러운 것이다.

모터의 출력 토크는 모터 크기로 결정하며 작은 것은 외경 ϕ20 정도부터 큰 것으로서는 외경 ϕ70인 것까지 필요에 따라 선택할 수 있다. 또 본 모터는 이러한 편리함이 인정되고 전자 인버터 회로에 의한 2상 전원으로 스테핑 모터로써 이용되어져 왔다.

당연히 스테핑 모터에는 스테핑 모터로서의 방법에 맞도록 변경되는 점도 있는데 본 모터는 제어모터로 변신하여 PM형 스테핑 모터라 불리워졌다. 따라서 본 모터의 자세한 내용은 제6장에서 서술되고 있는 PM형 스테핑 모터의 항을 참조하기 바란다.

8-3-2 역전방지장치 부착 인덕터 모터

타이머용 모터 등은 가능한한 소형경량화하고 단순화되며 합리화가 진행되었다. 그 결과로서 종래에는 생각할 수 없었었던 곳에도 타이머 기구가 부착되도록 되었다. 예를 들면 배선기구 내나 환풍기를 설치해야 할 곳 또는 선풍기의 목회전부에도 소형 동기모터가 부착되고 있다.

이렇게 되고 보면 전술한 바와 같이 2상 모터로써 2개의 모터를 이용해서는 채산이 맞지 않으므로 여기에 역전방지장치 부착 인덕터 모터가 고안되었다. 본 모터 방식은 초기서부터이므로 세이딩 모터와 함께 최근 25년간에 크게 개량되었다.

역전방지장치 부착 모터는 전술한 2상 모터의 1개분을 단독으로 꺼낸 것으로 이것만으로도 소형 동기 모터로서의 활동이 가능하다. 그러나 1개분의 모터에서는 단상이므로 고정자 자극은 교번자계가 되고 그림 8-15에 나타낸 것처럼 교번토크를 발생하는 것 뿐이고 회전방향성이 정하여져 있다.

이것은 기동할 수 없는 점을 포함하고 있다는 것을 의미하고 있으므로 고정자극 배열에 연구를 더해서 필히 어느 쪽에든 기동할 수 있도록 하여 한 방향측에 기계적인 역전방지장치(no-backs)에 의해 회전할 수 없도록 해 둔다. 이러함에 따라 결국 정하여진 한 방향으로 자기동하는 인덕터 모터를 얻는다.

역전방지장치 부착 인덕터 모터의 구조와 동작원리

주된 구조는 전술한 그림 8-14와 같은 데 사점 즉 토크가 0이 되는 위치가 없도록 고정자극치배열을 비대칭으로 한다. 이에 의해 발생토크가 비대칭으로 하도록 한 것이며 교번토크이면서 zero토크가 되는 위치가 없도록 연구해 둔다. 그림 8-19(a)에 나타나듯이 각 회전자 자극의 중심과 고정자 자극치의 중심이 합치한 위치가 고정자 무여자시에 의한 회전자의 안정정지위치였다. 여기서 고정자 자극치의 위치와 그 형상을 그림 (b) 또는 (c)처럼 변경하면 고정자자극치와 대항하는 회전자극의 중심은 그림 8-19(a) 상태에서 회전자자극과 대향하고 고정자자극의 면적이 같아지거나 흡인력이 같아지도록 회전자는 도시한 바와 같이 θ만큼 벗어난 새로운 토크 0의 위치에 이행한다.

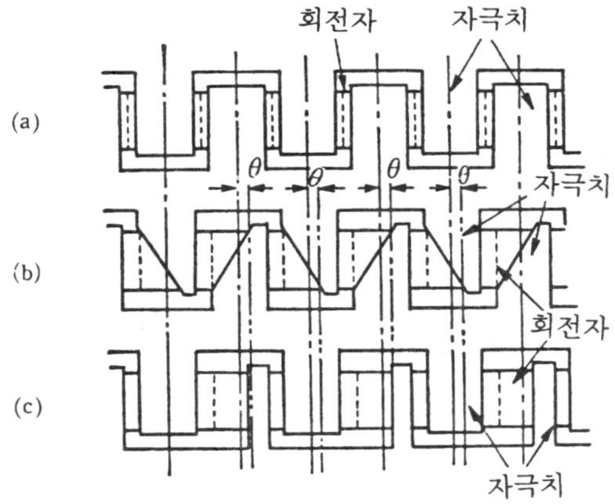

그림 8-19 단상 자기동 모터의 고정자 자극치 배열 예

이것은 고정자가 무여자상태에서 회전자는 θ만큼 진행한 상태가 되며 이 방향으로 기동하기 쉬워진다. 이것을 토크만으로 논해가면 θ방향으로 기동할 수 있게 되는데 회전자 관성이나 마찰 때문에 실제로는 역전기동도 일으킨다. 만일 역전기동을 일으킨 경우에는 역전방지장치에 의해 정전으로 되돌리는 방법이 있다.

역전방지장치가 사용되어진 온 역사는 오래고 종류도 여러 가지가 있으므로 표준적방식을 특별히 정할 수는 없다. 요구하는 회전자가 역전을 시작하면 기계적인 스토퍼(stopper)를 만나고 여기서 정전(正轉)으로 되돌리는 구조이다.

그림 8-20에 구조의 이해가 쉬운 예를 나타낸다. 또 사진 8-8에는 다른 실례를 나타낸다. 본 방식의 최초의 목적은 모터의 가격의 합리화와 구조의 간소화에 있었으므로 기동특성은 조금 희생당한 셈이다.

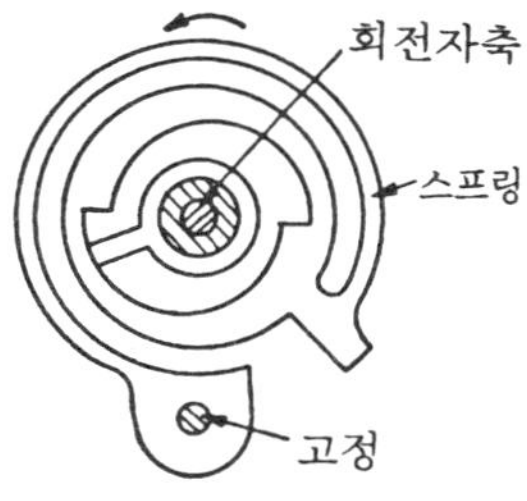

그림 8-20 역회전 방지장치의 예

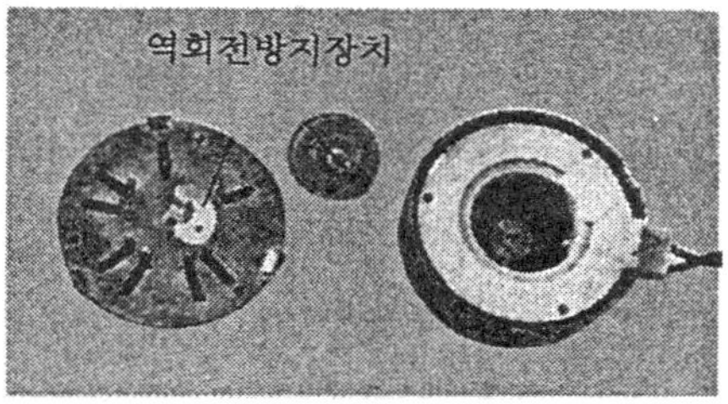

사진 8-8 역회전 방지장치를 부착한 인덕터 모터의 예(회전자직경 ϕ 18)

기동성을 개량하기 위해 고정자 자극치를 비대칭으로 했다고 해도 기본은 교번토크이므로 기동토크가 작아지는 위치가 있다. 따라서 기동시에는 부하를 가볍게 하고 완전하게 동기회전하고 나서 부하를 가하는 등의 배려가 필요하다.

8-3-3 세이딩형 자기동 인덕터 모터(Shading type self start Inductor motor)

앞에서 설명한 역전방지장치 부착 인덕터 모터와 여기서 설명하는 세이딩형 자기동 인덕터 모터는 소형이고 값이 저렴하므로 상당히 발전하여 왔다.

가전 타이머나 엑추에이터(actuator)로써 선풍기위 목회전부에서부터 히터의 반사판을 움직이는 것에도 이 종류의 인덕터 모터가 사용되고 있다. 이러한 것은 결국 타이밍 동작이 단상 교류에서 간단히 취할 수 있고 더구나 히스테리시스 모터와는 비교되지 않는 높은 토크가 얻어지는 등의 이유에서 소형 동기 모터의 대명사적 존재로 되어 왔다. 인덕터 모터 즉 영구자석 회전자(Inductor)와 세이딩형 회전자계를 가진 고정자 내에서 회전하는 모터가 본격적으로 이용되기 시작한 것은 페라이트 자석이 원활하게 입수되게 되면서부터이고 겨우 25년 정도된 셈이다.

다 아는 바와 같이 동기 모터는 다극화하는 만큼 회전수가 낮아지고 기어가 단순화되며 소음이나 진동이 저하하므로 다극화가 이루어져 왔다.

초기 무렵은 다극착자의 방법이 개발되어 있지 않으므로 다극회전자를 얻는 데 원판자석의 양면에 $N \cdot S$로 착자하며 그 양 착자면에 자석지름보다 큰 기어상 철판을 부착하고 외격의 치부만을 직각으로 내측으로 구부리면 N극의 치와 S극의 치가 서로 교호하기 어려운 차이로 배치된다. 여기서 원판회전자의 외주에 다극착자한 것과 등가가 되며 이것을 모터의 다극회전자로써 이용하고 있다. 이것을 포니크 회전자(Phonic rotor)라 부르는데 소형화하기 어렵고 무겁고 고가이므로 발전하지 않았다. 사진 8-9에 실례를 나타낸다.

이윽고 페라이트 자석에 다극착자가 가능하게 되고부터 포니크 회전자는 볼 수 없게 되었다.

현재로서는 자극간격 0.3 [mm]에서도 착자할 수 있게 되었다. 한편 고정자측의 연구도 진행하여 간단한 세이딩형 구조가 고안되어서 저렴한 인덕터 모터로써 발전해 왔다.

아래에 서술하는 세이딩형 고정자의 기본개량발명은 1946년 G.E사의 Welch와 Enochs에 의해 이루어졌고 그 후 많은 사람들에 의해 개량이 계속되어 현재에 이르고 있다.

사진 8-9 포니크 기어의 예
(축의 중심에 역전방지용 캠(cam)이 쓰이고 있다)

(a) 세이딩형식 자기동 인덕터 모터의 구조와 동작원리

세이딩 회전자계는 그림 8-21에 나타낸 바와 같이 1대의 비세이딩극(이하 비세이딩극을 **주극**이라 한다)과 세이딩극에 의한 회전자계로 영구자석 회전자를 회전시키는 것을 생각해 본다. 이 관계를 다극으로 전개하면 그림 8-22(a)에 나타나 것과 같이 상측과 하측의 고정자 각각에서 2본 1대가 되는 자극을 여러 개 설치하고, 상측과 하측의 고정자를 조합하면 자극치 무리가 서로 조합되어 그림 8-22(b)처럼 고정자 자극치의 배열을 취할

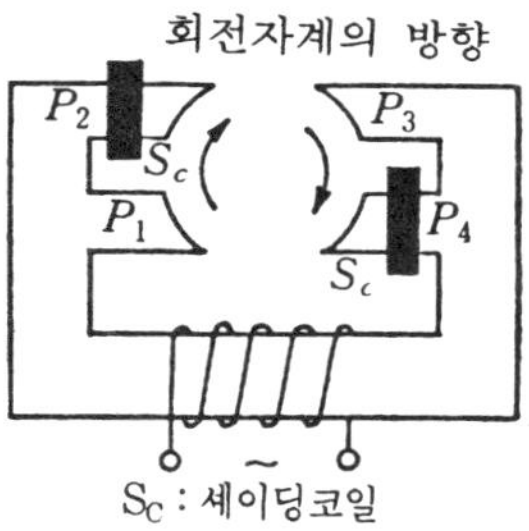

그림 8-21 단상 2극의 이동자계 발생하는 고정자

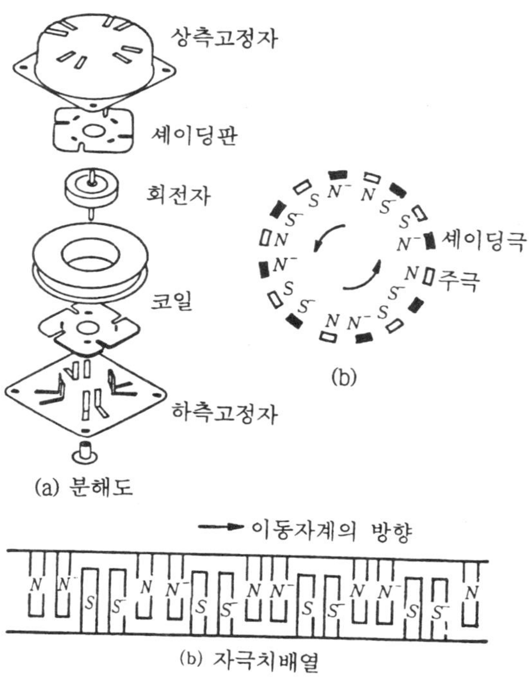

그림 8-22 8극 세이딩 모터의 분해도와 자극치 배열 전개도

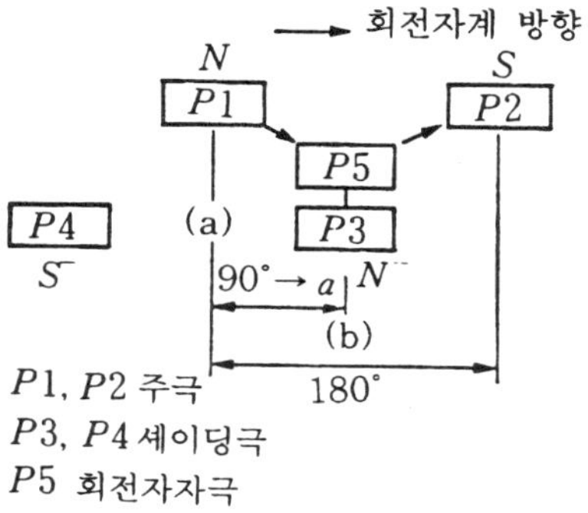

그림 8-23 등가적 자극배치의 모형도

수 있다. 주극(main pole)과 세이딩극(shaded pole)이 모두 같은 방향의 이동자계가 되는 것과 같은 조합이 된다. 그림 8-22는 8극의 자극배열이다.

이와 같이 같은 간격으로 배열시킨 고정자 자극치 배열 내에 같은 간격으로 8극 착자한 영구자석 회전자를 스스로 회전하도록 조립해 넣은 모터이다.

이 상태에서는 아직 부(−)의 기동토크도 포함되어 있기 때문에 역회전 기동을 일으키는 경우도 있다. 이것을 개량하기 위해 아래에 나타내는 방법에 의해 발생시키지 않는 방법을 생각할 수 있다.

그림 8-22(b)에 표시한 자극치와 회전자의 자극위치의 등가위치 관계를 모형적으로 나타낸 것이 그림 8-23이다. 이것은 주자극치와 세이딩 자극치가 같은 간격으로 배열되어 있으며 그림 중 주극의 중심간격은 180°전기각이며 정확히 그것들의 중간에 세이딩극과 배치하는 것으로 되어 있다. 따라서 주극의 중심에서 세이딩극 중심까지는 전기각으로 90°의 간격을 가지고 있다.

그러나 이 상태에서는 그림 8-22에서 설명한 것과 같이 역회전의 가능성도 포함하고 있다.

이 역회전력을 없애기 위해 그림 8-23 중의 주극 자극치의 중심 (a)와 그 세이딩 자극치의 중심 (b)의 간격은 90°전기각으로 한 것을 바꾸어서 α(변위각이라 칭한다)로 두고 자유로이 움직여서 역회전 토크가 발생하지 않는 위치로 움직이는 것을 생각한다. 이 α를 90°전기각보다 크게 해가는 방향에서 검토해 본다.

결국 주극의 중심과 그 세이딩극의 중심사이의 각은 변위각(shift-angle) α로 하고 세이딩 효과에 의한 세이딩극의 자속은 그 주극의 자속에 대하여 위상이 늦은 각 β를 가지므로 이 각 β와 상기 변위각 α와의 관계를 가장 이상적인 자극배열로 구하는 것이 된다. 지금 주극의 자속을 Φ_u로 하고 세이딩극의 자속을 Φ_s로 하면 각각의 식 (8-4), (8-5)로 나타낼 수 있다.

$$\Phi_u = \sin\theta \cos\omega t \tag{8-4}$$

$$\Phi_s = \sin(\theta - \alpha)\cos(\omega t - \beta) \tag{8-5}$$

여기에 α : 주극 중심에서 회전방향측의 세이딩극의 중심까지의 각

β : 세이딩 효과에 의한 위상지연각

θ : 자속분포각

회전자를 이동자계의 방향으로 움직이는 힘은 $(\theta - \omega t)$를 포함한 항이고 $(\theta + \omega t)$를 포함한 항은 이동자계와는 역방향의 자속이 된다. 그러므로 Φ_u와 Φ_s의 양 자속보다 앞선 방향성분 Φ_f와 역방향성분 Φ_r로 나눠 식 (8-4)와 식 (8-5)의 화에서 역방향 성분을 0으로 하는 조건을 취한다. 즉,

$$\Phi_f = 1/2\{\sin(\theta - \omega t) + \sin(\theta - \omega t - \alpha + \beta)\} \tag{8-6}$$

$$\Phi_r = \cos 1/2(\alpha + \beta)\sin\{(\theta + \omega t) - 1/2(\alpha + \beta)\} \tag{8-7}$$

이 되고 식 (8-7)이 0이 되는 조건을 파악하면 역방향의 자속성분이 없어진다. 그것은 $\cos 1/2(\alpha + \beta) = 0$으로 하는 것이 되며 $(\alpha + \beta)$를 180°전기각으로 하면 된다. 이상적인 세이딩 자속의 늦은 위상각 β는 90°전기각이지만 실제는 $\beta = 45°$전기각 정도이다. 따라서 지금 β를 45°전기각이라 판정하면 $\alpha + \beta = 180°$에서 $\alpha = 135°$가 된다.

$\alpha = 135°$, $\beta = 45°$로 하는 경우 주자속 Φ_u에 의한 T_u와 세이딩 자속 Φ_s에 의한 토크 T_s 및 그 합성토크 T_t를 그림 8-24에 나타낸다. 그림 8-24는 회전자가 1사이클에서 360°전기각만큼 진행하여 위상적으로 다시 본래의 상태로 되돌아오고 이 반복으로 동기회전을 계속하는 모양을 나타낸 것이다. 또 그림 중 회전자 자극에 작용하는 전체 토크는 큰 화살표로 나타내고, 작은 화살표는 회전자의 N극에 작용하는 흡인 · 반발력을 나타낸다. 이러한 것과 마찬가지의 토크가 회전자 전주(全周)의 자극에 작용한다. 세이딩극의 자속 Φ_s는 주극의 자속 Φ_u에 대하여 45°의 늦은 위상으로 하고, 각각의 Φ_s와 Φ_u는 회전자의 어느 하나의 자기작용에 따라 생기는 토크를 각각 T_s, T_u로 하여 나타낸 것이며 그 합성 토크를 T_t로 나타내고 있다.

이 합성 토크는 T_t는 1사이클을 통하여 거듭 올바르게 되고 나아가 각 성분 토크 T_s,

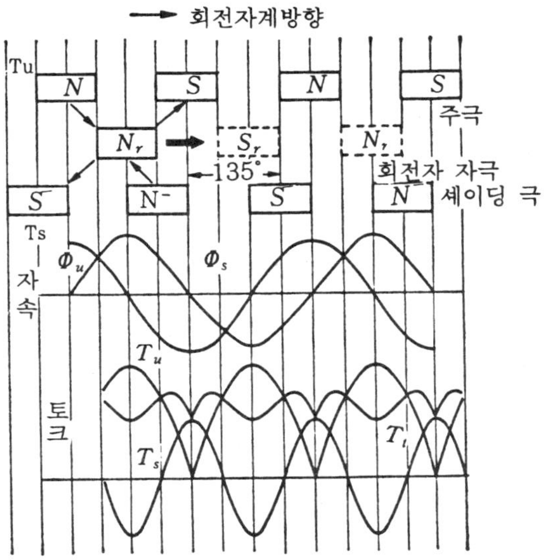

그림 8-24 세이딩 자기동 모터의 발생토크와 자극위치를 표시한 그림

T_u에 비하여 오히려 평활화되어 있다. 만약 스위치 투입시의 회전자 위치와 전류위상의 관계가 기동에 대하여 최악의 상태가 되었다 해도 135°전기각이라는 커다란 변위각을 가지므로 세이딩 자속이 유효하게 회전자에 기동을 재촉하여 최대의 뒤짐이 있어도 1/2사이클 이내에는 회전자계 방향으로 동기인입된다.

이 기동시의 동기인입시간의 이산은 인덕터 동기모터에 있어서는 피할 수 없는 것이다.

이 이산 시간을 고려해도 역시 다른 종류 즉 히스테리시스 모터와 릴럭턴스 모터 등에 비하여 비교되지 않을만큼 빠르다.

이상 세이딩극의 늦은 자속의 각 β와 변위각 α의 관계를 $\alpha+\beta=180°$라는 것이 기동성에 가장 좋다는 것을 설명했다. 세이딩에 의한 늦은 각 β의 실제는 최대로 45° 정도로 했지만 세이딩 코일의 재질, 형상이나 고정자 두께 등에 따라 다소 다르므로 일반적으로는 결정하기 어렵다. 그러나 $\beta=40°$로 보면 무난할 것이다.

(b) 세이딩식 자기동 인덕터 모터 고정자의 예 1

최초의 구체적인 예로써 그림 8-25에 나타난 모터구조가 GE사 특허로 표시되었다. 그림 8-23에서 설명한대로 α를 135°전기각으로 하면 다른 극의 주극이 충돌하기 때문에 그림 8-25에 나타나듯이 주극과 세이딩극을 그룹으로 하여 배열하고 그 사이의 자극치를 정규의 상태에서 서로 끌어당겨서 충돌을 피하고 있다. 다극 인덕터 모터에 있어서는 이와 같은 일이 생기는 것이 그 특징의 하나이다. 특히 히스테리시스 모터에 있어서는 이와 같은 일을 할 수 없다.

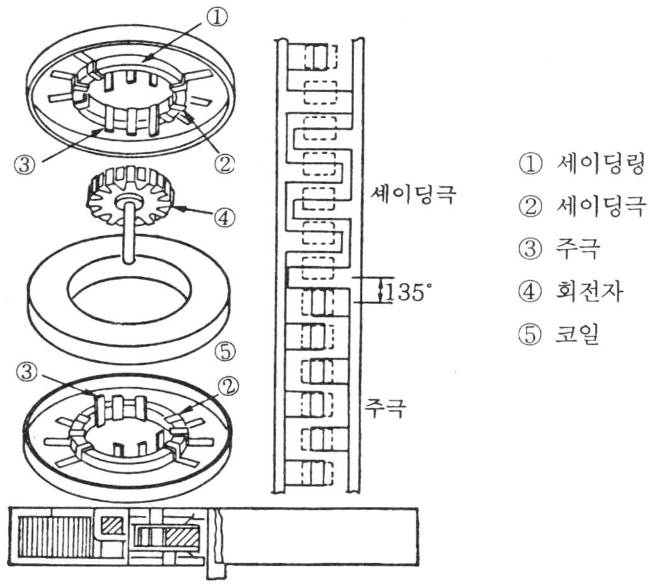

그림 8-25 24극 세이딩식 자기동 인덕터 모터의 분해도

그림 8-25의 자극배열을 주극군과 세이딩극군의 총 자속이 같아지도록 하였다. 나아가 전술한 자극치 간의 전기각 관계를 유지하도록 하였다. 당연히 주자극군 내의 자극치 간은 서로 180°전기각이 되며 세이딩 군내도 각각 180°전기각으로 떨어져 있다. 이러한 자극치군 무리의 경계가 되는 주극군의 끝과 세이딩극군의 시작과는 전기각에서 135°이고 다른 한편의 세이딩극군의 끝과 주극군의 끝과도 (360−135)° 전기각이 된다. 그림 8-25의 예에서는 주극 12개와 세이딩극 12개로 구성하고 있는 24극의 모터에 마무리되어 있다. 이처럼 자극을 서로 끌어당기는 경우 전술하고 있는 이유가 서로 있는 한 고정 자극수와 모터 극수를 같아지게 할 필요는 없고 모터 극수는 회전자의 극수로 결정한다. 주극과 세이딩극에서 1극이었던 것을 생각하면(그림 8-21 참조), 그림 8-25의 예에서는 주극수와 세이딩극수를 합하여 24극이며 예 1의 모터는 24극이므로 정규의 자극수는 주극이 24개와 세이딩극이 24개의 합계 48개의 자극치가 있는 셈이다. 그러나 세이딩극을 변

위함에 따라 자극치가 충돌하는 것을 피하기 위해 그 반수를 서로 당기도록 하고 있다. 다음으로 그림 8-26은 같은 이치를 채용하면서 고정자 구조를 합리화한 것을 나타내고 있다.

(c) 세이딩식 자기동 인덕터 모터 고정자의 예 2

예 2는 16극 모터의 경우이고 회전자에는 16극의 자극이 부착되어 있다. 그림 8-26의 구조는 전술의 이론을 그대로 채용하고 합리화를 위해 전부품이 프레스 가공되고 조립성을 개량한 것으로 그림 8-26에 본 바와같이 주극 세이딩 등 링을 사용하지 않고 그림 8-26의 합리화 고정자에는 방형세이딩판을 준비했다. 이것은 철판에서 두르려 세운 자극치에 삽입하는 간이형으로 부품점수도 적은 모터이며 저렴한 것부터 큰 수요도 얻을 수 있다.

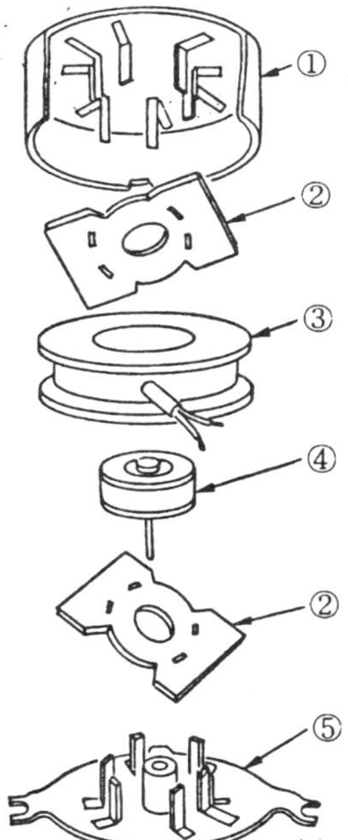

(a)

① 상측고정자
② 세이딩판
③ 코일
④ 회전자
⑤ 하측고정자

상측 고정자

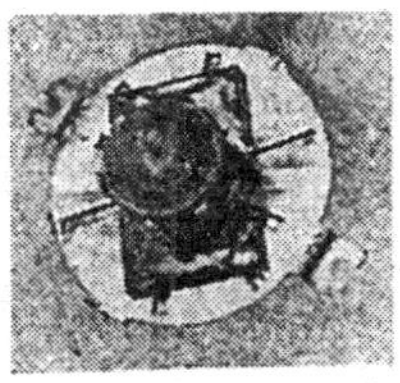
하측 고정자

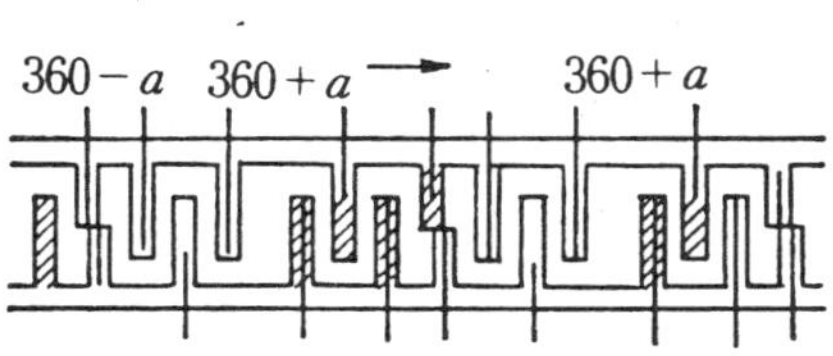

(b)

그림 8-26 16극 세이딩식 자기동 인덕터 모터의 분해도와 실물사진

그림 8-26(a)의 경우 상하의 고정자 자극배열은 같게 하고 상하의 주극과 세이딩극이 그림 8-26(b)에 보듯이 충돌하는 점이 생기지만 이것만 짧은 자극치로 하였다. 역시 세이딩 판은 상하로 완전히 같은 것으로 더구나 세이딩 판의 삽입위치를 변하는 것만으로 고정자 부품은 바꾸지 않고 *CW*, *CCW*의 회전 모터로 마무리될 수 있다. 역시 이 모터의 실례도 그림 8-26 중에 나타나 있으므로 그림과 실물을 대비해 주었으면 한다.

이처럼 고정자의 구조 진보와 특성의 방향은 있지만 이 방식에서는 세이딩극의 2계열의 자극치를 동시에 취급해야 하며 합리화라는 점에서는 이것 이상은 무리라고 생각된다. 여기서 1계열의 자극만으로 같은 움직임이 가능하다면 즉 자기동할 수 있고 나아가 동기에 인입되는 모터가 될 수 있다. 동기에 인입되어진 후는 역회전방지 부착 모터에서 볼 수 있듯이 주극열만으로 얼마간 부자유는 없었다. 따라서 다음으로 세이딩극의 힘을 빌지 않고 한 방향 자기동모터를 생각해 본다.

8-3-4 세이딩 없는 자기동 인덕터 모터

인덕터 동기모터의 고정자는 한층 간략화하여 합리화하는 방법으로서 세이딩극을 생략한다. 나아가 교번자계만으로 영구자석 회전자(인덕터)를 한 방향으로 자기동시키는 방법을 생각해본다. 이것이 가능해지면 고정자는 주극 1계열의 자극치가 되어 산뜻한 합리화 모터를 고안할 수 있다.

지금 한번 세이딩식 모터를 되돌아보고 회전자의 자기동 현상을 생각해 본다. 그림 8-27(a)에 표시한 것이 지금까지 서술해 온 세이딩식 고정자의 기본원리이며 불완전하지만 회전자계를 발생시켜 거기에 실린 회전자를 회전시키고 있는 것이라 말할 수 있다. 만

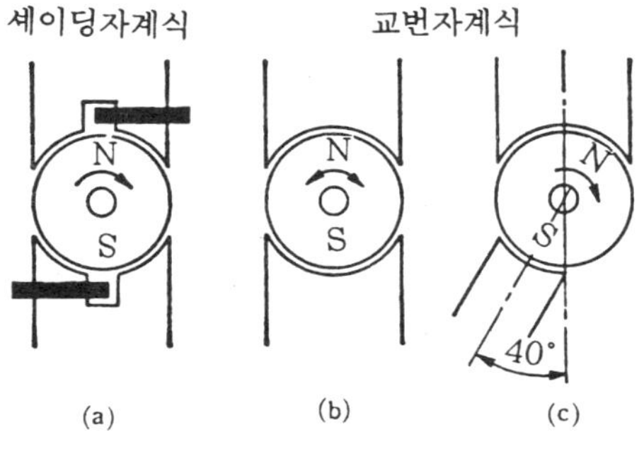

그림 8-27 세이딩없는 자기동 인덕터 모터의 회전 원리도

일 이런 것에서 세이딩극을 제거하면 그림 8-27(b)처럼 교번자계의 고정자가 되고 여기에 같은 그림 (b)처럼 2극 영구자석을 넣어도 한 방향의 자기동성을 얻을 수 없다. 여기서 그림 8-27(c)에서 나타내듯이 고정자의 한 방향을 그림 (c)에 보듯이 전기각에서 40° 정도 변위시켜 나아가는 자극치 폭을 좁게 하여 원래 폭의 1/2~1/3로 한다. 그러면 영구자석 회전자는 고정자 자극치에 흡인되었던 상태로 (c)로 표시하는 위치에서 균형을 잡고 정지한다. 이것이 이미 한 방향으로 벗어난 상태가 되며 이 상태에서 고정자를 여자하면 한 방향으로 회전시킬 수가 있다. 즉 그림 (c)의 넓은 극이 N극에 여자되었다고 하면 당연히 좁은 극은 S극이고 넓은 극이 N극에 의해 회전자 자극의 N극과는 반발하여 시계방향으로 돈다. 한편 좁은 극의 S극은 S극과 서로 반발하고 회전자의 N극은 흡인한다.

회전자가 180° 회전한 시점에서 인가교류의 극성이 반전하고 회전은 속행한다. 그 후는 교번자계에 따른 동기속도로 회전한다. 만일 기동시에 그림 8-27(c)의 넓은 극에 있어서 S극, 좁은 극이 N극이 되는 경우에는 회전자 극과 고정자 극이 서로 흡인하고 넓은 극의 S극이 강하게 회전자의 N극을 흡인하여 반시계방향으로 약 40° 되돌아오는데 이 이상 역회전하지 않고 교류를 인가하므로 바로 다음의 반사이클로 옮기기 전에 0여자가 되며 이 때 회전자는 본래의 위치 그림 8-27(c) 상태로 되돌아옴과 동시에 고정자극은 역자극이 발생하고 넓은 극이 N극이 되며 전술한 바와 같이 시계방향으로 반발기동한다. 즉 역회전기동의 경우 일종의 자기록크가 걸리게 된 셈이며 단순한 1계열의 자속배열에서도 한 방향으로 자기동이 가능해진다. 문제는 회전자의 관성이 크면 동작이 늦고 동기속도에 붙어서 갈 수 없게 되는 것이므로 다극에 의해 동기속도를 내리고 회전자 관성은 그때 가볍게 해야할 필요가 있다. 회전자 관성의 한계값에 대해서는 계산하여 해명할 수 있다.

(a) 세이딩 없는 자기동 인덕터 모터의 구조와 동작원리 다극화하기 위해 그림 8-27(c)의 고정자 자극 배열의 각도 관계를 그대로 유지해서 1매의 철판상에 다극 전개시킨 것이 그림 8-28(a)이다. 이것은 단상다극 고정자로 내외 자극치의 간격이 중요한 요인이 된다. 그림에서 알 수 있듯이 자극치 선단부의 1매의 철판에서 구멍을 뚫어짐에 의해 얻어지도록 연구한 것이다.

이 다극고정자면과 같은 극수에서 방사상으로 같은 간격으로 착자(着磁)한 원반(圓盤) 회전자에 적당한 공극을 만들어 면대향적으로 배치하여 설계하고 다극 인덕터 동기 모터

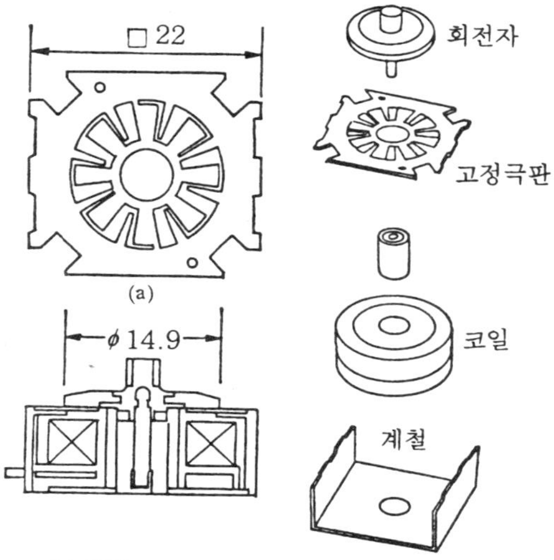

그림 8-28 세이딩없는 자기동 인덕터 모터 단상 면대향형 모터분해도

의 원형으로 하였다. 여기에 여자코일을 붙인 모터 단면도는 그림 8-28(b)에 나타내며 모터 전체의 부품 레이아웃도 같은 그림 8-28(c)에 표시한다.

본 예는 16극 모터이지만 극수는 필요에 의해 변경할 수 있다. 그림 8-28에 나타낸 16극 모터의 발생토크의 기본식은 식 (8-8)에서 주어진다.

$$T_m = -A\sin(16\theta) + B\sin(8\theta + \alpha)\sin\omega t \tag{8-8}$$

여기에 A : 릴럭턴스 토크의 최대치, B : 전류 토크의 최대치

식 (8-8) 중 제1항은 릴럭턴스 토크를 나타내고 구체적으로는 그림 8-29(a)로 나타낸다. 제2항은 코일에 의한 직류여자토크(이하 전류 토크라 부른다)는 그림 8-29(b)에 나타낸다. 이 (a), (b) 사이에는 약 40°전기각의 위상차가 있고 합성 토크 그림 8-29 중 (c)에 나타낸다. 여기서 코일에 인가된 전압의 극성을 반전시키면 전류도 반전한다. 그림 8-29의 (d)가 된다. 결국 이것은 교류로 여자하면 그림 8-29의 합성 토크 분포도는 0토크가 되는 것이 아니다. 합성 토크 (c) 곡선상을 동기속도로 건널 수 있는 토크를 발생할 수 있다. 이동시는 안정정지 위치에 정지하고 있지만 만일 어떠한 위치에 있다해도 기동원리는 전술한 바와 같이 정방향으로 자기동할 수 있다.

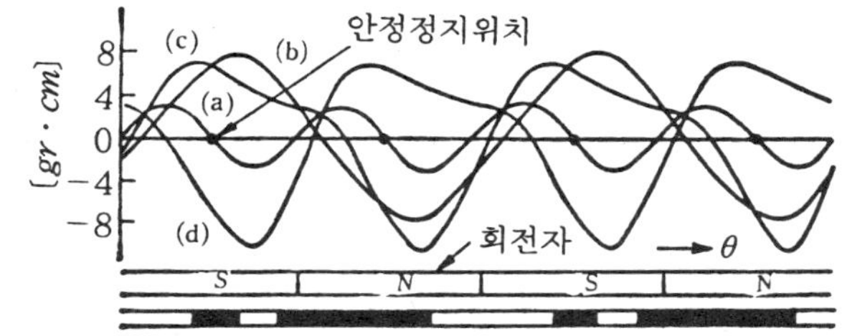

그림 8-29 세이딩없는 자기동 인덕터 모터의 발행토크 분포와 고정자, 회전자 위치관계

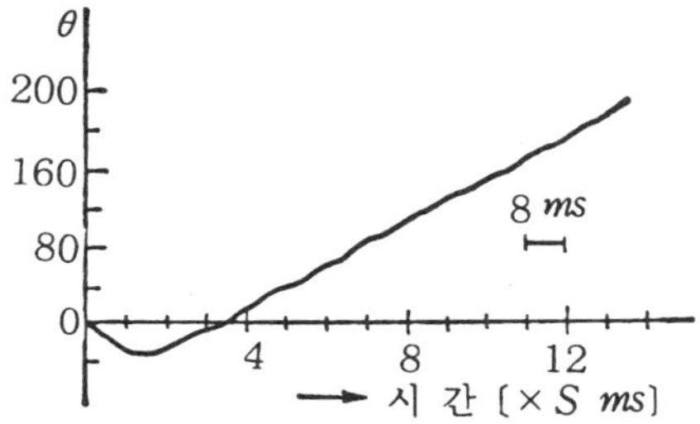

그림 8-30 세이딩없는 자기동 인덕터 모터 기동 특성

본 모터를 교류로 구동시킨 2 인가전압의 위상에 따라서는 역전기동도 하지만 최대의 지연에 있어도 1/2 사이클 이내에는 동기인입이 행해진다. 시뮬레이터에 의한 해석의 일례를 나타내보면 그림 8-30처럼 역전기동하기 좋은 조건에서 부하를 건 상태로 기동시킨 것이다.

이론과 같이 최초의 반 사이클은 역방향으로 진행, 정전으로 되돌아오고 동기인입한 동작의 경과를 나타냈다.

그림 8-31은 모터에 정격전압 인가시에 부하를 걸어가고 동기회전 범위를 구한 것이다. 그림에서 알 수 있듯이 D부하에서는 탈조를 일으키지만 본 모터는 그림 8-28에 나타낸 것처럼 원반회전자(disc rotor)를 채용하고 있고 회전자 자석면이 고정자면에 흡인하는 힘, 즉 스러스트(thrust)력이 있으며 더불어 스러스트 손이 가해지므로 더해진 부하가 걸려 있는 상태가 된다.

이 스러스트손의 최대치를 그림 8-31 중에 기계손으로 나타냈는데 이것보다 공극을 0.3 [mm]로 하였을 때는 4 [gr · cm]의 기동토크를 이용할 만하다.

이처럼 고정자 자극치판과 회전자, 여자코일에서 단순화된 모터가 생긴다. 그 일례로써 실물사진을 사진 8-10에 나타낸다. 이와 같이 함에 따라 앞에서 설명한 세이딩식 모터처럼 자극 치수가 모터 자극의 2배가 되는 일도 없고 또 자극수를 서로 끌어당길 필요가 없으며 모터 극수와 고정자 자극치수와는 같은 수로 하고 있다. 이것에 의해 회전자 자극이 남아 있는 경우도 없으며 나아가 전극이 고정자 극과 대향해서 동작하므로 자기효율도 한층 향상될 수 있다.

또 본 방식과 세이딩극이나 세이딩판이 필요없는 단순구조이므로 소형화가 용이하고 직경이 수 mm가 되는 모터도 만들 수가 있다. 이것을 초소형 기계 액추에이터(micro mechanical actuator) 초소형 기계적인 일로 분할하는 부분으로써 전자회로에 조립(조합)하여 아주 작은 기계의 구동용 모터로써도 이용할 수 있다.

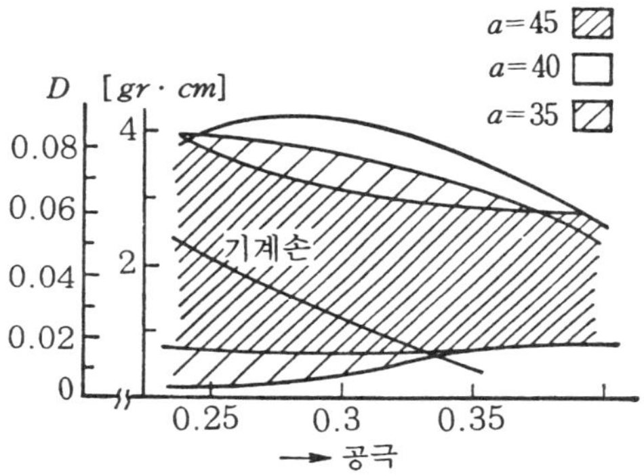

그림 8-31 세이딩없는 자기동 인덕터 모터의 동기안정범위

사진 8-10 16극 세이딩없는 자기동의 실물사진(회전자직경 φ 15)

종합적으로 타이밍 모터를 다시보면 개발경쟁이 시작되기 이전, 즉 1955년 경의 모터는 1 [gr · cm]의 기동토크를 발생시키는 데 약 100 [gr]의 재료를 요했지만 이 세이딩 모터에 이르러서는 10 [gr]의 무게이면서 4 [gr · cm]의 토크발생을 가능하게 하였다.

이와 같이 타이밍 모터는 이 20년간에 합리화에 이은 합리화로 여기까지 왔는데 이제부터는 전자기술과 융합하는 것으로 아직도 발전의 여지는 있다고 생각한다.

참고문헌

(1) C. G. Veinott : Fractional Horsepower Electric Motor, McGraw(1948)

(2) 大隅・茂木 : 小形回転機ハンドブック, 電気書院(1959)

(3) 坪島・中村 : モータ活用マニュアル, オーム社(1977)

(4) B. R. Teare : Trans. AIEE, 59, pp. 907～912(1940)

(5) 宮入・片岡 : OHM, 昭 39年 8月号, pp. 29～32

(6) USP : 3,524,091

(7) 東芝モータ研究会 : 制御用モータ技術活用マニュアル, 総合電子出版(1987)

(8) USP : 2,437,142

(9) USP : 3,502,921

(10) USP : 3,614,495

(11) 実新公報 : 昭 47-8891

(12) 鈴木, 他 : 電気学会回転機研究会資料, RM-89-23

(13) 鈴木 : 電気学会回転機研究会資料, RM-89-78

(14) 鈴木, 他 : 電気学会全国大会, 平成元年 S 10-2

(12) 鈴木, 他 : 電気学会回転機研究会資料, RM-90-16

연습문제

(1) 세이딩식 32극 인덕션 모터를 설계하려 한다. 그 구조에 있어서 세이딩 코일에 의한 자속은 45° 늦다. 따라서 $\alpha = 135°$ 전기각이 된다. 기계각으로 고쳐서 실제의 자극배열을 설계하라. 회전자 직경은 ϕ20으로 해둔다.

(2) 인덕터 모터에 있어서 릴럭턴스 토크와 디텐트 토크와의 차이에 대해 서술하시오.

(3) 릴럭턴스 모터의 동작원리를 설명하여라.

(4) 히스테리시스 모터의 동작원리를 설명하여라.

(5) 인덕터 모터의 동작원리를 설명하여라.

(6) 세이딩형 자기동 모터의 구조와 동작원리를 설명하여라.

제 9 장

성능평가

9-1 특성 측정 일반

토크, 변위, 속도 및 각도 등은 소형 모터에 있어서 대표적인 기계량이며, 동일 목적의 측정에서도 상당히 많은 방법이 있다. 소형 모터에서는 특히 측정하는 방법에 따라 이러한 기계량이 변동하지 않는 것이 측정 상의 원칙이다. 따라서 그 측정의 목적을 충분히 이해한 다음에 적절한 계측기기를 선택할 필요가 있다.

소형 모터의 특성 측정에서는 측정오차가 측정조건이나 측정환경에 기인하는 경우가 많다. 특히, 측정하기에 따라 측정량이 변화하지 않도록 계측기기 및 소형 모터의 측정조건을 고려할 필요가 있다. 또 측정 환경에는 주위 온도, 전원, 진동, 전자장 등이 있다. 이 중에서 온도 환경은 소형 모터의 특성뿐만 아니라, 측정기의 성능에도 커다란 영향을 미치게 된다.

일반적으로 측정계는 그림 9-1에 나타낸 것과 같은 기본 구성이 된다. 그림에서 검출기는 측정 목적이 되는 기계량을 검출하기 위한 것이며, 전기적인 수단에 의해 검출하는 경우는 전원부를 필요로 한다. 증폭부는 검출기 출력을 측정하는 데 적당하도록 증폭하거나, 검출기의 출력을 보정(補正)을 행하여 측정 정도(精度)의 향상을 도모하기 위하여 연산부를 포함하는 경우도 있다. 지시부는 측정 자료를 측정자가 이해할 수 있도록 하기 위하여 지시계기 또는 기록계가 이용된다. 폐루-프제어의 측정신호는 피드백 신호로써 뽑아내어서 이용한다.

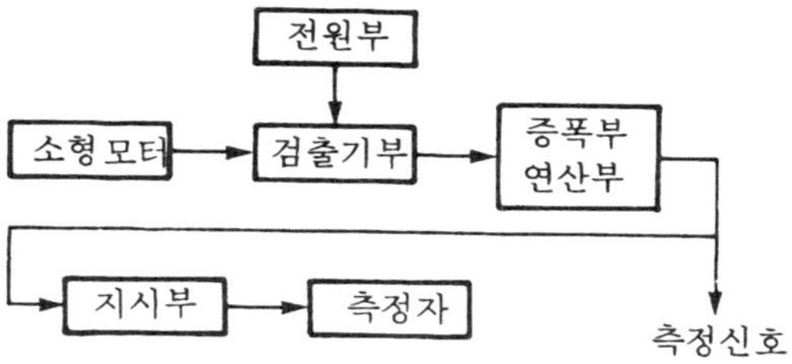

그림 9-1 측정계의 기본 구성

9-2 제정수의 산정과 측정

9-2-1 등가 회로와 특성

직류 모터의 전기적 등가 회로는 그림 9-2에 보여주듯이 인덕션전압 E와 임피던스 관계 $(R+L_s)$직렬회로로 나타낼 수 있다. 임피던스 계수는 정상상태에서는 저항 R만큼만 된다. 그러나 과도상태에서는 R외에 인덕턴스 L을 고려할 필요가 있다. 다만, L_s의 s는 라플라스 연산자이고, 저항 R은 권선저항과 브러시 저항 등을 포함한다. 그림 9-2에서 식 (9-1) 및 (9-2)가 성립한다.

$$E = KB\omega \tag{9-1}$$

$$i = (E_a - E)/(R + \omega L_s) \tag{9-2}$$

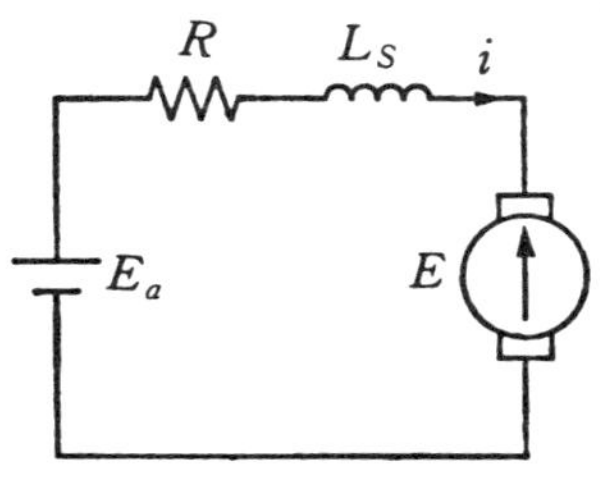

그림 9-2 등가 회로

회전자를 구속하여 E_a를 인가했을 때의 전류 i는 그림 9-3에 나타나듯이 1차 지연 특성이 된다. 전원의 내부 특성을 무시하면 $\frac{L}{R} = T_e$는 모터의 시정수가 된다.

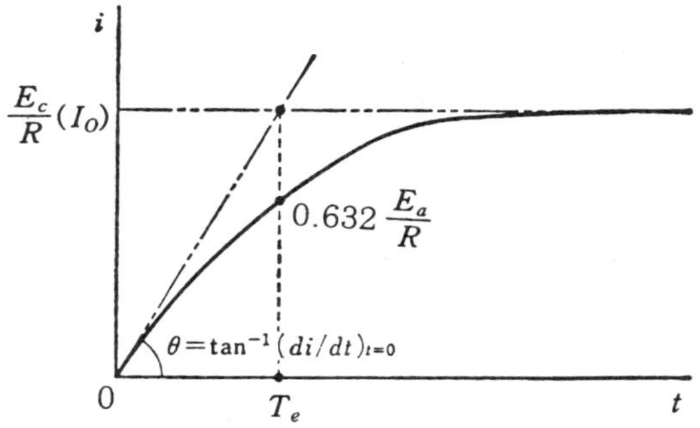

그림 9-3 스텝 인가 전압에 대한 $i-t$ 특성

여기서, B : 공극의 자속밀도, ω : 각속도,

K : 비례정수($K = \frac{D}{2} \cdot \frac{lz}{a}$), $\frac{D}{2}$: 전기자 반경,

l : 전기자 도체의 길이,

z : 도체 총수,

a : 전기자의 병렬회로수, 토크는 식 (9-3)에 나타낸다.

$$T = KiB = \frac{KBE_a}{R+\omega L_s} - \frac{K^2B^2}{R-\omega L_s}\,\omega \tag{9-3}$$

정상상태에서는 $s=0$으로 하는 식 (9-4)가 된다.

$$\begin{aligned} T = KiB &= \frac{KBE_a}{R} - \frac{K^2B^2}{R}\,\omega \\ &= KBI_0 - \frac{K^2B^2}{R}\,\omega \\ &= T_0 - D_0\,\omega = D_0(\omega_0 - \omega) \end{aligned} \tag{9-4}$$

여기서, $T_0 = KBI_0$: 시동토크, $D_0 = \frac{K^2B^2}{R}$: 제동정수

$\omega_0 = \frac{T_0}{D_0}$: 무부하속도, $I_0 = \frac{E_a}{R}$: 시동전류

E_a가 클수록 속도는 증가하고, 전류 및 Torque도 증가한다. 역기전력 E는 $KB\omega$가 크면 클수록 I가 적어지므로 T가 감소한다.

식 (9-4)는 그림 9-4로 나타낼 수 있다.

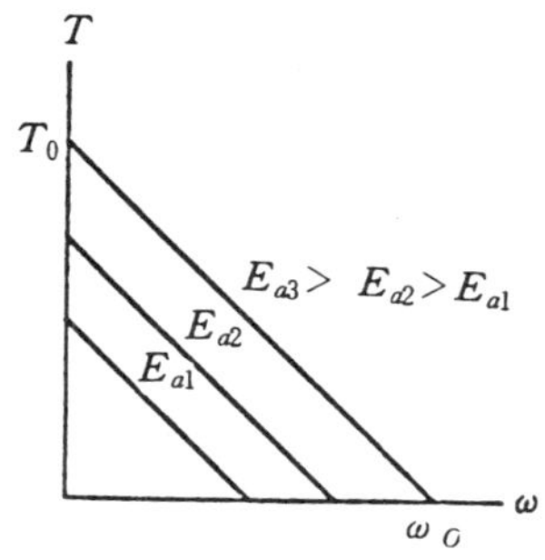

그림 9-4 토크-속도 특성

9-2-2 블록 선도

모터는 회전자의 기계적 운동에 의해 유기전압이 발생한다. 지금 부하의 토크를 0으로 하여 축수 등의 마찰토크 T_c 및 점성 마찰토크 D_w의 기계적 운동부분을 포함하고, 계자를 일정하게 하였을 때 블록 선도는 그림 9-5에 나타낸 것과 같아진다. 그림 9-5의 블록 선도에서 $L=0$, $D=0$, $T'=K_T i$, $KB=K_E$라 하면, 그림 9-6의 간이 블록 선도가 되고, 나아가 그림 9-6을 변형하면 그림 9-7이 얻어진다.

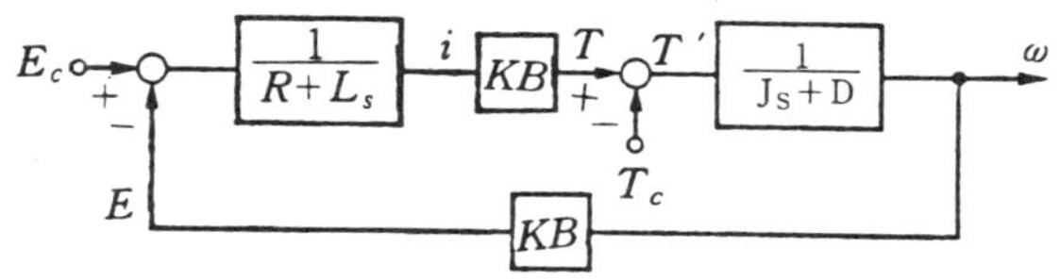

그림 9-5 모터 기능의 블록 선도

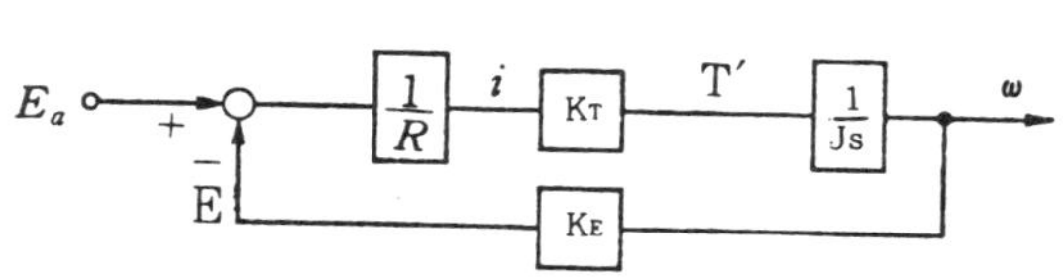

그림 9-6 간이 블록 선도

그림 9-7에서 E_a를 가했을 때의 속도는 그림 9-8과 같이 1차 지연특성이 된다. 이때의 $\frac{J}{D_0} = T_m$은 모터의 기계적 정수이다. 또한, K_E는 인덕션 전압 정수이고, K_T는 토크 정수이다. 기동 상태에서는 기동토크 T_0가 모터 회전자의 관성능률 J를 인가하기 위하여 소비된다. 속응성의 표준이 되는 전력률은 식 (9-5)로 나타낸다.

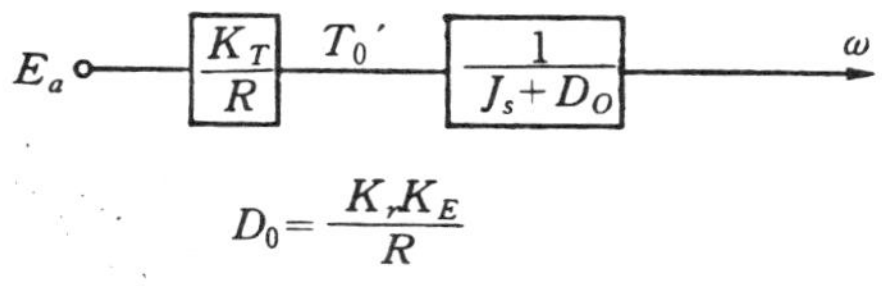

그림 9-7 변형화한 블록 선도

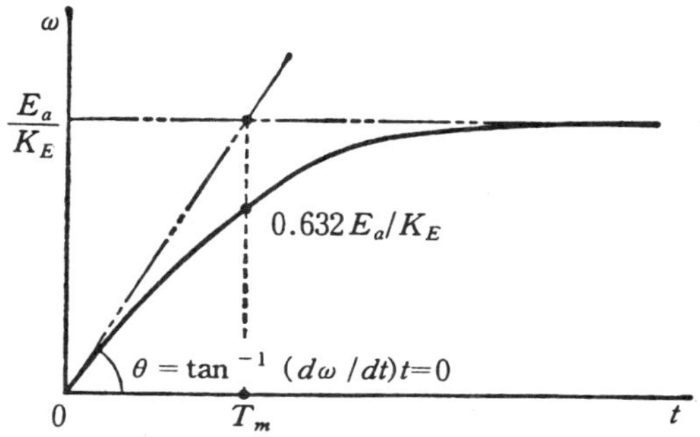

그림 9-8 스텝 인가전압 E_a에 대한 $\omega-t$ 특성

$$\frac{dp}{dt} = \frac{d\omega}{dt} \cdot T_0 = \alpha T_0 \tag{9-5}$$

가속도 α에 초기 가속도 α_0를 채용하면 전력률 γ은 (9-6)으로 나타내진다.

$$\gamma = \alpha_0 T_0 = \frac{T_0^2}{J} = \frac{K^2 B^2 E_a^2}{JR^2} = \frac{E_a^2}{T_m R} \tag{9-6}$$

9-2-3 모터 정수의 산정

(1) 정격출력 P

$$\begin{aligned} P &= \omega T = 2\pi n r f \\ &= 2\pi\left(\frac{n'}{60}\right)\left(\frac{r'}{100}\right)(9.8 f') \qquad (9\text{-}7) \\ &= 2\pi\left(\frac{n'}{60}\right)\left(\frac{9.8T'}{100}\right)\ [\mathrm{W}] \end{aligned}$$

여기서, n : 정격회전수[rps], r : 반경[m], f : 힘[N]

n' : 정격회전수[rpm], r' : 반경[cm],

f' : 중량[kgf], T' : 정격토크[kgf · cm],

$\omega=2\pi n$: 정격각속도[rad/s],

$T=rf$: 정격토크[N · m]

(2) 전력률 γ

$$\gamma=\alpha_0 T_0=\frac{T_0^2}{J}=\frac{T_0^2}{r^2 m}$$

$$=\left(\frac{100}{r'}\right)^2\left(\frac{1}{980m'}\right)\left(\frac{9.8}{100}T_0'\right)^2 \tag{9-8}$$

$$=\left(\frac{100}{9.8J'}\right)\left(\frac{9.8}{100}T_0'\right)^2\ [\mathrm{W/s}]$$

여기서, J : 관성능률[kg · m²], m : 질량[kg], m' : 질량[kgf · s²]

T_0' : 토크[kgf · cm], J' : 관성능률[kgf · cm · s²]

(3) 유기 전압 정수 K_E**, 토크 정수** K_T

$$\left.\begin{aligned} K_E&=\frac{E}{n'}\ [\mathrm{V/rpm}] \\ K_T&=T'/I\,[\mathrm{kgf\cdot cm/A}] \end{aligned}\right\} \tag{9-9}$$

(4) 전기적 시정수 T_e**, 기계적 시정수** T_m

$$\left.\begin{aligned} T_e&=\frac{L}{1000R}\ [\mathrm{s}] \\ T_m&=J/D_0 \\ &=\frac{J'}{\dfrac{K_T K_E}{R}\cdot\dfrac{60}{2\pi}}\ [\mathrm{s}] \end{aligned}\right\} \tag{9-10}$$

여기서, D_0 : 제동정수[N · m · s],

R : 저항[Ω], L : 인덕턴스[mH]

9-2-4 모터 정수의 측정

(1) 유기 전압 정수 K_E

피측정 모터를 구동 모터로 회전시켜서 발전기로 하고, 그 때의 발전 전압 E[V]를 전압계로 측정하여, $K_E = E/N$[V/rpm]의 식에 의해 구한다. 그림 9-9는 유기전압정수 K_E의 측정 예를 나타낸다.

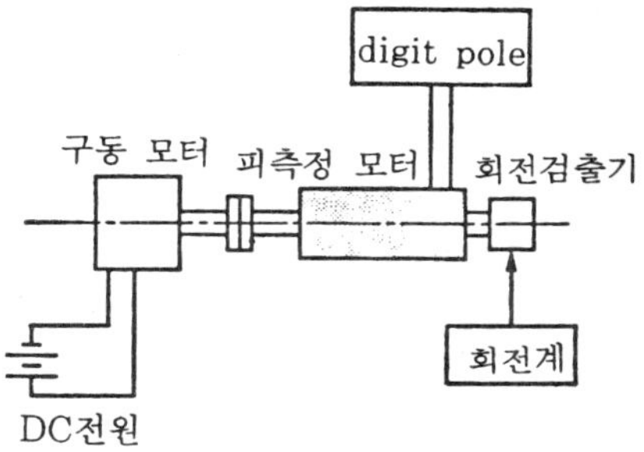

그림 9-9 유기 전압 정수 K_E의 측정

(2) 토크정수 K_T

정격전류 I[A]를 흘렸을 때의 기동토크 T[kgf · cm]를 측정하고, $K_T = T/I$ [kgf · cm/A]로부터 구한다.

정지마찰 토크가 문제가 되는 경우는 정격회전시의 정격토크 T[kgf · cm]와 그때의 정격 전류 I[A]의 측정치에서 $K_T = T/I$[kgf · cm/A]의 식에 의해 구한다.

또 K_T[kgf · cm/A]는 단위환산에 의해 K_E[V/rpm]에서 식 (9-11)에 의해 구할 수 있다.

① $K_T\,[\text{kgf} \cdot \text{cm/A}] = K_T\,[\text{N} \cdot \text{m/A}] \times \frac{9.8}{10^2} = K_E\,[\text{rad/s}] \times \frac{9.8}{10^2}$

$$= K_E\,[\text{V/rpm}] \times \frac{60}{2\pi} \times \frac{9.8}{10^2}\,[\text{rad/s}]$$

$$= K_E\,[\text{V/rpm}] \times \frac{60}{2\pi} \times \frac{9.8}{10^2}\,[\text{N} \cdot \text{m/A}]$$

$$= K_E\,[\text{V/rpm}] \times \frac{60}{2\pi} \times \frac{9.8}{10^2} \times \frac{1 \times 10^2}{9.8}\,[\text{kgf} \cdot \text{cm/A}]$$

$$= K_E\,[\text{V/rpm}] \times \frac{60}{2\pi}\,[\text{kgf} \cdot \text{cm/A}] \qquad (9\text{-}11)$$

② $K_T\,[\text{N} \cdot \text{m/A}] = K_E\,[\text{rad/s}]$

$$= K_E\,[\text{V/rpm}] \times \frac{60}{2\pi}\,[\text{rad/s}] = K_E\,[\text{V/rpm}] \times \frac{60}{2\pi}\,[\text{N} \cdot \text{m/A}]$$

$$= K_E\,[\text{V/rpm}] \times \frac{60}{2\pi} \times \frac{1 \times 10^2}{9.8}\,[\text{kgf} \cdot \text{cm/A}]$$

$$= K_E\,[\text{V/rpm}] \times \frac{3000}{9.8\pi}\,[\text{kgf} \cdot \text{cm/A}]$$

(3) 전기적 시정수 T_e, 기계적 시정수 T_m

전기적 시정수 T_e는 그림 9-3의 $i-t$ 특성을 측정하여 구한다. 또 기계적 시정수 T_m[s]는 그림 9-8의 $\omega-t$ 특성을 측정하여 구한다.

9-2-5 관성 능률

회전축(중심축)의 관성능률은 $J=mr^2$로 나타낸다. 그림 9-10에서 축으로부터 r점에 dr의 미소 길이를 정하고 이것이 원환을 1주할 때의 미소 체적 $dV=2\pi rLdr$, 미소 질량은 밀도 ρ를 곱해서 $dm=2\pi rL\rho dr$가 된다. 따라서 원주의 관성능률 J는 식 (9-12)로 나타낸다.

$$\begin{aligned} J &= \int_V r^2 dm = \int_V r^2 (2\pi r \rho L dr) \\ &= 2\pi\rho L \int_V r^3 dr \\ &= \frac{\pi}{2}\rho L R^4 = \frac{W}{2g} R^2 \end{aligned} \tag{9-12}$$

여기서, L : 원주의 길이, ρ : 밀도, R : 원주의 반경, g : 중력가속도,
$W=\pi R^2\rho' L$: 원주의 질량, $\rho'=\rho g$: 비중

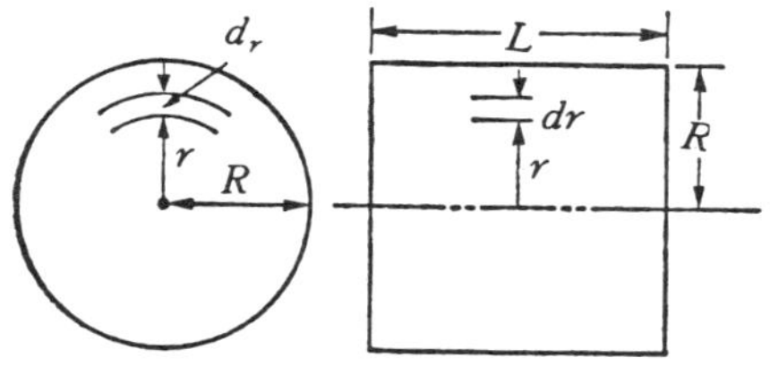

그림 9-10 원 주도형

(1) 2개를 매다는 방법에 의해 관성능률을 구하는 방법

그림 9-11에서 보여주듯이 2개의 실로 피측정용 회전자를 매달은 경우 회전자 J가 각 변위 θ를 발생했을 때의 복원 토크 T는 $L \geq 2R \times 10$이라 하면 식 (9-13)이 성립한다.

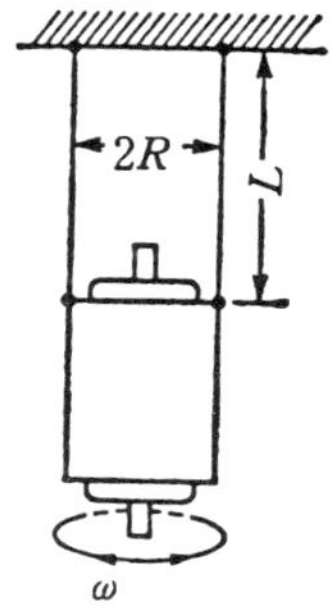

그림 9-11 2개를 매다는 법

$$T = RF = RW\sin\theta' \fallingdotseq RW\theta'$$
$$= RW\cdot R\theta/L = K\theta \qquad (9\text{-}13)$$

여기서, W : 피측정용 회전자의 중량,

θ' : 계의 각변위,

$K = R^2W/L$: 강성계수

$$\omega = \sqrt{\frac{L}{J}} = \sqrt{\frac{R^2W}{JL}}$$

$$J = \frac{R^2W}{\omega^2L} = \frac{R^2W}{(2\pi f)^2L} \qquad (9\text{-}14)$$

단, $L/2R \geqq 10$

이와 같이 피측정용 회전자 전체의 중량 W와 기하학적 치수 R, L 및 고유 진동수 f에서 관성능률 J는 식 (9-14)로부터 구해진다.

(2) D_0와 T_0에서 관성능률을 구하는 방법

관성능률 J'는 식 (9-10)에서 식 (9-15)로 나타낸다.

$$J' = T_m\cdot\frac{K_TK_E}{R}\frac{60}{2\pi}\ [\text{kgf}\cdot\text{cm}\cdot\text{s}^2] \qquad (9\text{-}15)$$

따라서 J'는 T_m, K_T, K_E 및 R의 측정치로부터 구할 수가 있다.

9-3 진동 · 소음의 측정

9-3-1 진동의 측정

(1) 진동수와 주기

정현파는 그림 9-12에서 $x=A\sin\omega t$로 나타내고, A는 진폭이라 한다. 단위 시간 내의 진동횟수를 진동수라 하고 1회의 진동에 요하는 시간을 주기라 한다. 또한 $\omega=2\pi f$를 각주파수라 하고, 진동수와 주기는 식 (9-16)으로 나타낸다.

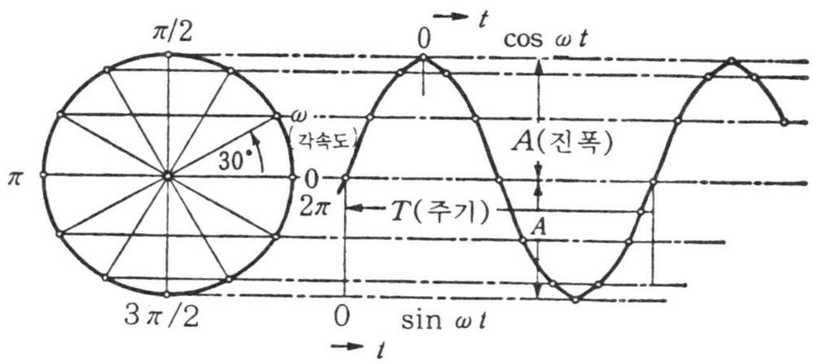

그림 9-12 정현파

$$\left.\begin{array}{ll} \text{진동수} & f=\dfrac{1}{T}=\dfrac{\omega}{2\pi}\,[\mathrm{Hz}] \\ \text{주 기} & T=\dfrac{1}{f}=\dfrac{2\pi}{\omega}\,[\mathrm{s}] \end{array}\right\} \tag{9-16}$$

고유진동수 f_n는 식 (9-17)로 나타낸다.

$$f_n=\frac{\omega_n}{2\pi}=\frac{1}{2\pi}\sqrt{\frac{k}{m}}=\frac{1}{2\pi}\sqrt{\frac{gk}{W}} \tag{9-17}$$

여기서, k : 스프링 정수, g : 중력가속도, W : 중량

(2) 진동의 표시

진동을 나타내는 방법으로는 변위, 속도, 가속도의 3종류가 있다.

진동 진폭 A의 정현파 진동이라고 하면,

변 위 $x = A\sin\omega t$, 속도 $\frac{dx}{dt} = \omega A\cos\omega t$,

가속도 $dx^2/dt^2 = -\omega^2 A\sin\omega t$로 나타내진다.

모터의 진동을 나타내는 경우는 일반적으로 변위진동을 이용하여 전진폭의 $2A$로 나타내고 단위는 (1/1000[mm]) 또는 (μm)이다.

또 가속도를 사용하는 경우는 가속도 진폭의 실효치를 a[m/s^2]라 하면 가속도 레벨은 $L = 20\log_{10} a/a_0$[dB]로 나타나고 기준의 가속진동의 실효치, $a_0 = 10^{-5}$[m/s^2]가 이용되고 있다.

(3) 진동측정과 진동계

진동계는 흔히 진자(振子)가 이용되고 그 지점은 피측정물에 의해 강제 진동시킨다. 그때의 진자의 움직임에서 피측정물의 움직임을 계측한다. 피측정물의 진동수와 진자의 고유진동수와의 관계에서 변위계 또는 가속도계가 된다.

지금 피측정물의 진동수는 ω라 하고 진자의 고유진동수를 ω_n이라 하면 $\omega/\omega_n \gg 1$인 경우 변위계가 되고 $\frac{\omega}{\omega_n} \ll 1$인 경우 가속계가 된다.

검출계(픽업)는 그림 9-13에 나타나는 동전형(動電形) 또는 압전형이 이용되고 진동현상이나 측정목적 등에 따라 선택된다. 진동계의 분류 예를 표 9-1에 나타낸다. 소형 모터의 진동을 측정함에 있어서 인덕션기의 진동시험의 주된 측정조건을 소형 모터에 적용하면 다음과 같은 점들을 들 수 있다.

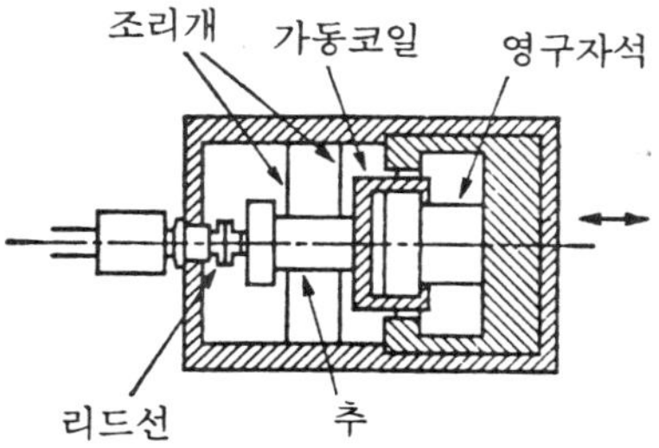

(a) 동전형 진동검출기

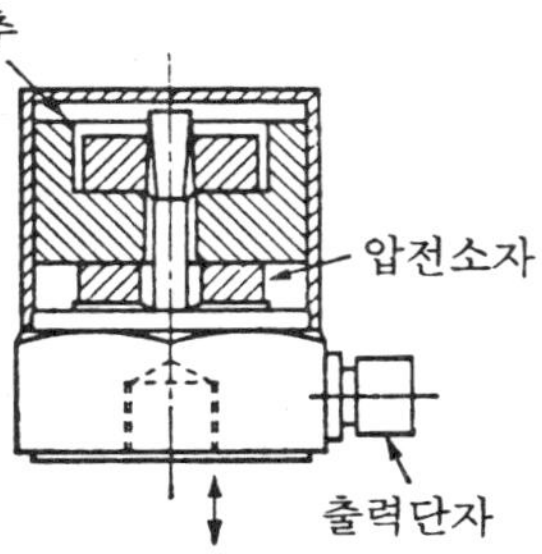

(b) 압전형진동검출기

그림 9-13 진동검출기의 구조

표 9-1 진동계의 분류

출력에 의한 분류	a) 가속도형 검출기 (입력 가속도에 비례한 출력) b) 속도형 검출기 (입력 속도에 비례한 출력) c) 병위형 검출기 (입력 변위에 비례한 출력)
변환기에 의한 분류	a) 동진형 검출기 b) 압전형 검출기 c) 변형 게이지형 검출기 d) 비접촉형 검출기
진동수에 의한 분류	a) 저역용 진동계 (약 100 [Hz] 이하) b) 중역용 진동계 (약 10∼1000 [Hz]) c) 고역용 진동계 (약 1 k∼10 [kHz]) d) 광대역 진동계 (약 DC∼740 [kHz])

(a) 정격전압, 정격주파수에서 무부하운전하고 진동을 측정한다.

(b) 모터는 원칙적으로 탄성체로 지지한다. 받침대 및 지탱축의 중량의 합은 모터 중량의 15% 이하로 한다. 또 탄성계의 진동의 고유주파수는 모터의 회전수[rps]의 1/4 이하의 탄성체를 선정한다.

(c) 축단키 홈에 사용하는 키의 절반 두께인 것을 장치하는 것을 원칙으로 한다.

(d) 피측정치는 축수에 가까운 부분에서 실시하고 상하방향, 횡방향 및 축방향에 대하여 측정하고 그 전진폭을 기록한다.

9-3-2 소음의 측정

(1) 소음

소음이란 「없으면 좋다고 생각하는 소리」를 말하며 주관적요소가 포함된다.

음원의 음향출력을 데시벨[dB]로 나타낸 것을 음원의 파워레벨 PWL(power level)이라 하며 어떤 음향출력 W의 기준의 음향출력 W_0를 비교하여 그 대수를 가지고 10배하여 식 (9-18)에서 구해진다.

$$\mathrm{PWL} = 10 \log_{10} \frac{W}{W_0} \ [\mathrm{dB}] \tag{9-18}$$

여기서, $W_0 = 10^{-12}$ [Watt]

즉, 1 [W] 출력을 가진 음원의 파워레벨은 120 [dB]이 된다. 이와 같이 음원의 파워레벨 PWL가 레벨(dB)로 나타내지는 이유는 가청주파수 범위가 20 [Hz]~20 [kHz]이고, 음의 세기에서는 $10^{-16} \sim 10^{4}$ [Watt/cm^2]가 되며 주파수에서 10옥타브로 음의 세기에서는 10^{12}배의 크기의 숫자가 되는 것을 피하기 위해 사용된다.

음의 강도(세기) 레벨 IL(intensity level)은 어떤 음의 세기 I와 기준의 세기 I_0를 비교하여 대수를 가지고 10배하여 식 (9-19)로 나타내진다.

$$IL = 10 \log_{10} I/I_0 \ [\mathrm{dB}] \tag{9-19}$$

여기서, $I_0 = 10^{-12}$ Watt/m^2 $= 10^{16}$ [Watt/cm^2]

즉 기준의 세기 I_0는 1000 [Hz]로 인간이 느끼는 최소치이다.

음압레벨 SPL(sound pressure level)은 음의 세기가 음압의 2승에 비례하고 어떤 음압의 실효치 P와 기준의 음압의 실효치 P_0로부터 식 (9-20)으로 나타난다.

$$\mathrm{SPL} = 10 \log_{10} \frac{P_2}{P_0^2} = 20 \log_{10} \frac{P}{P_0} \ [\mathrm{dB}] \tag{9-20}$$

여기서, $P_0 = 2 \times 10^{-5}$ [N/m^2] $= 2 \times 10^{-4}$ [μbar]

음압레벨, 어떤 음압의 실효치가 2 [N/m^2]에서는 음압레벨 100 [dB]이 된다.

음압레벨 기준음압 2×10^{-5} [N/m^2]는 1000 [Hz] 순음의 최소 가청음압과 거의 같다.

(2) 청감곡선

1000 [Hz] 순음의 음압레벨을 기준으로 하여 순음의 주파수를 바꾸었을 때 기준음과 같은 크기로 들을 수 있는 음압레벨값에서 구한 것과 같은 감각 레벨의 음의 크기의 레벨 phon으로 나타낸다.

인간의 귀의 주파수 감도 특성에 맞추기 위하여 그림 9-14의 청감곡선 40, 70, 100 phon 곡선을 근사로해서 단순화한 것의 역특성이 그림 9-15의 A 특성, B 특성, C 특성이다. 일반적으로 A 특성이 사용되고 있으며 C 특성은 평탄한 곡선이기 때문에 주파수 분석에 이용된다.

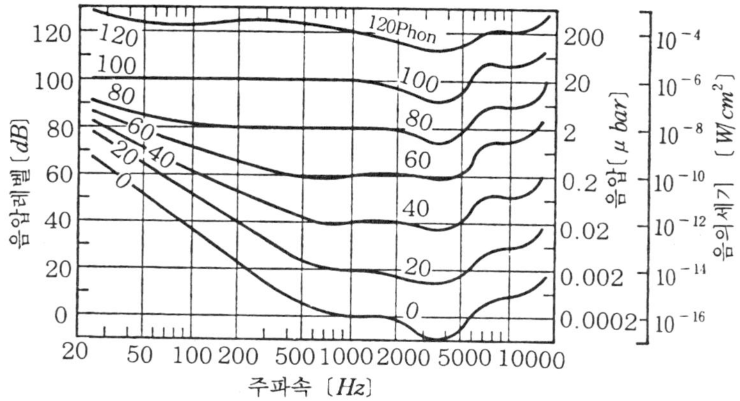

그림 9-14 Fletcher-Munson의 청감곡선

(곡선상에 기입된 phon수와 음의 크기의 레벨)

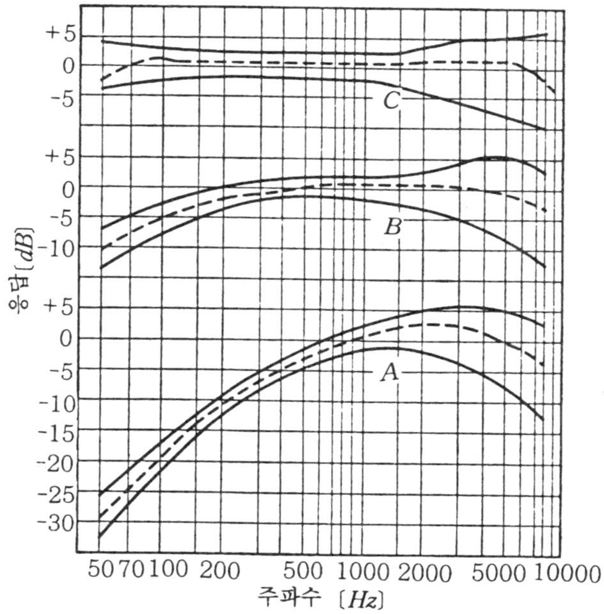

그림 9-15 청감곡선의 A, B, C특성

(점선이 표준레스폰스이고 실선이 허용레스폰스)

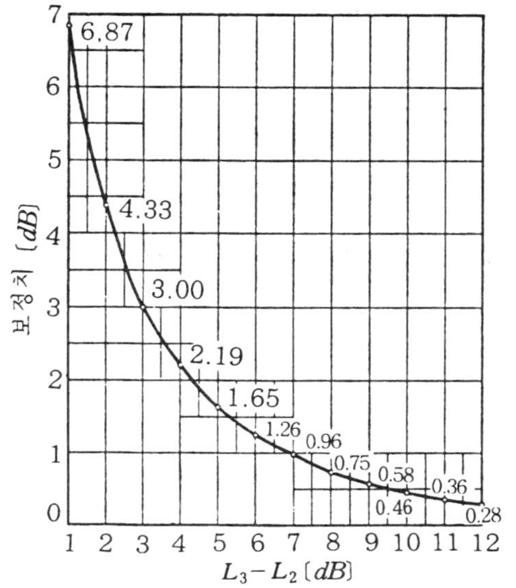

L_1 : 대상음의 레벨[dB]

L_2 : 암소음의 레벨[dB]

L_3 : 대상음과 암소음과 동시에 있는 경우의 레벨[dB]

L_3-(보정치)$=L_1$

그림 9-16 암소음의 보정

(3) 소음측정조건

(a) 정격전압, 정격주파수에서 부하운전 하여야 한다.

(b) 탄성체에서 지지 반음이 사음이 적은 장소에서 측정한다. 측정거리가 2배이고 약 4 [dB] 이상 감소할 것, 암(暗)소음과의 차이가 10 [dB] 미만인 경우는 보정을 실시한다.

(c) 소음계에서는 A 특성을 사용한다. 축중심을 포함하는 평면상에서 4방향에 대해 측정한다. 역시 모터 출력이 1 [kW] 미만을 0.5 [m]의 거리에서 1 [kW] 이상은 1.0 [m]의 거리에서 소음을 측정한다.

(d) 특정의 대상음이 없을 때의 그 창소의 소음을 대상음에 대해 암소음이라 한다. 암소음과 측정치의 차가 10 [dB] 미만의 경우는 그림 9-16의 암소음의 보정을 이용하여 대상으로 하고 있는 음의 소음레벨을 측정한다.

9-4 부하특성시험

9-4-1 소형모터의 토크 측정법

(1) 토크 측정의 개요

소형 모터의 출력과 효율은 토크, 회전수 및 입력을 측정하여 구할 수 있다. 그림 9-17은 토크의 측정방법을 분류한 것으로 동력전달축의 비틀림을 이용하여 측정하는 액션방식 및 브레이크의 반동에 의한 회전력으로 측정하는 리액션 방식으로 분류할 수 있다. 토크센서는 이러한 토크 측정방식으로 선정하고 토크는 이것들과 부하장치를 조합하여 측정한다.

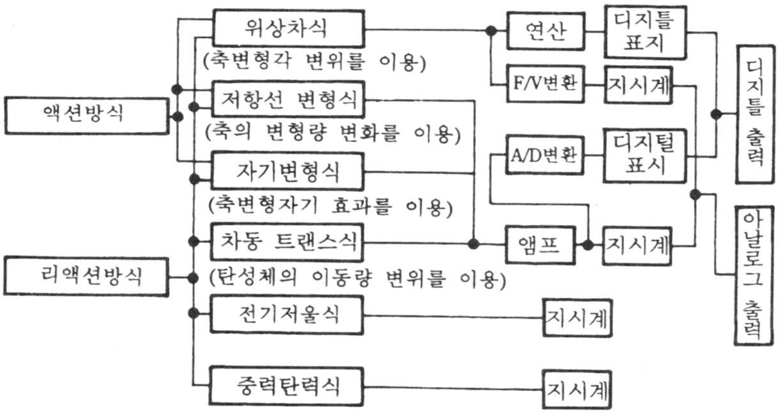

그림 9-17 토크 측정방법

(2) 부하장치의 종류

부하장치는 표 9-2에 나타나는 5종류가 일반적으로 사용되고 있으며 주요 원리와 특징을 제시한다. 이것들은 소형 모터의 회전수 토크 및 출력 등에 맞춰서 선정된다. 또 그림 9-18은 DC 모터 브레이크를 뺀 이것들의 부하장치의 구조를 나타낸다.

표 9-2 부하장치의 원리와 특징

부하장치	원리	장점 · 단점
히스테리시스 브레이크	고정된 요크의 갭에 자계를 발생시켜서 그 자계 중에서 히스테리시스 모터를 테스트 모터로 회전시킴에 따라 자기마찰을 발생시켜 브레이크 힘을 준다.	(1) 보수가 쉽고 수명이 길다 (2) 구속토크 측정 가능 (3) 관성 모멘트가 크다 (4) 저속에서 코깅이 발생
과전류 브레이크	테스트 모터에 도전성 원판을 직결하고 이 양측에 설치한 여자코일에 직류전류를 흘리면 발생자속에 의해 회전원판에 교번자계가 발생, 과전류를 흘려서 제동력에 의해 부하가 걸린다.	(1) 구조가 간단 (2) maintenance free (3) 저속시는 토크의 흡수가 불가능
프로니 브레이크	테스트 모터 출력축에 외부에서 마찰 브레이크를 가하여 부하 크기를 조절하고 각 회전수에 의한 토크를 스프링 또는 로드셀 등으로 검출하여 측정한다.	(1) 관성 모멘트가 적다 (2) 제작비가 저렴 (3) 벡터풀리의 직경의 교환에 의해 토크측정 범위가 넓어진다. (4) 토크 환산시 오차가 크다.
파우더 브레이크	로터와 스테이터의 갭에 자성철분(파우더)을 넣어서 스테이타의 여자코일에 직류전류를 보내면 자속이 생기고 파우더는 갭 안에서 쇄상으로 연결되어서 제동력이 생긴다.	(1) 고토크의 흡수가 가능 (2) 구속토크가 측정 가능 (3) 고속회전이 불가능 (4) 토크의 손실이 크다.
DC 모터 브레이크	테스트 모터에서 직류모터를 회전시키면 발전기가 되고 이 발생 전력을 전원에 회생함에 의해 제동작용을 한다.	(1) 무부하 회전수 등 광범위하게 측정가능 (2) 전원기기가 비싸다 (3) 브러시 수명이 짧다

(3) 간단한 토크 측정의 실제

그림 9-19에 나타난 실과 추에 의한 방법은 회전자의 풀리에 실을 소형 모터의 회전방향과 역방향으로 감아달고 이 끝에는 스프링만을 연결, 다른 끝에 추를 매단다. 이 방법은 추를 변화시킴에 의해 속도가 변화하고 그 때의 토크는 식 (9-21)에 의해 얻어진다.

$$T = r(W - \omega)\ [\mathrm{gf \cdot cm}] \tag{9-21}$$

여기서, T : 브레이크 토크[gf · cm], r : 풀리반경[cm], W : 추의 중량[gf],

ω : 스프링만의 표시값[gf]

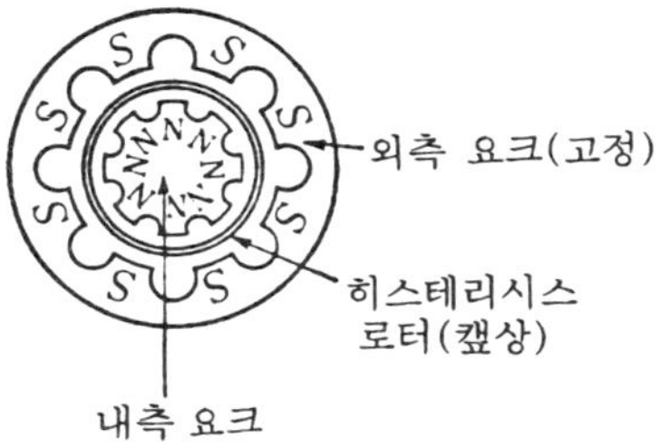

(a) 히스테리시스 브레이크

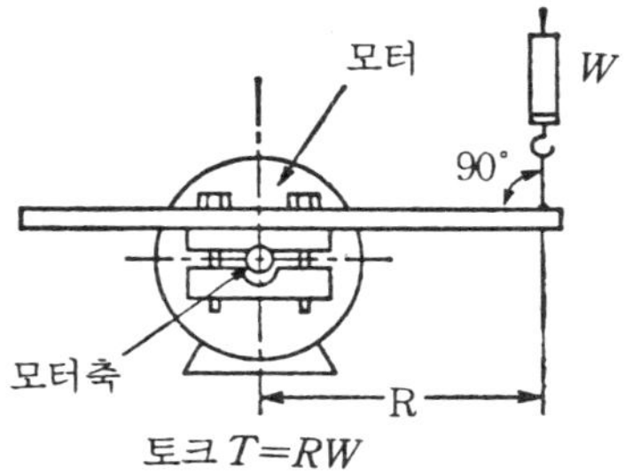

(c) 프로니 브레이크

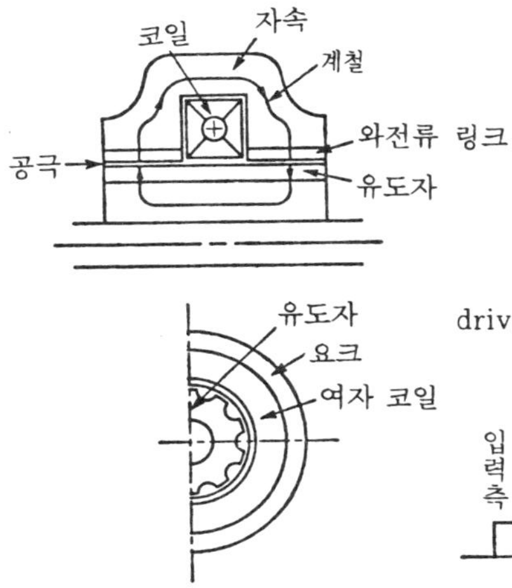

(b) 와전류 브레이크

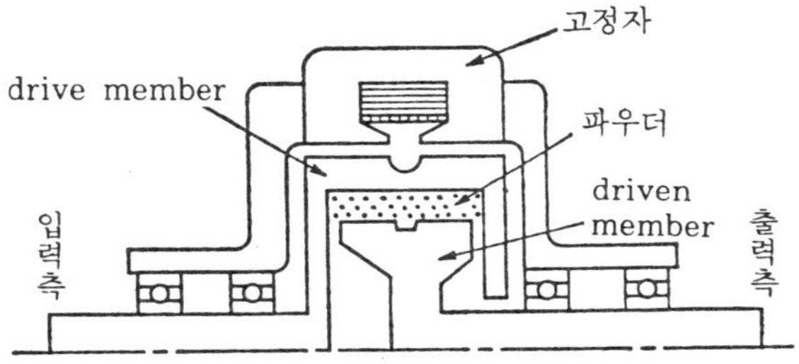

(d) 파우더 클러치

그림 9-18 부하장치

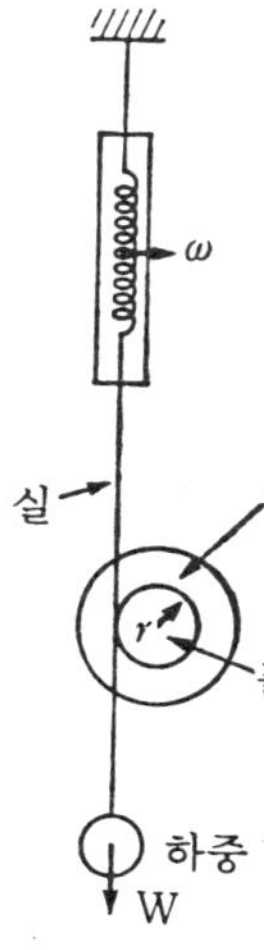

그림 9-19 실과 추에 의한 방법

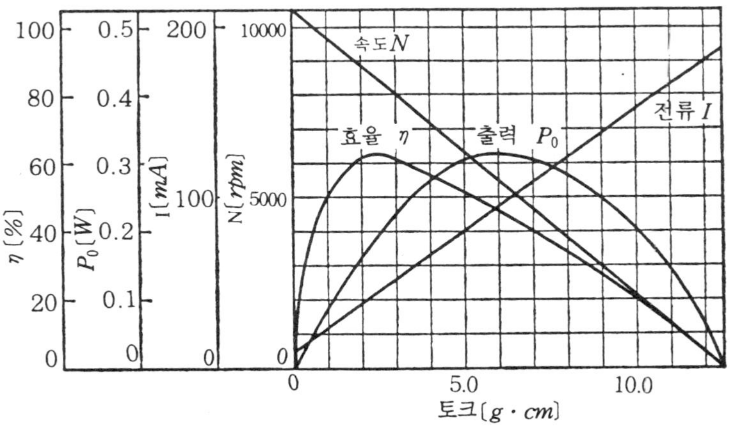

그림 9-20 코아레스 모터의 대표적 특성

이 상태에서 추만을 증가해가면 모터의 회전수는 점점 낮아지고 결국에는 정지해 버린다. 이 정지시의 소형 모터의 토크는 식 (9-21)로 계산되고 이것이 기동토크가 된다. 회전수는 모터에 무접촉으로 측정할 수 있는 스트로보스코프 등에 의해 측정한다. 그림 9-20을 소형 코아레스 모터의 대표적 특성 예를 나타낸다.

(4) 위상차식 토크 검출기

토크 측정방식 중 위상차를 이용한 토크 검출기의 원리를 그림 9-21에 나타낸다. 그림 9-21의 (a)에서는 토크 전달축에 고정된 2개소의 기어와 마주하여 배치한 전자식 검출기에 의해 토크는 비례한 뒤틀린 각을 출력신호로써 뽑아낸다. 그림 9-21(b)에서도 토크 전달축으로부터 비접촉식으로 위상차가 있는 두 개의 교류전압을 출력신호로써 검출되며 이것을 디지탈 처리하여 토크가 얻어진다. 그림 9-21(c)는 이 토크 검출기의 구조를 나타낸다.

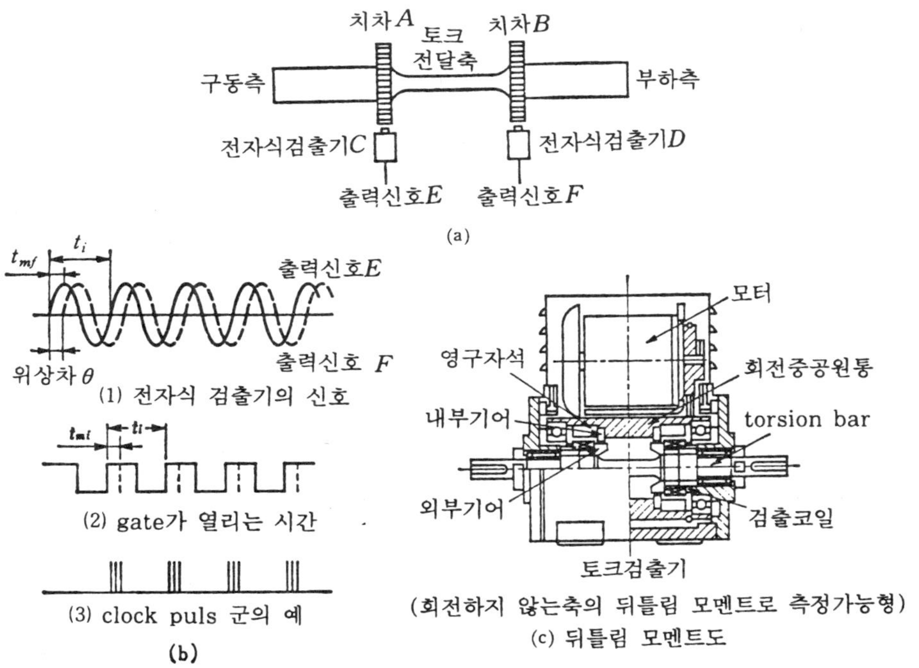

그림 9-21 위상차식 토크 검출기

9-4-2 토크-속도 특성

그림 9-22의 특성측정장치에 있어서 피측정 모터의 회전수는 로터리 엔코더에 의해 측정하고 토크는 부하용 모터의 정역전용 계자전류를 제어하고 회전부의 값을 스므스하게 측정할 수 있다. 즉 부하용 모터를 정역전시킴에 따라 피측정 모터의 부하를 걸거나 거꾸로 피측정 모터가 부하용 모터의 부하로 되는 것에 따라 피측정 모터의 마찰부하분을 제거할 수 있다.

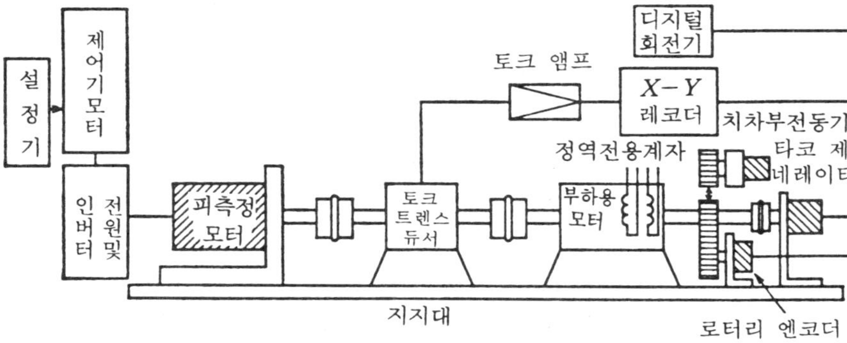

그림 9-22 속도특성 측정장치

피측정 모터에 의해 부하용 모터를 끌어당기는 경우는 변환기의 지시 토크는 $T_{S1} = T - T_m$이 되고 피측정 모터가 부하용 모터에 의해 이끌리는 경우는 토크 변환기의 지시토크는 $T_{S2} = T + T_m$가 된다.

여기서 T : 피측정 모터의 발생 토크,

T_m : 피측정 모터의 마찰 토크

여기서 T_m을 제거하여 $T = (T_{S1} + T_{S2})/2$식에서 피측정 모터의 발생토크를 측정할 수 있다.

고속용의 피측정 모터에서는 토크의 측정시에 있어서 토크 변환기의 기계손을 무시할 수 없는 장치에서는 피측정 모터를 커플링보다 벗어나고 장치의 토크 속도 특성을 약 10 [krpm]까지 구상하여 각속도의 보정으로 한다.

코깅 토크는 피측정 모터와 부하용 모터를 전기적으로 떼어내서 기어드(geared) 모터에 의해 결국 저속으로 축을 회전시킨다. 이때의 타코 제너레이터의 출력 및 토크 변화기의 출력을 $X-Y$ 레코더에 입력하여 프롯트(plot) 시킨다. 코깅 토크가 큰 경우는 커플링에 덜그럭거림이 없는가 조사해 볼 필요가 있다.

9-5 온도상승시험

9-5-1 냉매온도

온도상승이란 기체의 측정온도와 냉매온도와의 차이를 말한다. 냉매온도란 기체 주위의 공기온도로써 기체에서 1~2[m] 떨어진 곳의 침상높이와 거의 같은 높이의 위치의 온도로 표시된다. 온도계는 열방사 혹은 통풍의 영향을 받지 않도록 설치하고 냉매온도는 측정하여 평균치를 구한다. 또한 특히 지정하지 않는 한 냉매온도의 상한은 공기에 대해서는 40℃, 물에 대해서는 25℃로 한다.

9-5-2 온도측정방법

소형 모터의 온도측정방법에는 흔히 다음의 4종류가 이용되고 있다.

(1) 온도계법

외부에서 접근할 수 있는 모터의 최고 표면온도라 생각되는 곳에 온도계를 설치하여 온도를 측정한다.

온도계에는 봉상 온도계, 다이얼 온도계, 서미스터 표면온도계, 열전 온도계 등이 있다. 소형 모터에서는 열전 온도계를 기록계와 조합하여 사용하는 경우가 많다.

(2) 저항법

권선의 온도상승은 저항의 증가를 측정하여 식 (9-22)에서 구할 수 있다. 이 산정치는 권선의 평균온도 상승치를 나타낸다.

$$\begin{aligned}\theta &= \theta_2 - \theta_a \\ &= \left(\frac{R_2}{R_1} - 1\right)(T + \theta_1) + (\theta_1 - \theta_a)\end{aligned} \tag{9-22}$$

여기서, R_2 : 열상태온도(θ_2)에 있어서의 권선저항

R_1 : 냉상태온도(θ_1)에 있어서의 권선저항

θ_2 : 시험 직후에 있어서의 권선온도[℃]

θ_1 : 냉상태에 있어서의 R_1을 측정했을 때의 온도[℃]

θ_a : 시험의 최후에 있어서의 냉매온도[℃]

θ : 권선의 온도상승[℃]

T : 정수

동에 대해서는 $T=235$

알루미늄에 대해서는 $T=230$

(3) 시온(示溫)제품에 의한 방법

서-모페인트를 이용한 온도계를 소형 모터의 온도측정개소에 바르고 변색상황에서 온도상승을 추정한다. 주로 소형 모터의 프레임, 축받이 등의 표면온도의 측정에 이용된다. 또한 서-모페인트 외에 서-모테이프 등을 접착하는 방법도 있다.

(4) 광학법

소형 모터에서 방사되는 적외선을 이용한 광학온도 측정기에 의해 모터의 표면온도를 측정하는 방법이다.

9-5-3 온도상승시험

(1) 연속정격용 모터

소형 모터에 지정부하를 가하여 연속운전하고, 각부의 온도상승치가 거의 일정하다고 인정된 후에 온도를 측정한다.

(2) 단시간정격용 모터

소형 모터에 지정부하를 냉상태에서 가하고 정격지정시간만큼 연속운전한 직후에 온도를 측정한다.

(3) 반복정격용 모터

소형 모터에 지정부하를 주기적으로 지정시간 단속운전을 지정부하 시간율로 반복하여 가하고 각부의 온도상승치가 거의 일정하다고 인정된 후에 온도를 측정한다. 부하시간율은 식 (9-23)에 의해 구해진다.

$$\text{부하시간률} = \frac{D+N+F}{D+N+F+R} \times 100\,[\%] \tag{9-23}$$

여기서, D : 기동시간, N : 지정부하시간, F : 전기제동시간, R : 정지 후에 전압이 인가되지 않은 시간 또는 무부하시간

역시 D와 F가 N와 R과 비하여 무시될 수 있는 듯한 단시간 운전에서는 이것을 생략할 수가 있다.

9-5-4 온도상승한도와 주의점

(1) 모터의 최고 온도부는 표 9-3의 허용최고온도[℃] 이내로 한다. 또 측정개소의 허용온도상승[℃]는 표 9-4로 한다.
(2) 설명서 등에 온도상승한도를 명시하는 경우는 온도측정법을 지정하지 않으면 안 된다.
(3) 계자권선의 온도상승은 저항법에 의해 측정하는 것으로 한다.
(4) 측정개소의 권선부분에 온도상승한도의 높은 절연물이 사용되고 있어도 그 접근한 부분에 낮은 절연물이 사용되고 있는 경우는 낮은 절연물의 온도상승한도 이하로 한다.
(5) 연속정격 및 반복정격의 소형 모터의 권선온도 상승의 포화치는 프레임 표면온도 상승의 포화점을 가지고 판단한다.

표 9-3 전기기기의 절연의 종류

절연의 종류	허용최고온도[℃]
Y	90
A	105
E	120
B	130
F	155
H	180
C	180 이상

표 9-4 온도상승의 허용치

측정개소	온도측정방법	허용온도
권선 E종	저항법 삽입온도계법	온도상승 75℃
권선 B종	〃	온도상승 80℃
권선 F종	〃	온도상승 100℃
권선 H종	〃	온도상승 125℃
모타프레임(외피)	온도계법	권선의 온도상승보다 10~20℃ 낮은 온도
습동부분	〃	온도상승 80℃
슬립축받이	〃	온도 65℃ 온도상승률 10℃/분
넘어짐 축받이	〃	온도 100℃ 온도상승률 15℃/분
도체접속부(동)	〃	온도상승 35℃
단자(동)	〃	온도상승 40℃
도체주변	〃	온도상승 70℃

(주) 주위온도 ≪ 40℃, 해발 ≪ 1000m

(6) 소형 모터의 온도상승치를 저항법에 따라 측정하는 경우는 부하를 정지한 직후의 30초 이내에서 측정을 완료한다.

(7) 반복부하 운전주기가 짧은 직류 서보모터는 모터의 축단에 모터관성에 거의 맞먹는 부하 관성을 장치하고, 주기를 가감하여 온도상승시험을 실시한다. 또 그림 9-23처럼 직류전압에 교류전압을 중첩하여 교류실효전류치를 정격전류치에, 평균회전수를 정격회전수에 합한다.

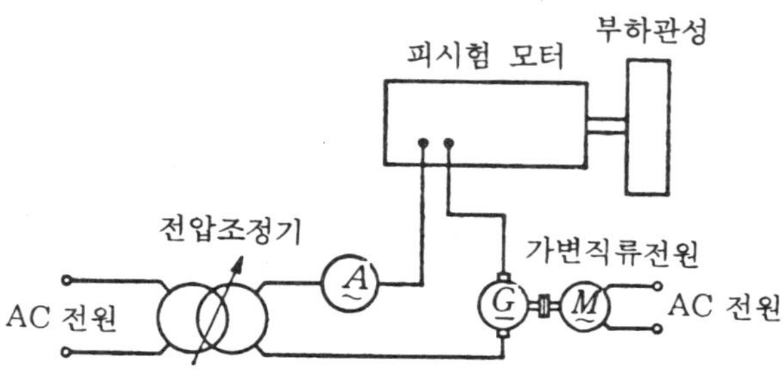

그림 9-23 관성부하법

9-6 절연내력시험

9-6-1 절연저항시험

절연저항시험은 모터의 충전부와 대지간 또는 충전부가 상호간에 시행된 절연물에 강도를 보증하기 위해 실시한다. 절연저항계(megger)는 직류 100[V], 직류 250[V] 또는 직류 500[V]인 것이 사용된다. 초소형 모터에서는 일반적으로 100[V] 절연저항계가 사용된다. 절연저항치는 온도, 흡습도, 청결도 등에 의해 크게 변동하므로 최근 필요치를 단정하는 것은 곤란하지만 대충 표 9-5 식에서 구해진 절연저항치 이상 있으면 된다.

일반적으로 판정기준은 직류 모터에서는 0.5[MΩ] 이상, 교류 모터에서는 1[MΩ]이면 정상이라 보아야 한다.

표 9-5 절연저항치

(1) 종래부터 사용되고 있는 식	(2) 회전속도를 고려해 넣는 식
$\dfrac{\text{정격전압}[V]}{\text{정격출력}[kW \text{ 또는 } kVA]+1000}[M\Omega]$	$\dfrac{\text{정격전압}[V]+\frac{1}{3}(\text{매분회전수})}{\text{정격출력}[kW \text{ 또는 } kVA]+2000}+0.5[M\Omega]$

9-6-2 절연내력시험

절연내력시험은 모터의 조립이 완료한 것에 대하여 실시하고 시험전압은 상용주파수의 정현파 교류전압을 이용하여 시행한다. 시험방법은 소형 모터의 권선과 철심간에 시험전압의 1/2 이하의 전압을 인가한 후 시험전압까지 전압계로 읽을 수 있는 범위 안에서 가

표 9-6 직류기의 절연내력시험

직류기 및 권선의 구별	시험전압(실효값)
정격출력 1[kW] 미만의 직류기 권선	
E=50 V 미만	500 V + 2E
E=50 V 이상	500 V + 2E (최저 1000 V)
정격출력 1[kW] 이상의 직류기 권선	1000 V + 2E (최저 1500 V)
타여권선	1000 V + 2E (최저 1500 V)

(주) E는 정격전압을 표시하고 시험시간은 1분간으로 한다.

표 9-7 절연내력시험일반

메가측에서의 시험	사용자측에서의 시험 (전기설비기술기준)
(1) 정격출력 1 [kW] 또는 1 [kVA] 미만의 회전기 권선과 철심(대지) 사이에는 아래의 전압을 10분간 인가한다. 500 V + 2E (최저 1000 V) (2) 정격출력이 1 [kW] 또는 1 [kVA] 이상의 회전기 권선과 철심(대지) 사이에는 하기의 전압을 1분간 인가한다. 1000 V + 2E (최저 1500 V) E는 정격전압 [V]	회전기 권선과 철심(대지) 사이에는 아래의 전압을 10분간 인가한다. 1.5 E (최저 500 V) E는 최대 사용전압[V]

(주) 시험전원은 정현파형에서 주파수는 50 [Hz] 또는 60 [Hz]를 사용하여 시행한다.

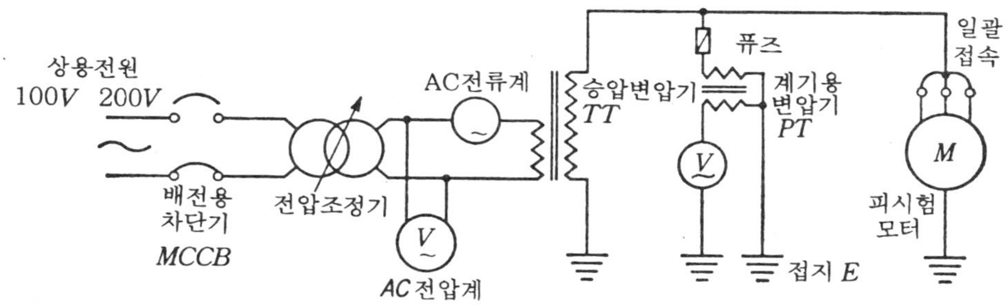

그림 9-24 절연내력시험회로

능한한 빨리 전압을 상승시킨다. 소정의 시간을 유지한 후에 1/2 이하의 전압까지 하강한 후에 전원을 끊는다. 표 9-6 및 표 9-7은 현행 실시되고 있는 절연내력시험의 인가전압을 나타낸다. 그림 9-24는 내전압시험장치의 회로 예를 나타낸다.

9-7 EMI(Electro magnetic interference)의 측정

9-7-1 노이즈(noise)의 발생원

방사전자계 노이즈는 공중에 설치된 전원선, 통신선, 제어선에 인덕션하여 전자기기

(TV, 컴퓨터 등)에 피해를 준다. 표 9-8은 방사전자계 노이즈의 발생원을 방해, 발생원인 별로 분류한 것이다. 이 중 정류자 모터가 내장되어 있는 전기 드릴 등의 소형 전기기기에서 발생하는 방전 노이즈는 발생원의 종류가 많고 또한 노이즈의 발생 정도가 높다.

노이즈는 공간을 도는 방사성 노이즈와 전원라인이나 신호라인을 돌아서 나르는 전도성 노이즈 등이 복합화된 것이 있다.

표 9-8 방사전자계 노이즈의 발생원

노이즈 발생원	대분류	중분류	노이즈 발생기기의 대표 예
방전노이즈	소형 전기기기	정류자 모터 응용기기 접점부 전기기기 방전관	전기드릴, 면도기, 릴레이, 전자접촉기, 스위치, 형광등, 네온등
	내연기관	자동차	점화램프
	전력설비	전력선(송배전선)	코로나, 절연불량애자
신호방사노이즈	무선통신설비	대전력방송설비 이동무선설비	방송기, 레이다, transfer
불요신호노이즈	고주파이용설비	공업용 고주파이용 설비 고주파 의료설비 초음파 응용설비	전자렌지, 스윗칭레귤레이터, 초음파세정기

(주) 불요신호 : 그 장치에서는 필요한 신호이지만 다른 전자기기에는 방해가 되는 것

9-7-2 방사성 노이즈의 측정(단위 : μdB/m)

방사성 노이즈(수평편파 · 수직편파에 대해서 주파수 30[MHz]~1[GHz]를 준 피크치로 규제)는 전파암실과 오픈사이트 등에서 측정한다. 측정장소는 재현성 · 상호성 등의 점에서 시험장 감쇄량(site attenuation)특성이나 측정장소의 크기, 주위의 환경, 기준대지 등에 대해 규격이 규정되어 있다.

방사성 노이즈도 그림 9-25에 나타낸 바와 같이 공시기기에서 방사된 노이즈를 일정거리를 둔 안테나(수평편파 · 수직편파)에서 받아 어느 주파수에 의해 최대 레벨을 스펙트럼 분석기 또는 전자강도측정기 등으로 측정한다. 이 최대 레벨 측정에는 공시기기의 상태(동작상태, 주변기기, 케이블 등의 배치, 회전각도 등)와 안테나의 높이를 바꾸고 그 주파수에 있어서 레벨이 최대가 되는 상태를 탐색한다. 공시기기와 안테나 사이의 수평거리, 안테나의 높이, 공시기기의 높이는 규격이나 공시기기 등에 따라 다르다.

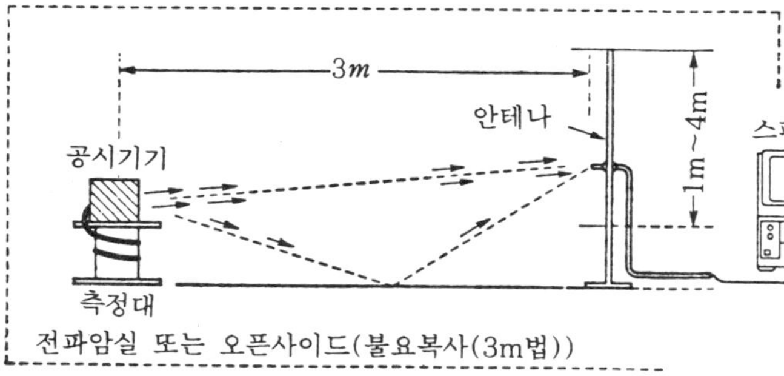

그림 9-25 방사성 노이즈(잡음전계강도)의 측정

9-7-3 전도성 노이즈의 측정(단위 : μdB)

전도성 노이즈(전원 케이블에 대해서 주파수 150[kHz]~30[MHz]를 준피크치와 평균치로 규제)는 실드룸 등으로 측정한다.

측정방법은 공시기기에서 전원 케이블에 전도해온 노이즈를 0.8[m]의 거리를 두고 접속해 있는 의사전원 회로망으로 AC 라인의 편(片)라인씩 픽업하여 그 노이즈 레벨을 스펙트럼 분석기 또는 전계강도측정기 등을 사용하여 준피크치 검파로 측정한다. CISPR규격(국제무선장해 특별위원회 규격), VCCI규격(정보처리장치 등 전파장해 자극 규제 협의회 규격)에서는 평균치까지도 규정되어 있다. 측정배치는 각 규격에서 다르기 때문에 그 공시기기에 해당하는 규격에 적합한 배치도 해야 한다. 그림 9-26에 나타나듯이 측정기

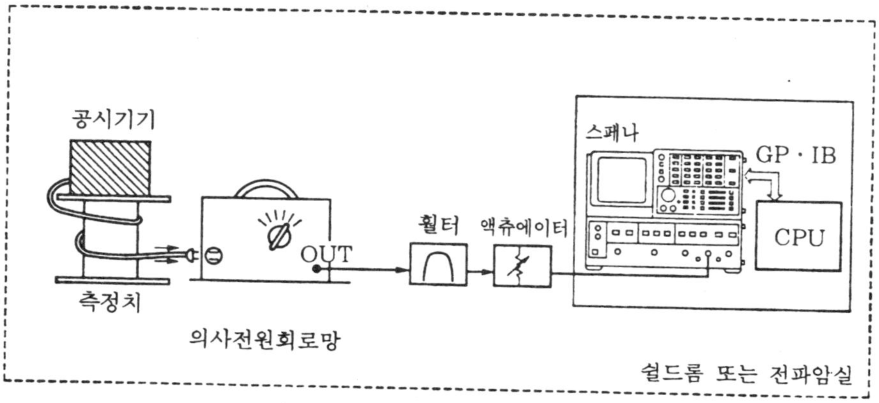

그림 9-26 전도성 노이즈(잡음단자전압)의 측정

및 그 제어기기는 그것 자체부터 노이즈가 발생하는 수가 있으므로 그것들의 측정기나 제어기기는 실드룸 밖에 설치하여 측정한다. 또 VDE규격(독일 전기기술자협회 규격)에서는 접속케이블에 대해서도 규정되어 있고, 고임피던스 프로브를 이용하여 측정하도록 되어 있다.

9-7-4 방해파 복사전력의 측정(단위 : dBpw)

방해파 복사전력의 측정은 CISPR 및 VDE의 규격으로 채용하고 있는데, 그림 9-27에 전원 케이블에 반영되는 방해파 복사전력의 측정방법을 제시한다. EMI 흡수 크램프는 도넛츠상의 페라이트 코어로 구성되고, 공시기기 전원선의 표면을 흘러 전하고 있는 전자 에너지를 흡수하여 프리엠프로 보내진다. 이 때 30～300 [MHz]의 주파수 범위를 측정하기 위한 전원선의 길이는 약 6 [m] 이상을 필요로 한다. 최대감도의 위치는 주파수에 따라 변화하므로 측정주파수 대역마다 적정한 위치로 EMI크램프를 이동시킬 필요가 있다. 보조 크램프는 전원라인에서 들어오는 노이즈를 짜르기 위한 목적으로 이용된다.

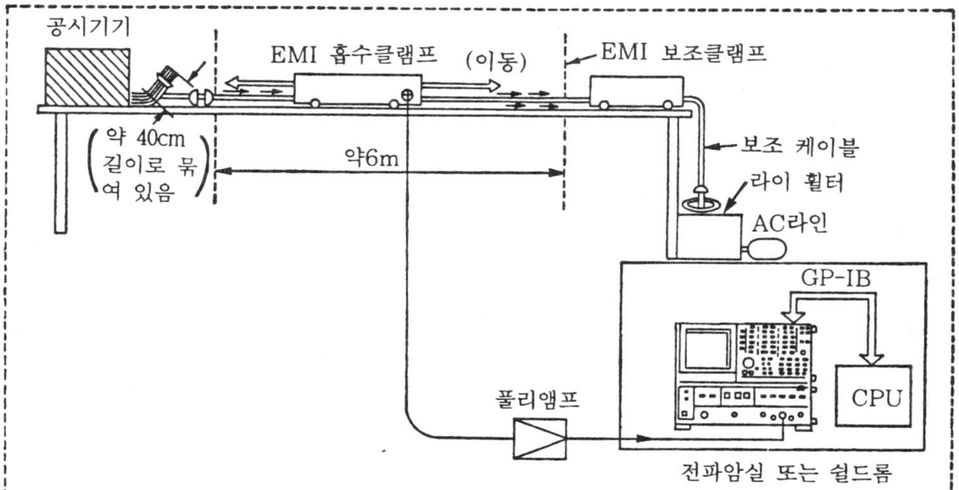

그림 9-27 방해파 복사전력 측정

+EMI(electromagnetic interference)

참고문헌

(1) 秋山 : 小形モータ設計マニュアル, (株)トリケップス
(2) 北森, 丸岡, 他 : 小形モータの測定法と評価, その 1~その 2, 電気学会回転機研究会資料, RM-88-94~95
(3) 日本機械学会編 : 振動・騒音計測技術, 朝倉書店
(4) JIS Z 8731 騒音レベル測定方法, 日本規格協会
(5) JIS C 4003 電気機器絶縁の種類, 日本規格協会
(6) JIS C 4004 回転電気機械通則, 日本規格協会
(7) JEC 37 誘導機, 電気規格調査会
(8) JEC 54 直流機, 電気規格調査会
(9) JEC 114 同期機, 電気規格調査会
(10) JEC 146 回転電気機械一般, 電気規格調査会
(11) JEC 147 電気機器絶縁の種類, 電気規格調査会
(12) 電気学会編 : 高電圧試験ハンドブック, オーム社
(13) 宮入 : アクチュエータ実用事典, フジ・テクノシステム
(14) 益野 : 電子機器の EMC 確立技術(平成2年度先端技術研修教科書) 都立工業技術センター
(15) DIGITAL TORQUE MEASUREMENTS セクションガイド, 小野測器
(16) 通商産業省資源エネルギー庁公益事業部, 電気用品の技術基準の解説, 日本電気協会
(17) 通商産業省資源エネルギー庁公益事業部, 解説電気設備の技術基準, 文一総合出版

연습문제

(1) 모터의 정격회전수 N이 1000[rpm]이고 정격토크 T가 100[kgf · cm]일 때 전류 I가 10[A] 흐른다. 유기전압 E가 100[V], 관성능률 J가 0.2[kgf · cm · s^2], 저항 R가 1[Ω]일 때 기계적 시정수를 T_m[s]를 구하라.

[답] 20[ms]

(2) 정격출력이 200[W]이고 정격전압이 100[V] 직류모터를 전기출력계를 이용하여 부하특성시험을 행한 경우, 전기동력계의 저울의 지시가 1[kgf]를 나타낸다. 이때의 직류 토크와 출력을 구하라.
단, 전기동력계 암의 길이가 20[cm]이고 이 때의 회전속도가 750[rpm]였다.

[답] 직류 토크 1.96[N · m], 출력 154[W]

제 10 장

응용 사례

10－1 정보기기 · 사무기

복사기, 팩시밀리, 워드프로세서, 퍼스컴이나 오프컴과 그러한 단말기기 등 많은 정보기기 · 사무기 중에서 각각의 동작기능에 적합한 각종 방식의 소형 모터가 많이 사용되고 있다. 기기의 고성능 다기능화는 기구부와 그의 구동원인 모터의 성능을 좋게 하도록 요구하고 있다.

10-1-1 정보기기 · 사무기에 있어서의 모터의 기술

정보기기의 정보처리부분은 컴퓨터 기술에 의해 기계적 동작은 거의 이루어져 왔는데 입출력부분 즉, 인간 · 기계의 인터페이스 부분에 대해서는 아직 기계적인 수단이 많이 채용되고 있다.

한편 정보의 기록부분 즉 메모리에 대해서도 반도체 메모리 등의 정지형 메모리의 발달도 현저한데 매 비트당 단가라는 점에서는 회전디스크를 이용한 기계적 메모리장치의 값을 내리는 방향으로 가고 있다고 할 수 있다.

이러한 기계적 장치 부분에는 컴퓨터 기술이나 일렉트로닉스 기술과 정밀기계 기술이 합해진 모터 기술이 사용되고 있다. 이러한 기기 중에서 요구되는 모터 관련의 기술을 종합하면 다음과 같다.

(1) 정밀정속회전 기술

복사기의 주 모터나 드럼 모터, LBP(laser beam printer) 프리콘 스캐너 모터, 디스크 장치 스핀들 모터 등에서 정밀한 회전이 요구되는 점은 PLL(phase locked loop) 제어가 이용된다.

(2) 정밀위치결정 기술

프린터의 캐리지 구동이나 드럼의 구동, 복사기의 광학계 구동, 디스크 장치 헤드의 위치 결정 등에서 스테핑 모터에 의한 오픈루프 형의 위치결정과 DC 서보나 AC 서보에 의한 크로스드 루프형의 위치결정이 있다.

(3) 저소음화 기술

많은 기기가 사무실 내에 설치되어지면 그 소음은 무시되어 진다. 임팩트형의 프린터에서 논임팩터형의 이행, 스테핑 모터의 마이크로 스텝구동 스테핑 모터에서 DC 모터로의 이행, 냉각 팬의 저소음화 문제 등이 있다.

(4) 성전력화 기술(省電力化技術)

기기의 소형화, 고밀도화가 진행되면 그 발열과 냉각이 더욱 더 문제가 된다. 냉각용 팬은 소음으로 싫어하기 때문에 극력기기(極力機器) 자신의 발열을 억제하는 것이 요구된다. 모터부의 효율을 높이기 위해 일반적으로 PWM(pulse width modulation) 제어가 많이 사용된다.

10-1-2 응용 사례

(1) FDD(floppy disk drive)의 스핀들 모터

FDD의 역사는 8인치에서 시작하여 5.25인치, 3.5인치로 소형 경량화, 고용량화, 성전력화, 저가격화로 쉴 틈없이 매우 빠르게 개혁이 진행되어 왔다.

드라이브 방식도 처음에는 AC 동기모터를 사용하고 벨트를 끼워 스핀들을 회전시키는 방법이 주로 채용되고 있는데 AC 모터 고유의 난점, 즉 사용지역에 의한 전압이나 주파수 변경의 번거로움 때문에 점점 DC 모터로 바뀌어져가고 또 동시에 고기록밀도화에 이어지는 회전정도의 향상이나 신뢰성의 향상의 점에서 브러시리스 DC 모터를 사용하고 모터와 스핀들을 일체화한 DD(direct drive) 방식이 주류가 되고 있다.

FDD는 디스크상(狀)의 매체를 사용하고 있으므로 필연적으로 장치의 박형화 노력이 계속되고 스핀들 모터도 편평박형(扁平薄形) 구조의 모터가 일반적으로 사용되고 있다.

DD 스핀들 모터에는 디스크의 검색기구가 일체화되어 있고, 고기록밀도화가 되지 않는 단위의 기계적인 정도(精度)를 필요로 하는 정밀부품으로 되어 있다.

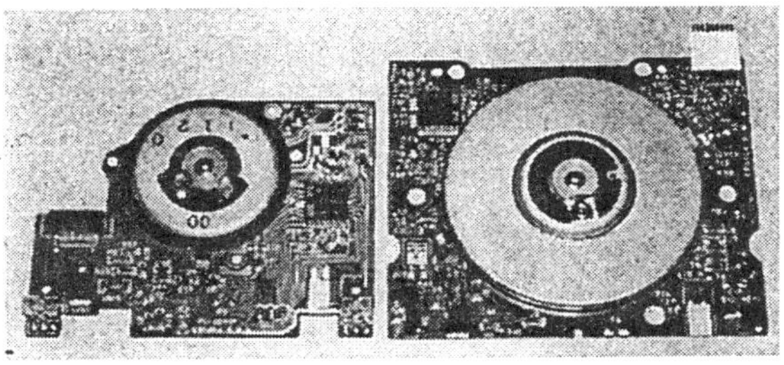

(a) (b)

사진 10-1 3.5인치 FDD 스핀들 모터

표 10-1 3.5인치 FDD 스핀들 모터의 특성

구분	(a)	(b)
형식명	DDF3-35	DDF3-29
전원전압[V]	4.5～6.5	
회전수[rpm]	300/360	
정격 토크[g · cm] 정격 토크[Nm]	35 (0.0034)	40 (0.0039)
정격부하전류	170	150
기동 토크[g · cm] 기동 토크[Nm]	90 이상 (0.0088)	100 이상 (0.0098)
기동전류[mA]	560 이하	700 이하
용도	초박형(18 mm)용	1인치

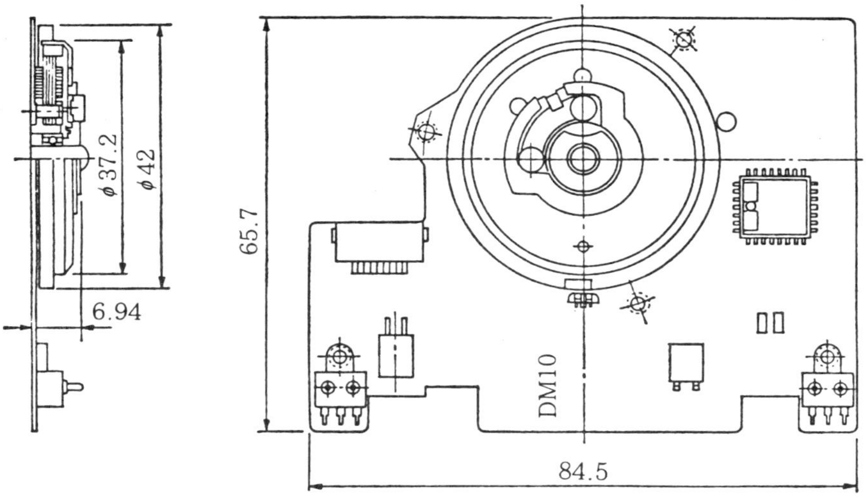

그림 10-1 3.5인치 초박형 스핀들 모터

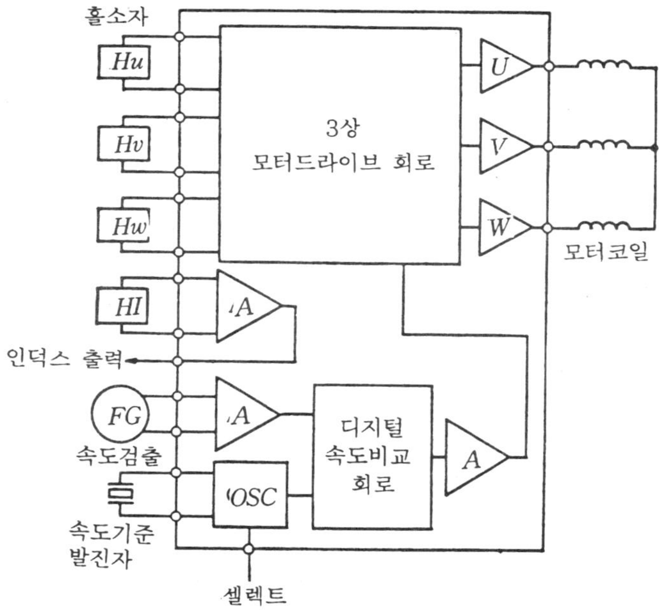

그림 10-2 FDD 스핀들 모터의 블록다이어그램

사진 10-1에 3.5인치용 DD 스핀들 모터의 외관을 나타낸다. (a)는 노트워드프로세서나 노트 퍼스컴에 사용되는 초박형(18 mm) FDD용이고, (b)는 일반적인 1인치용의 것이다.

표 10-1에 이 두 가지의 특성을 나타낸다.

방사상 캡형(radial cap type)의 박형모터를 사용한 예이며, 모터 후레임(frame)을 겸하는 철판베이스의 프린트 기판상에 드라이브 회로나 센서 등의 전자부품이 표면실장되고 더욱 회전속도 검출용의 제네레타패턴도 이 기판상에 형성되어 있다. (a)는 소형·박형화하기 위해 희토류의 본드 자석을 사용하고 있다.

속도제어방식은 세라믹 발진자의 발진주파수를 속도기준신호라 하고 전술한 제너레타에서 검출한 모터의 회전속도신호와 비교하여 가감속 펄스를 발생하는 디지털 고속제어방식이 더욱 안전한 방식으로서 널리 사용되고 있다.

그림 10-1, 10-2에 외형구조와 제어블록 다이어그램을 제시한다.

(2) 그밖의 응용 예

(a) 복사기용 브러시리스 모터

사진 10-2의 (a)는 몇 개의 부하를 1대의 모터로 구동하는 주 모터이고 (b)는 종이보내기 전용모터이다. 모두 외장 모터형의 브러시리스 DC 모터로 구동회로와 출력기어 기구 등이 일체화되고 있다.

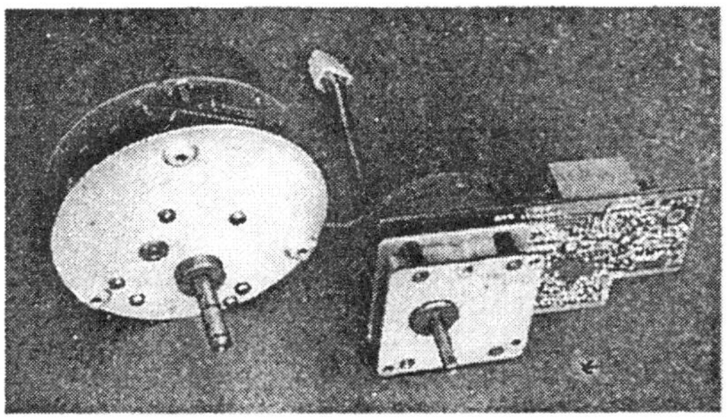

(a) (b)

사진 10-2 복사기용 브러시리스 DC 모터

속도제어는 수정발진자를 기준으로 한 PLL 제어를 이용하고 (a)는 고출력인데 구동단을 PWM 제어라 한다.

표 10-2에 특성을 나타낸다.

표 10-2 복사기용 브러시리스 DC 모터의 특성

구분	(a)	(b)
형식명	DDL11-1	DDL9-1
전원전압[V]	21.6~26.4	
전격회전축[rpm]	80.214	254.776
감속비	1/20.56	1/5.4
정격 토크[kg · cm] 정격 토크[Nm]	20 (1.96)	1.5 (0.147)
정격부하전류[A]	2.0 이하	1.17 이하
기동 토크[kg · cm] 기동 토크[Nm]	32 이상 (3.14)	3 이상 (0.29)
기동전류[mA]	4 이하	1.4 이하
용도	주모터	종이송출

(b) 초편평(超扁平) 코아리스 진동 모터

소형 DC 모터의 특수한 응용 예로서 포켓벨(삐삐)이나 자명종 타이머 등의 진동발진원에 이용하고 본인만이 알 수 있도록 한 것이 있다. 보통은 출력축에 편심체(偏心體)를 붙여서 진동을 발생시키는 데 사진 10-3에서는 모터 자체를 한쪽에 편위(偏位)시켜 편심체없이 진동을 발생시키도록 하여 $\Phi 20 \times H 2.5$ 초박형으로 하고 있다.

사진 10-3 초편평 코아리스 진동 모터

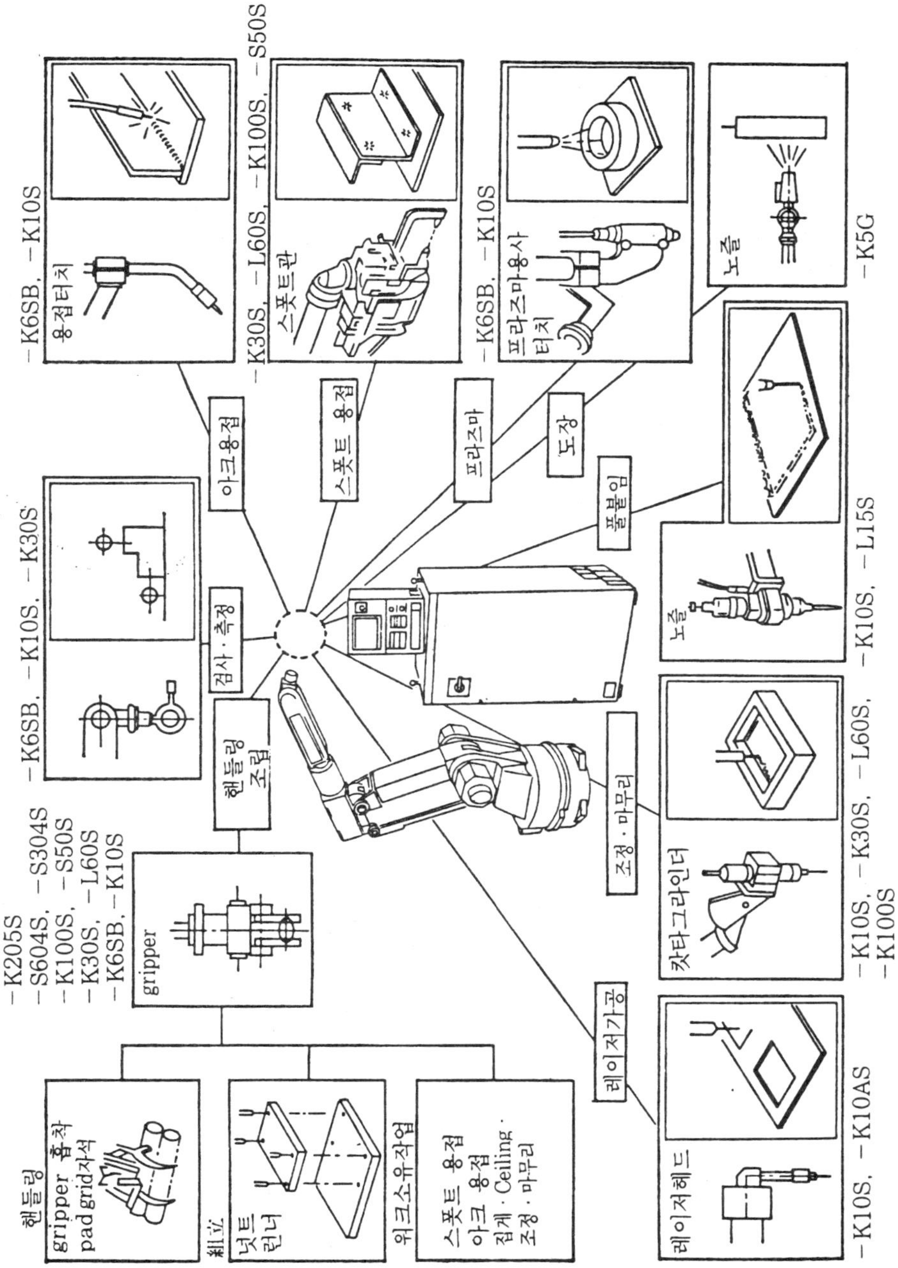

그림 10-3 로봇 적용작업의 전개도

10-2 FA 산업기기(Robot)

일반적으로 산업용 로봇은 인간의 팔과 유사한 기구를 가지며 그 손목부분에 적용작업에 대응하여 작업용 공구를 붙여서 작업을 행한다. 이 작업의 전개 예를 그림 10-3에 제시한다.

이 전개 예에서 정밀소형 모터 콘트롤러로서의 요구품질로써

① 고속에서 진동하는 팔이나 손목이 정지시에 진동하지 않도록 팔움직임에 맞춰 시시각각 속도지령신호를 바꾸는 등 고도의 소프트웨어 처리가 실시된다.

② 상측팔, 하측팔 손목에는 모터에 마이너스 부하가 걸리는데 서보 콘트롤러는 거기에 견딜 필요가 있다. 또 상측팔, 하측팔용의 모터에는 정전시에 팔이나 손목이 자연낙하하지 않도록 정전유지용의 기계적인 제동이 필요하다.

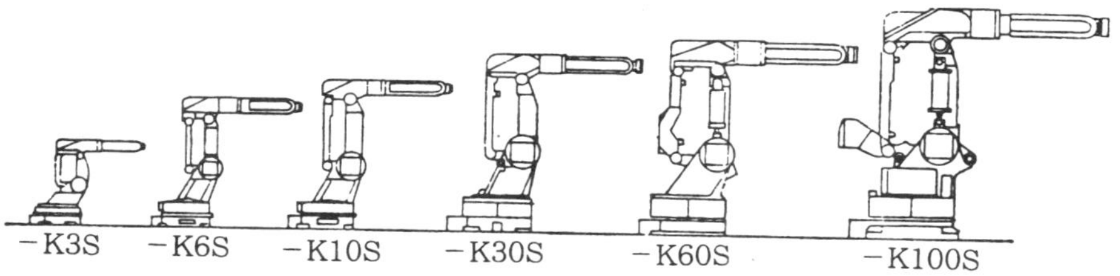

그림 10-4 K시리즈 메니뷰레터 기본 기종의 라인 업

사진 10-4 수직다관절 로봇

표 10-3 Motoman-k 시리즈 기본사양

항목 \ 형식		Motoman -K3S	Motoman -K6SB	Motoman -K10S	Motoman -K30S	Motoman -K60S	Motoman -K100S
동작형태		수직다관절	수직다관절	수직다관절	수직다관절	수직다관절	수직다관절
자유도		6	6	6	6	6	6
가반중량		3 kg	6 kg	10 kg	30 kg	60 kg	100 kg
위치반복정도		±0.1 mm	±0.1 mm	±0.1 mm	±0.2 mm	±0.3 mm	±0.5 mm
동작 범위	S축(선회)	340°	340°	340°	300°	300°	300°
	L축(하측팔)	240°	240°	240°	240°	115°	115°
	U축(상측팔)	270°	270°	275°	260°	140°	140°
	R축(손목선회)	360°	360°	360°	450°	380°	380°
	B축(손목진동)	270°	270°	270°	270°	270°	260°
	T축(손목회전)	400°	400°	400°	700°	700°	700°
최대 속도	S축	200 °/s	110 °/s	120 °/s	120 °/s	115 °/s	110 °/s
	L축	200 °/s	90 °/s	120 °/s	120 °/s	115 °/s	110 °/s
	U축	280 °/s	110 °/s	120 °/s	120 °/s	115 °/s	110 °/s
	R축	280 °/s	240 °/s	263 °/s	200 °/s	160 °/s	140 °/s
	B축	280 °/s	240 °/s	263 °/s	200 °/s	160 °/s	140 °/s
	T축	420 °/s	400 °/s	400 °/s	300 °/s	240 °/s	240 °/s
허용 모멘트	R축	0.6 kg · m	1.2 kg · m	2.6 kg · m	15 kg · m	36 kg · m	60 kg · m
	B축	0.5 kg · m	1.0 kg · m	2.0 kg · m	15 kg · m	36 kg · m	60 kg · m
	T축	0.3 kg · m	0.6 kg · m	1.0 kg · m	8 kg · m	22 kg · m	36 kg · m
허용 관성 (CD^2)	R축	0.45 kg · m^2	0.91 kg · m^2	2.8 kg · m^2	30 kg · m^2	90 kg · m^2	148 kg · m^2
	B축	0.34 kg · m^2	0.67 kg · m^2	1.7 kg · m^2	30 kg · m^2	90 kg · m^2	148 kg · m^2
	T축	0.12 kg · m^2	0.24 kg · m^2	0.5 kg · m^2	20 kg · m^2	35 kg · m^2	55 kg · m^2
기본중량		55 kg	180 kg	300 kg	580 kg	1000 kg	1600 kg
전방향설비		○	○	○	○	×	×

③ 모터 콘트롤러는 소형 경량이고 더욱 광범위한 속도제어, 높은 위치결정 정도(精度), 전원투입시에 즉각 동작개시가 필요한 것에서부터 소형의 절대치 위치, 속도검출기가 필요하다.

수직다관절 로봇의 일례를 그림 10-4와 사진 10-4에, 그 기본 사양을 표 10-3에 제시한다.

이 사양서에 있듯이 정밀 소형 모터로써는

- S축(선회용)
- L축(하측팔용)
- U축(상측팔용)
- R축(팔목선회용)
- B축(팔목진동용)
- T축(팔목회전용)

에 적용된다.

10-2-1 로봇용 모터

로봇용 모터로서는 소형 경량이고 높은 서보 성능을 가지며 절대치 엔코더가 직접 장치되어 있는 것이 필요하다. 구체적으로는 다관절 로봇용의 구동모터로써는 이에 기본축(*S, L, U*축)용에 저중심화 동작범위의 확대화를 위하여 편평형이 또 손목축(*R, B, T*축)용으로는 가동부에 장치되는데다 사이클 시간의 단축(고속화)이 필요하므로 소형 경량화가 필요하다.

이와 같은 용도의 서보모터의 일례를 그림 10-5, 10-6에 나타낸다.

10-2-2 로봇용 모터 콘트롤러

로봇용 모터 콘트롤러로써는 제1세대로써 DC 서보 모터를 이용한 하드웨어에 의한 디지탈 서보계의 것으로 위치 루프로써 인클리멘트 엔코더에 의한 디지탈 구성으로 하고 속도 루프로써는 아날로그 방식으로 하고 있다(그림 10-7).

이 방식은 인클리멘트 방식 엔코더를 사용하고 있으므로 전원투입시 로봇이 원점복귀를 하는 것이 필요하거나 보다 더 정밀한 서보를 달성하기 위해 절대치 엔코더를 사용하여 원점복귀를 요하지 않고 AC 서보모터를 사용하여, 위치 루프계에 마이크로 프로세서를 사용한 세미소프트웨어 서보계를 실현한 제2세대가 되는 것이다(그림 10-8).

이후의 동향으로서 보다 정밀하고 고속의 움직임을 갖게 하기 위해 서보계의 구성을 보다 고도의 제어 알고리즘이 실현할 수 있도록 하는 것이 필요하고 여기에 대응한 서보계도 제안되고 있다(그림 10-9).

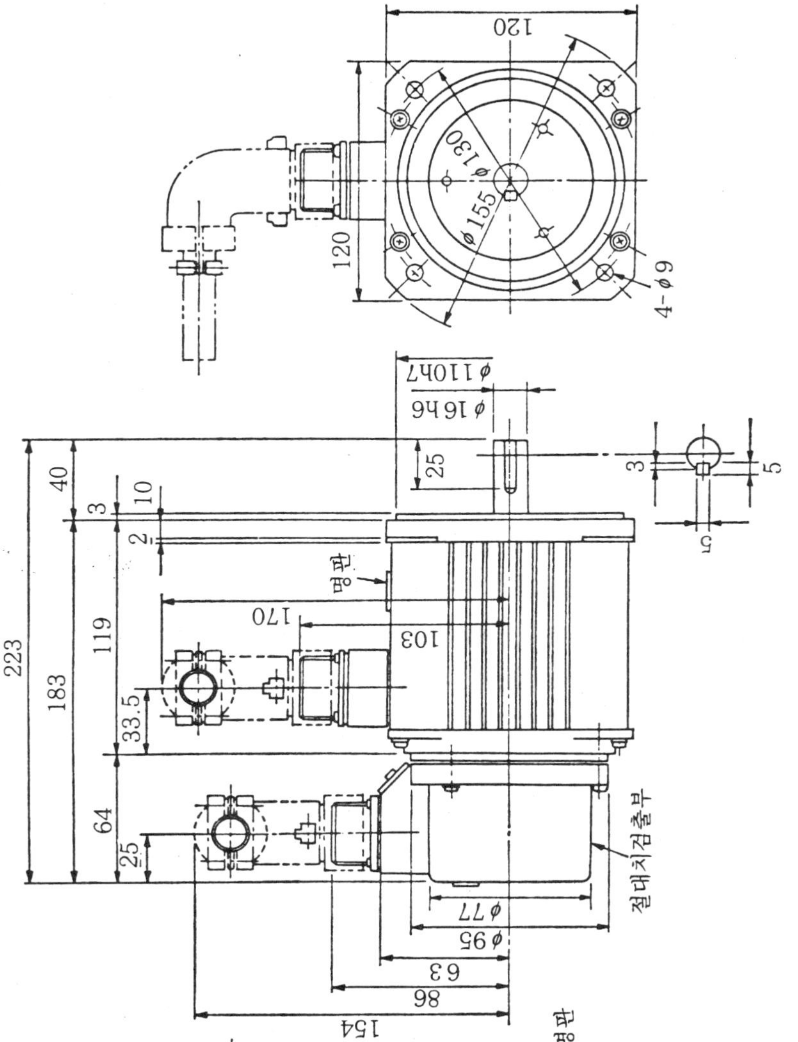

그림 10-5 로봇용 모터의 예 1

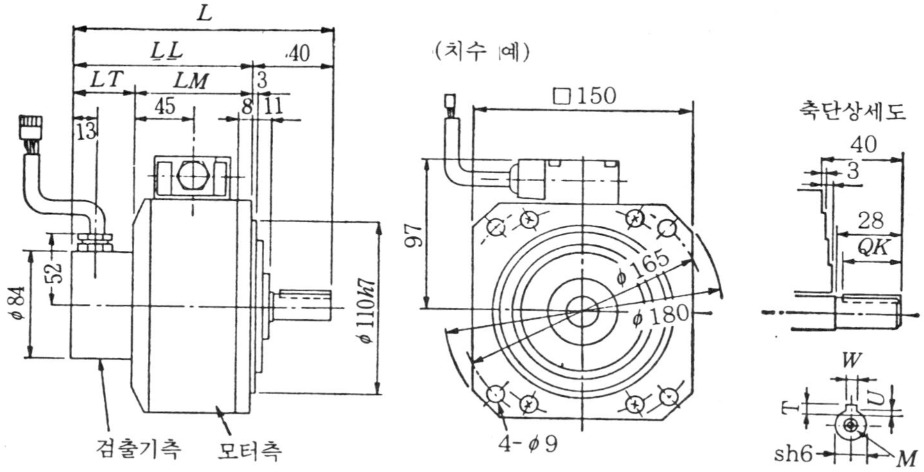

그림 10-6 로봇용 모터의 예 2

① 서보 모터 200V용(특성 예)

형식		USAREM-A5C 2	USAREM-01C 2	USAREM-02C 2	USAREM-03C 2	USAREM-05C 2	USAREM-07C 2
정격출력[W]		50	100	200	300	500	700
정격토크[kg · cm]		1.62	3.25	6.5	9.74	16.2	22.7
연속최대토크 [kg · cm]		1.94	3.9	7.8	11.7	19.4	27.2
순시최대토크 [kg · cm]		4.86	9.75	19.5	29.2	48.6	68.1
정격회전속도[rpm]		3000	3000	3000	3000	3000	3000
정격전류[Arms]		0.71	1.0	2.0	2.7	3.6	5.7
정격 파워레이트 [kW/s]		3.30	8.09	8.01	11.9	9.26	13.3
최고회전속도[rpm]		4500	4500	4500	4500	4500	4500
회전자 관성	[g · cm · s^2]	0.078	0.128	0.517	0.782	2.78	3.80
	(GD^2/4) [kg · cm^2]	0.076	0.125	0.517	0.766	2.72	3.72
토크정수[ms · cm/A]		2.40	3.60	3.53	0.86	4.75	4.35
기계적시정수[ms]		4.4	3.4	2.9	2.6	2.8	2.5
전기적시정수[ms]		1.3	1.6	4.1	4.5	9.4	10.0
절연종류		B종	B종	B종	B종	B종	B종

② 서보 모터(특성 예)

형식		USAPEM -01C 2	USAPEM -01C 2	USAPEM -01C 2	USAPEM -01C 2	USAPEM 01C 2
정격출력[W]		100	200	300	500	750
정격토크	[N · m]	0.32	0.64	0.95	1.59	2.39
	[kgf · cm]	3.25	6.50	9.74	16.2	24.4
연속최대토크	[N · m]	0.32	0.64	0.95	1.59	2.39
	[kgf · cm]	3.25	6.50	9.74	16.2	24.4
순시최대토크	[N · m]	0.96	1.91	2.86	4.76	7.06
	[kgf · cm]	9.8	19.5	29.2	48.6	72.0
정격회전속도[r/min]		3000	3000	3000	3000	3000
정격전류[Arms]		1.0	2.0	2.7	3.6	5.7
정격 파워레이드[kW/s]		2.59	6.37	9.30	5.27	8.71
최고회전속도[r/min]		4500	4500	4500	4500	4500
회전자관성 J_M	$(=GD_M^2/4)$ [kg · cm^2]	0.39	0.64	0.98	4.78	6.57
	[g · cm · s^2]	0.40	0.65	1.00	4.88	6.7
토크정수	[N · m/A]	0.35	0.34	0.37	0.51	0.44
	[kgf · cm/A]	3.57	3.44	3.80	5.22	4.51
기계적 시정수[ms]		5.3	2.8	2.2	4.9	3.3
전기적 시정수[ms]		4.7	5.8	6.4	10.0	14.0
절연종류		B종				

형식	L	LL	LM	LT	축치수						질량 (kg)
					S	QK	U	W	T	M	
USAPEM-05 CE2K	145	105	77	28	0 16～0.011	20	3	5	5	M4탑 깊이 10	4.6
USAPEM-07 CE2K	145	105	77	28	0 16～0.011	20	3	5	5	M4탑 깊이 10	5
USAPEM-05 CW2K	152	112	77	35	0 16～0.011	20	3	5	5	M4탑 깊이 10	4.6
USAPEM-07 CW2K	152	112	77	35	0 16～0.011	20	3	5	5	M4탑 깊이 10	5

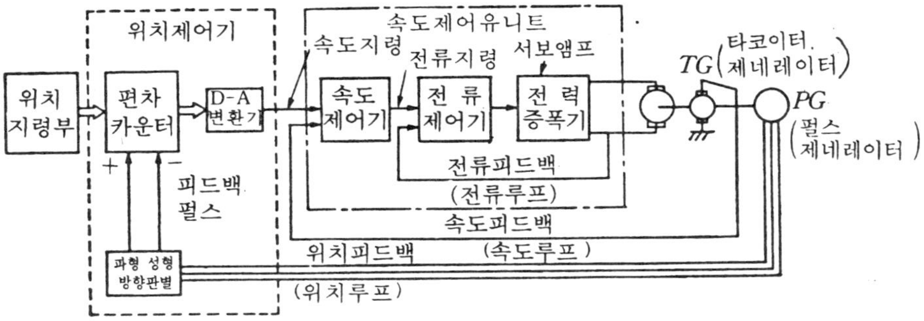

그림 10-7 아날로그 속도 유니트를 사용한 디지탈 서보계

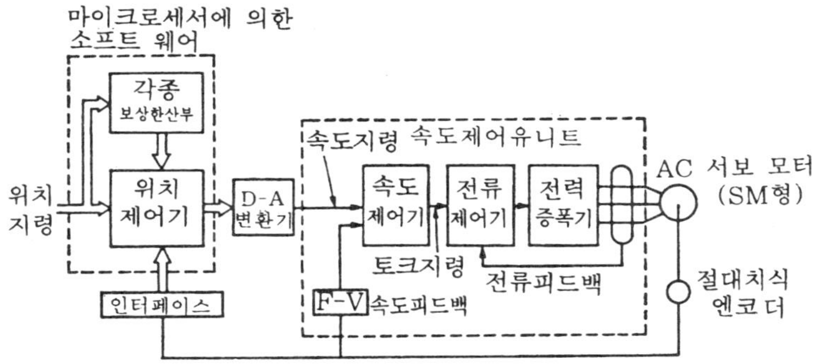

그림 10-8 속도제어 유니트를 사용한 세미소프트웨어 서보계

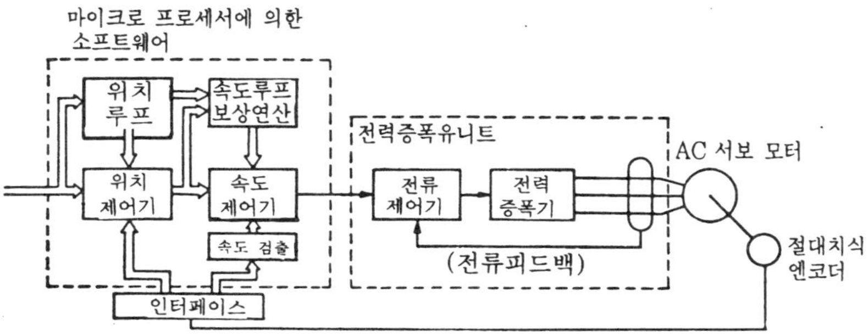

그림 10-9 전력증폭 유니트를 이용한 풀 소프트웨어 서보계

10-3 자동차전장품

10-3-1 개요

자동차에서의 소형 모터의 응용은 특별히 새로운 것은 아니지만 나날이 증대경향에 있다. 자동차 1대당의 사용 개수로 보면 일반승용차에서 약 15개, 고급승용차에서 40개를 넘는 것도 있으며 최근 전자공학의 발달에 맞추어 계속 증가하는 추세이다. 그림 10-10에 그 사용상황을 나타내는데 엔진 파워레인제어, 샤시제어 등의 성능향상을 겨냥한 시스템에서부터 에어컨, 파워 윈도우 등의 쾌적성, 편리성의 향상을 겨냥한 시스템과 응용은 다양화되고 있다. 여기서 자동차에서의 응용요인은 크게 나누어 다음의 3개로 나눌 수 있다.

(1) 파워화, 자동화

· 파워 윈도우, 파워 시트, 오토 도어록, 전동거울, 파워 안테나 등의 기능의 파워화

· 자동속도제어장치, 오토 에어컨 등의 기능의 파워화, 자동화

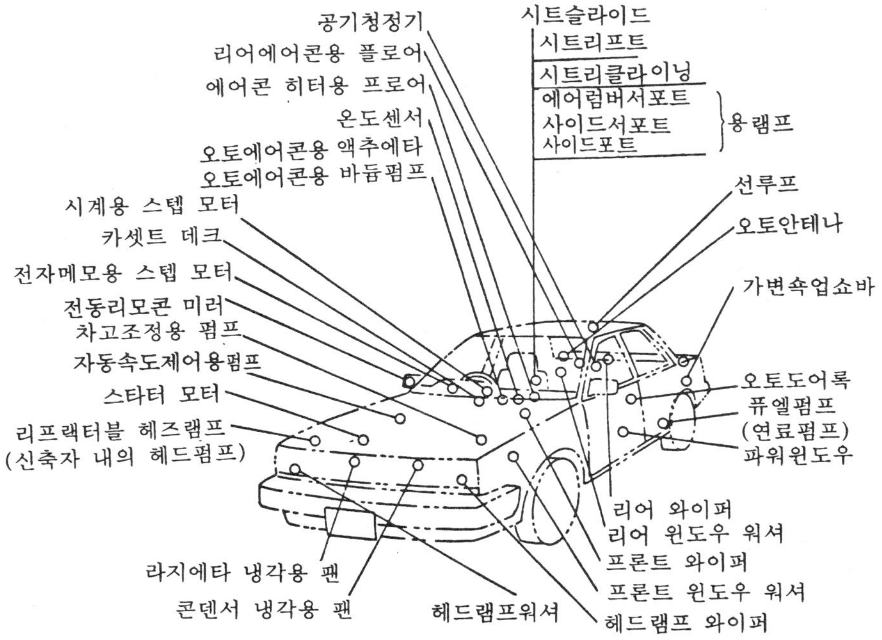

그림 10-10 자동차용 모터의 사용상황

(2) 모터로의 치환

· 엔진, 구동계의 FF화에 동반한 엔진구동 팬에서 모터 구동팬으로의 치환
· 터보엔진의 채용에 따른 진공펌프(모터 구동)의 신설 혹은 진공 액추에타에서 모터로의 치환

(3) 신기구, 새로운 시스템의 채용 도입

· 차고조정용 펌프, 쇽업 쇼바 콘트롤, 리트랙터블 헤드램프(retractable had lamp), 오토에어스포일러(Auto air spoiler) 등 신기구

표 10-4 모터 적용 예

차량부위	적용부위	
엔진파워 트레인	스타터, 퓨엘펌프 아이들스피드 콘트롤 밸브 모터 직접구동 ASCD 전자에어펌프 스롯틀 액추에타 전기제어기화 기기 트렌스퍼(4WD→2WD)	
샤시	모터구동 파워스티어링 감쇠력 절환 쇽업소바 에어서스팬션 전자에어펌프 전자유압펌프	
차체전장 장비품	· 에어콘 시스템 · 전동팬 · 리트랙터블 라이트 · 미러 · 전동 와이퍼 · 파워 윈도 · 전동 선루프 · 전동가변 에어 · 스포일라 · 파워시트 · 파워안테나 · 윈도우웟셔	· 틸드핸들 · 도어록(door lock)

10-3-2 자동차전장품용 모터의 분류

자동차전장품용에 사용되는 모터로써는 DC 모터가 대부분인데 일부제어용, 미터용으로 스테핑 모터가 사용된다. 자동차의 부위별로 분류하면 표 10-4와 같이 된다. 표 10-4에서 알 수 있듯이 차체전장 장비품용으로서의 응용이 가장 많다. 그러나 금후 고성능화를 겨냥하는 제어시스템으로의 응용이 증가한다고 예상된다.

시스템적으로는 용도, 적용 부위의 스페이스에 의해 낮은 토크, 고회전의 모터와 다단기어의 조합으로 사용하는 것(전동 거울 등), 직접구동으로 이용되는 것(에어컨, 프로아모터 등)으로 분류된다.

10-3-3 모터의 요구 특성

자동차 응용시에 모터에 요구되는 특성은 기능, 내환경성, 신뢰성, 경제성 등이며 이것들을 종합하면 표 10-5처럼 된다.

표 10-5 모터에 요구되는 제 특성

분류	항목	내용
기능	고응답	응용시간이 짧을 것
	고분해능	극히 세밀한 제어가 가능하고 재현성이 좋을 것
	고출력 · 토크	파워 웨이트레티스가 작을 것 토크에 충분히 여유가 있을 것
내환경	내한 · 내열성	넓은 온도에서 사용 가능할 것
	내진성	고진동 레벨에 견딜 수 있을 것
	내후성	내수, 내냉열 등에 우수할 것
	내약품성	가솔린, 오일 열수 등에 강할 것
신뢰성	수명	긴 수명일 것 (연속 혹은 간헐작동에 견딜 수 있음)
	고장	수재 등의 발생에 연과되지 않을 것 (시스템 중에서 안전측이 되는 것)
정숙성	소리	작동음이 작을 것 자기음 등의 다른 음이 적을 것
경제성	소비전력	작은 파워로 움직일 것
	크기	소형일 것
	중량	가벼울 것
	가격	가격이 쌀 것

특히 아래의 3가지는 자동차로써 강하게 요구되는 것이다.

(1) 자동차 실내의 정숙성은 자동차로써 상당히 중요한 성능요구이므로 특히 실내에 부착되는 모터는 소음을 낮게 억제할 필요가 있다.
(2) 자동차의 고기능화는 엔진룸, 실내를 불문하고 레이아웃을 어렵게 하는 것이며 시스템 구성분야의 모터도 고성능화와 함께 소형화가 필요하다.
(3) 각종 전자 시스템의 증가에 따라 전기 노이즈 성능의 향상이 필요하다.

아울러 비용비감, 성전력, 성연비의 관점에서도 모터에 대한 요구는 엄격해지고 있으며 시스템 구성시는 이러한 요구성능을 충분히 검토하고 최적의 모터를 선정하게 된다.

10-3-4 자동차전장품의 응용 대표 예

여기서는 대표적인 응용 예에 대해 설명한다.

(1) 아이들 스피드 콘트롤(idle speed control)

아이들 및 감속시의 보조공기의 제어용 밸브에 스테핑 모터를 응용한 것이 있다. 구조・시스템을 그림 10-11에, 스텝수와 보조공기류량의 관계를 그림 10-12에 나타낸다. 콘트롤 유니트에서의 입력신호에 의해 밸브 내장의 스텝 모터가 회전하고 밸브를 축방향으로 이동시켜 바이패스(by-pass) 통로를 개폐한다.

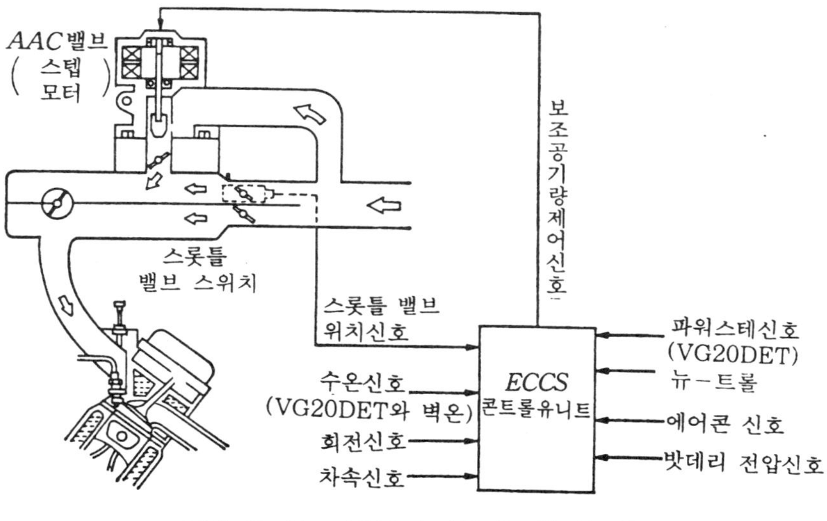

그림 10-11 아이들 스피드 콘트롤 시스템

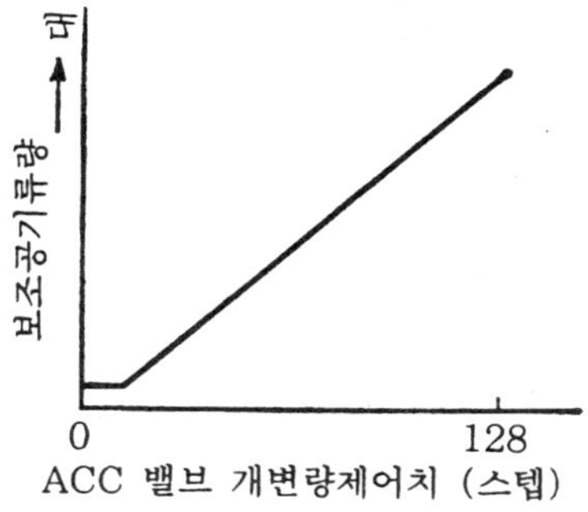

그림 10-12 보조공기량 특성

(2) 감쇠력 가변 서스팬션(suspension)

서스팬션의 감쇠력 절환제어에 DC 모터의 응용 예가 있다. 그림 10-13에 서스팬션 구조를 나타낸다. 감쇠력 절환은 차속, 전타각(轉舵角), 노면상태에 의해 하드에서 소프트까지 3단계로 절환할 수 있다.

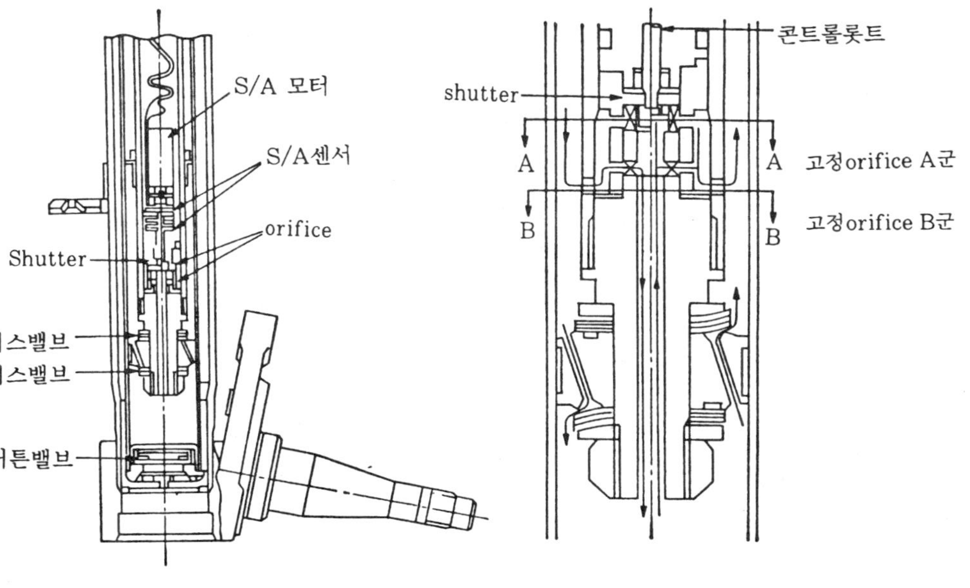

그림 10-13 서스팬션 구조

(3) 전동격납식 도어 밀러(door mirror)

그림 10-14에 그 예를 나타낸다. 소형, 저토크, 고회전형의 모터와 감속용의 다수에 기어, 구동제한용 리밋트 스위치 등으로 구성된다. 공간속에 격납용, 거울조정용의 양 방향의 모터를 넣기 위해 소형의 모터가 사용되고 있다.

(4) 프론트 와이퍼(front wipe)

와이퍼는 그림 10-15에 나타낸 것처럼 윈도실드 글라스에 부착한 비 등을 직접 닦아내는 와이퍼 브레이드 및 와이퍼 축, 와이퍼 축에 힘을 전달하는 와이퍼 링크와 구동원인 와이퍼 모터 등으로 구성되어 있다. 구조를 그림 10-16에 나타낸다. 감속은 웜과 헬리컬 기어의 조합이 많다. 슬라스트 수부(受部)의 구조는 링크에서 큰 관성을 받기 때문에 연구가 필요하다.

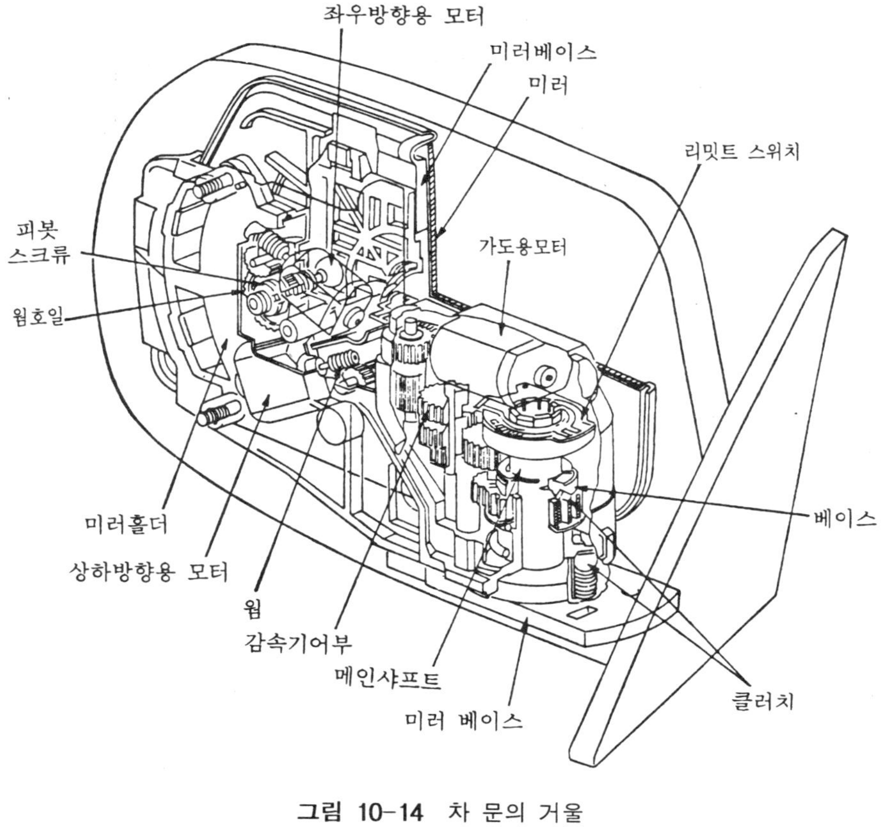

그림 10-14 차 문의 거울

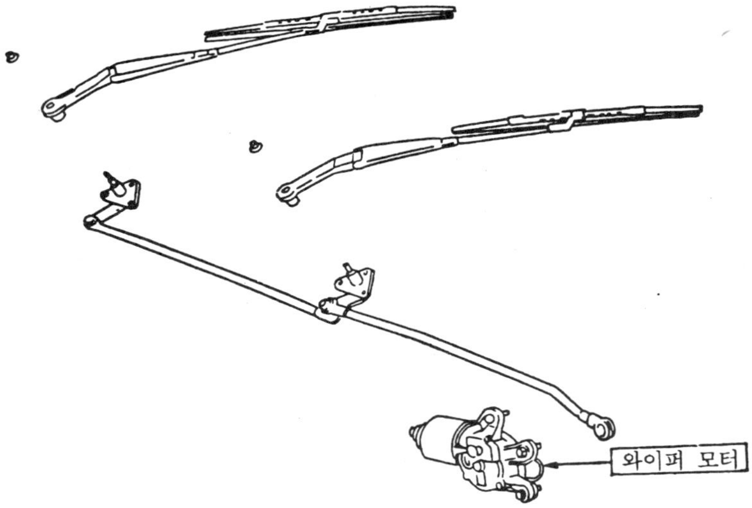

그림 10-15 프론트 와이퍼

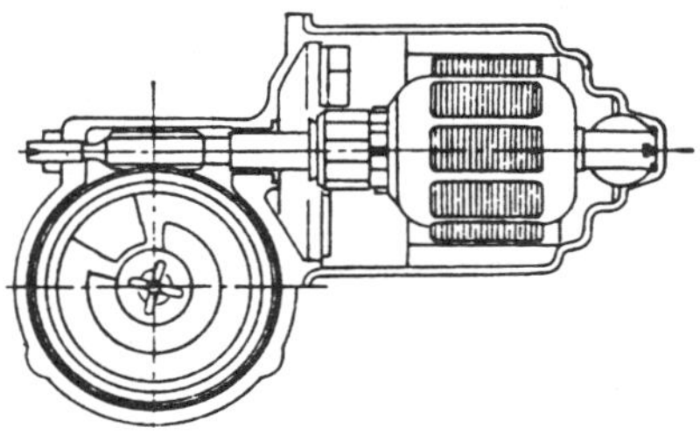

그림 10-16 모터의 구조

(5) 전동 선루프(motor sun loop)

전동 선루프는 루프로의 장치를 위해 박형이 요구되고 모터의 계철을 평평하게 하는 것이 특징이다. 그림 10-17은 전체 구성도이고 그림 10-18은 릿드의 구동기구를 나타낸다. 구동 와이어를 모터의 구동 기어의 회전에 의해 회전 슬라이드시켜 릿드를 개폐한다. 그림 10-19는 액추에타의 내부구조를 나타낸다.

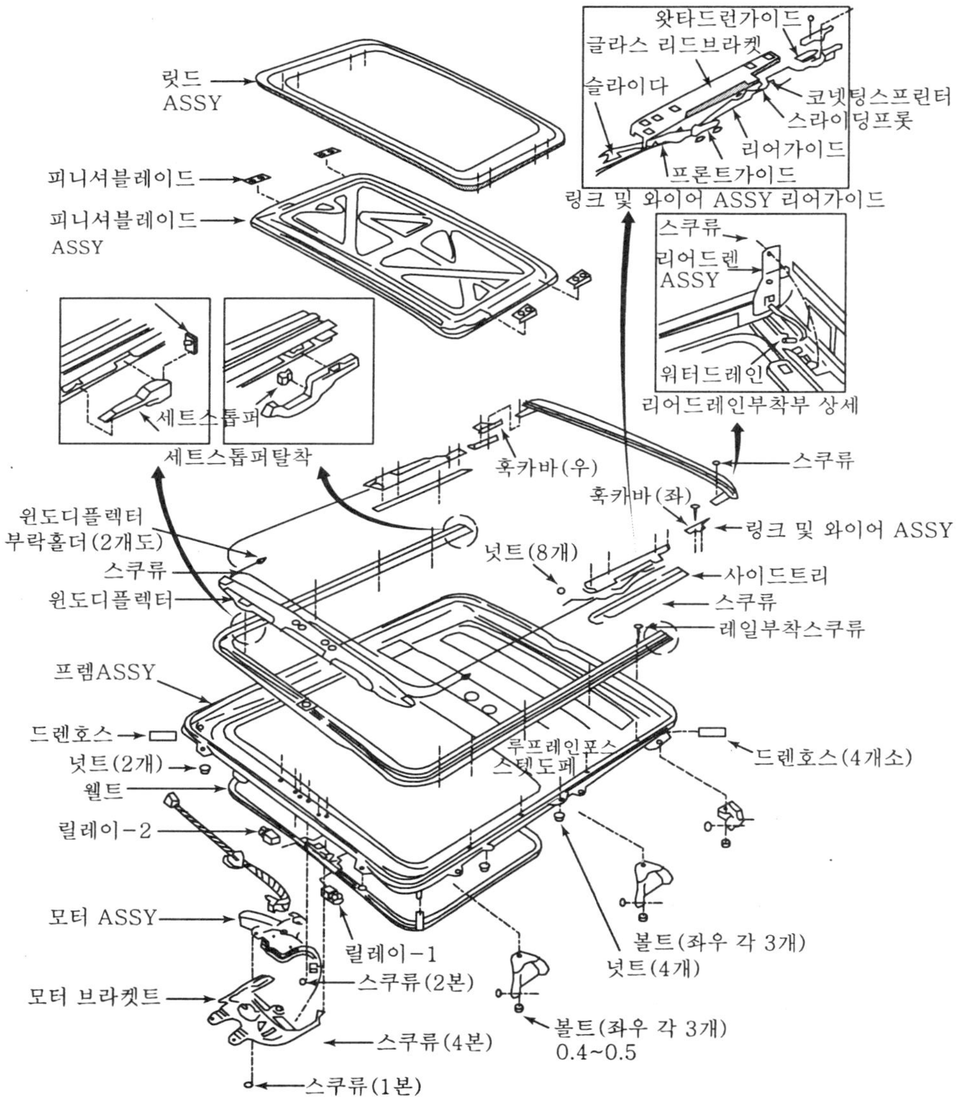

그림 10-17 선루프 전체구성도

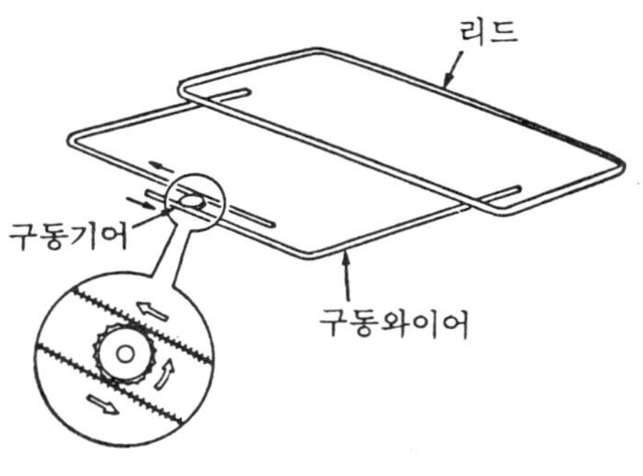

그림 10-18 릿드 구동기구

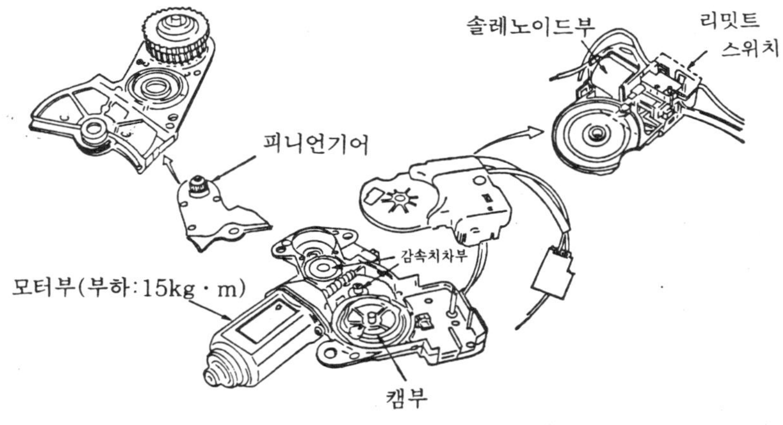

그림 10-19 액추에타 구조

(6) 파워 윈도우(power window)

파워 윈도우는 자동차의 창문 유리를 모터로 자동적으로 개폐하는 장치이다. 그림 10-20에 암(arm) 방식의 구성을 나타낸다. 윈도우 레귤레이터의 모터 회전에 의해 X형의 암의 각도를 바꾼다. 이에 따라 윈도우 글라스가 오르고 내린다.

10-3-5 자동차전장품용 모터의 과제

지금까지 자동차전장품용 모터란 어떤 것이며 어떤 시스템에 사용되고 있는가를 설명했는데 끝으로 과제를 종합해 본다.

1) 성전력화
2) 고전압화의 대응
3) 시스템화(메커니즘과 모터의 일체화 또는 제어회로의 모터 내장화)
4) 고성능 자석재료, 종래의 자동차용으로서는 이용되지 않았던 종류의 모터, 새로운 원리 모터 등의 채용에 의한 소형화, 효율화
5) 소음 · 진동의 저감
6) 전기 노즈의 절감
7) 가격 저감

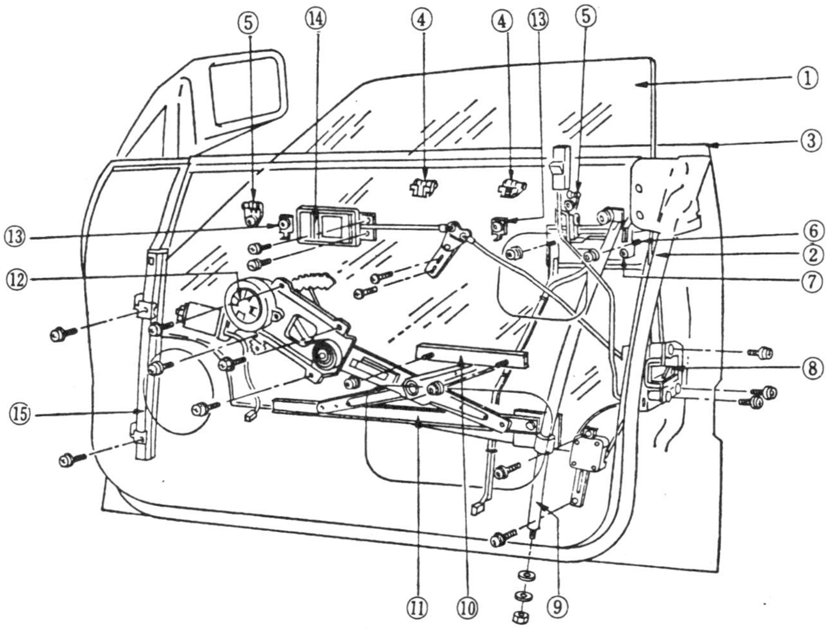

① 도어 글라스
② 웨더 스트립
③ 도어 아웃 사이드 모어
④ 아우더 스테빌리저
⑤ 이너 스테빌리저 하드 톱
⑥ 아웃사이드 핸들
⑦ 키 실린더
⑧ 도어 록
⑨ 가아드 레일
⑩ 가이드 레일 B
⑪ 가이드 레일 A
⑫ 윈도 레귤레이터
⑬ 글라스 스토퍼
⑭ 인사이드 핸들
⑮ 프론트 도어 샷슈

그림 10-20 파워윈도우 구성

10－4 음향기기

음향기기는 레코드 플레이어나 오픈 릴 방식의 테이프 레코더 시대에서 카세트 테입 테크나 라디오 겸용 카세트 플레이어를 거쳐, 현재는 헤드폰 스테레오나 컴펙트 디스크 플레이어(CD)의 시대에 이러더니 라디오 겸용 카세트와 CD를 일체형으로 만든 CD 라디오 카세트이나 CD 플레이어를 부가한 미니 컴포넌트나 카오디오가 생산량을 넓려가고 있다. 나아가 앞으로는 종래의 아날로그식 테이프 레코더에 비해 비약적으로 성능을 향상시킨 디지털 오디오 테이프 레코더(DAT)의 시대에 도래하였다.

음향신호를 기록(녹음)하는 대체 (레코더 판이나 자기 테이프 혹은 광 디스크)나 기록 재생 방식의 변화(아날로그 오디오 기술)에서 디지털 오디오 기술을 동반하여 음향기기에 사용되는 모터의 종류나 특성도 변화하고 있는데, 여기에서는 현재 주류의 헤드폰 스테레오와 CD 플레이어를 예로 음향기기에서의 모터의 응용예를 설명한다.

10-4-1 헤드폰 스테레오

카세트 케이스와 같거나 그 이하의 크기에 전체를 수납하기 위하여 모터의 소형화도 크게 기여하고 있다. 처음에는 라디오 부착 코어리스 DC 모터가 헤드폰 스테레오에 사용되었지만, 충전기를 냉각하면서 카세트 테이프와 같은 크기 이하로 하게된 기종에서는 직경 24～26 [mm]정도의 편평 브러시리스 DC모터를 사용하는 것이 일반적이다.

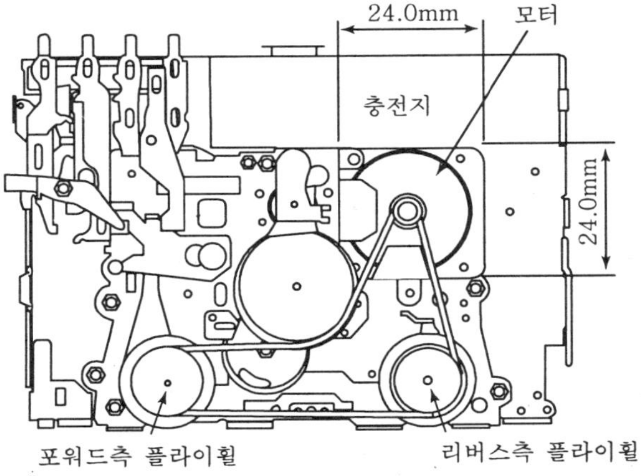

그림 10-21 헤드폰 스테레오의 메카니즘

그림 10-21에 헤드폰 스테레오 메카니즘의 일례를 나타낸다. 제한된 공간에 모터를 내장하기 위하여 카세트 테이프를 감기용 릴 대 속에 모터의 축을 일체화하였다. 또한 충전지의 공간을 확보하고 헤드폰 스테레오의 두께를 카세트 케이스와 같게 하기 위한 모터의 치수는 24 [mm]각의 3.1 [mm]의 두께가 한계이다.

(1) 모터의 구조

그림 10-22에 나타낸 바와 같이 이 모터는 전기자(코일), 회전자(마그넷), 요크, 축의 4가지로 구성되며, 축은 메카섀시와 일체화 된다.

코일은 둥근선을 정열 감기하는 방법, 평각선을 사용하는 방법, 프린트 코일을 사용하는 방법 등이 있는데, 특성적으로는 도체 점적률이 크고, 또한 생산성이 좋아 신뢰성이 높을 것이 요구된다.

마그넷은 희토류 SmCo(사마리움 · 코발트)계나 Nd(네오지움)계가 사용된다.

마그넷에 마주하여 자로를 형성하는 요크에는, 회전자형과 고정자형이 있는데, 소형이며 효율을 우선한 모터로는 마그넷과 일체로 회전하는 회전자형이 철손이 적게 채용된다.

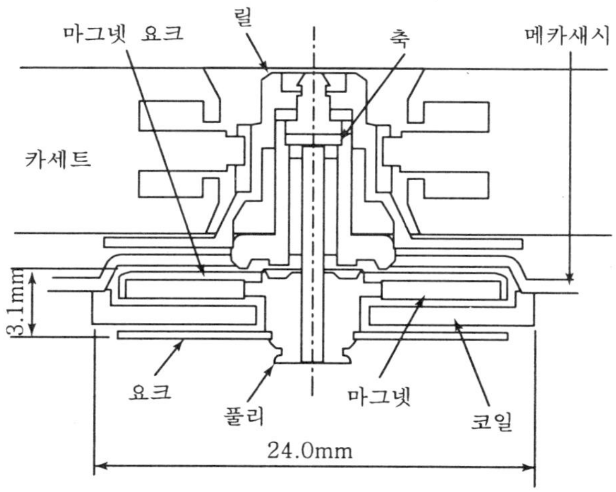

그림 10-22 모터의 구조

(2) 모터 구동방식

브러쉬 레스 DC 모터에서는, 마그넷의 자극 위치를 검출하고, 각 코일의 통전 타이밍을 컨트롤하기 위해서는, 일반적으로 3개의 홀 소자와 전류제어회로가 필요하다.

그러나, 모터 내부에 홀 소자를 배치하는 것은 스페이스 면에서도, 또한 소자의 입출력 리드선이 많다는 점에서도 곤란한 점이 있다.

그래서 모터 회전 시에 발생하는 유기 전압에 의해 자극 위치의 검출을 행하는 센서레스 방식이 채용되고 있다.

그림 10-23에 구동 IC의 블록도를 나타낸다. 기동시에는 기동 발진 회로에 의한 전류회로가 작동하고 회전 후, 전류회로가 동작하기 위한 유기 전압이 발생하면 유기전압에 의한 전류가 이루어지게 되어 있다.

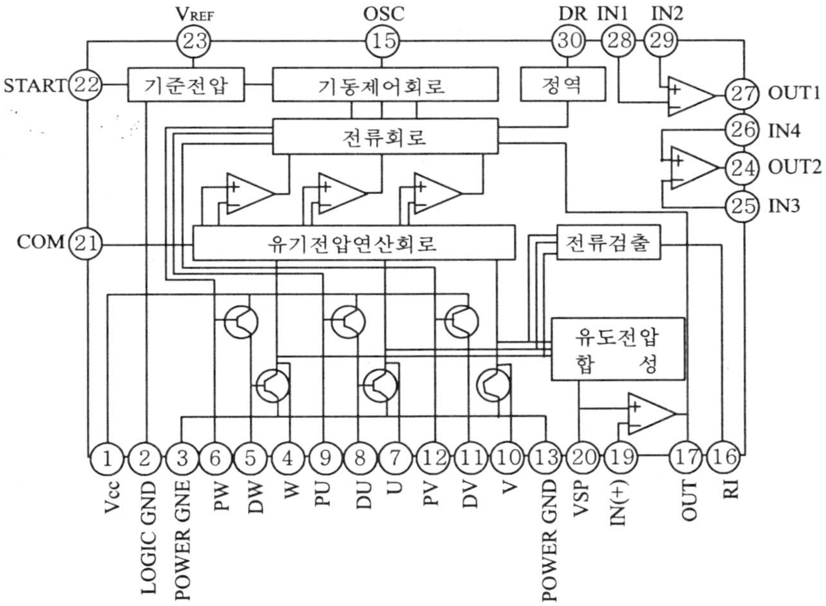

그림 10-23 센서레스 구동 IC 블록도

정속제어는, 유기 전압 검출회로에 의한 모터 회전 속도를 검출하는 전압서브 방식으로 되어 있다. 모터 코일의 통전방식은 삼상 반파 방식으로 하며, 저전압 (1.0~3.5 V)으로도 사용가능하다. 그림 10-24에 모터의 부하 특성을 나타낸다.

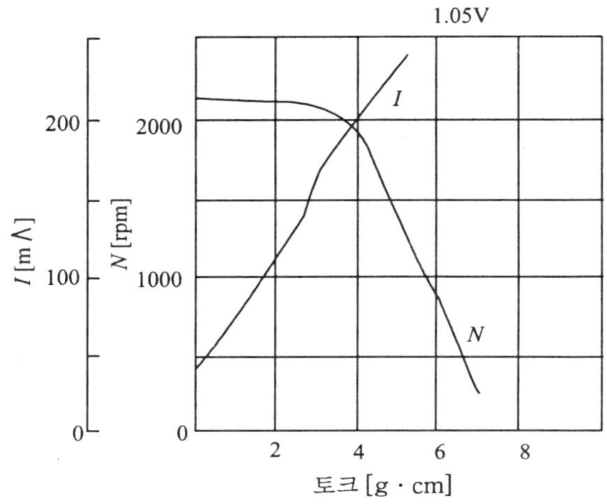

그림 10-24 모터의 부하 특성

10-4-2 CD플레이어

종래의 레코드판에 비해 DC의 주요 특징은

① 레코드 바늘에 의한 기계적인 재생 대신에 레이저광에 의한 비접촉 재생
② 아날로그 기록에 대신하여 디지털 기록 및 재생

의 2가지로 집약 할 수 있다.

디지털 기록 방식에서는 재생 신호는 한번 반도체 메모리에 읽혀진 후 클럭 신호에 의해 규칙적으로 꺼내어지므로 원리적으로는 와우 플랫터가 발생하지 않으며 또, 바늘의 취동 노이즈나 테이프의 히스노이즈도 없고, 다이나믹 렌지도 크게 할 수 있으며, 박력이 있고 깨끗한 음을 즐길 수 있다.

CD플레이어의 모터로서는

① CD를 약 200～500 [rpm]의 속도로 회전시키는 스핀들 모터
② 광학 픽업을 래디얼 방향으로 이동시키는 트래버스 구동용 머터와, 거치형 플레이어로는 이미
③ 디스크를 턴테이블 위에 로딩(혹은 편집)하기 위한 로딩 모터의 3종류가 사용되는데, 여기에서는 스핀들 모터에 대해서 설명한다.

(1) 스핀들 모터에 요구되는 성능

CD 플레이어에서는 광학 픽업이 검출한 신호는, LSI에 의해 일단 메모리 되고, 디지털 신호처리 되기 때문에, 회전계의 회전 불균형에 대해 매우 강하여, 레코드플레이어의 DD (다이렉트 · 드라이브) 모터 등에 비해 성능이 좋고, 회전수 제어에 필요한 회전수 검출 기구도 광학 픽업으로 디스크로부터의 회전수 정보를 얻기 위해 필요치 않고, 라디오 카세트나 프라 모델에 사용되는 브러쉬 부착 모터 정도로도 문제가 없으나, 아래와 같은 점에서 DD 브러쉬 레스 DC모터에는 그 나름의 유의성이 있다.

1) 디스크, 광학 픽업의 수명이 반영구적이므로 스핀들 모터에도 긴 수명이 요구된다.
2) 포터블형에서는 초소형 · 초박형화가 요구된다.
3) 회전은, 디지털 신호처리 능력 범위 내에 들것.
4) 디스크와 로터의 의한 축의 비뚤어진 공진이 적고, 또는 높은 주파수일 것.
5) 광학픽업 포커스 조정을 위해, 모터부에서 턴테이블의 높이 조정이 가능할 것.

(2) 모터의 구조

그림 10-25에 포터블 CD플레이어의 스핀들 모터의 예를 나타낸다. 희토류 마그넷을

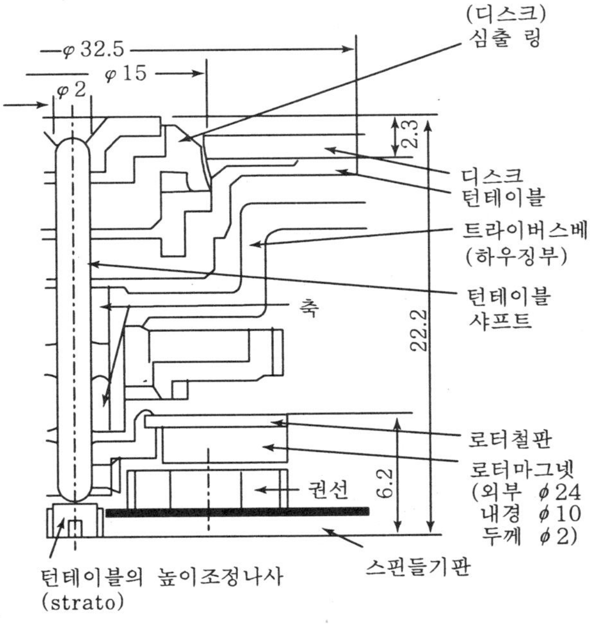

그림 10-25 포터블 CD플레이어 스핀들 모터 단면

사용한 평면 대향형 슬롯트레스 모터 구조로 하고, 초소형·초박형을 가능하게 한다.

(3) 스핀들 모터의 제어

CD의 스핀들은 선속도 일정(CLV : con-stant linear velocity)하게 회전한다. 따라 회전수는 변화한다. 스핀들 모터는 디스크로부터 읽어낸 신호에서 추출한 동기 신호에 의해 CLV 서브가 걸리게 된다. 그림 10-26에 CLV 서보 루프의 블럭도를 제시한다.

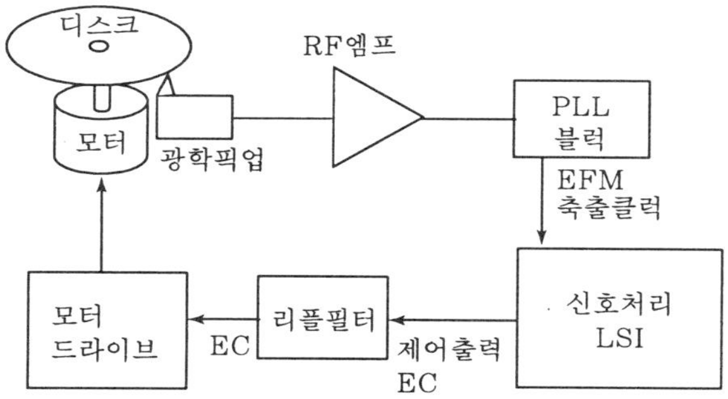

그림 10-26 CLV 서보루프의 블럭도

10-5 영상기기의 응용

소용 모터는 각종 영상기기로도 많이 이용되고 있다. 영상기기라 해도, VTR 카메라, 광 디스크 등 다양하며, 브러쉬 레스 DC 모터, 브러쉬 부착 DC 모터, 마이크로 모터, 코어레스 모터, 스테핑 모터 등이 이용되고 있다. 여기에서는 VTR과 카메라를 중심으로 하여 소형 모터의 영상기기 응용 사례에 대해 설명한다.

10-5-1 VTR의 응용

VTR의 종류에도 몇 가지가 있으며 각각의 기구도 다르다. 그러나 모터와 관계되는 부분은 대개 비슷하며, VTR의 기본 성능에 관한 모터의 종류와 그 모터의 역할은 다음과 같다. 일반적으로, 이들 모터에는 모두 브러쉬 레스 DC 모터가 이용된다.

(1) 실린더(드럼) 모터 : FG, PG 부착 서브 모터

(2) 캡스턴 모터 : FG 부착 서브 모터

(3) 릴 모터 : 일정 토르크용 서브 모터

이들 3종류의 모터 중에서 실린더 모터 캡스턴 모터는 이를 모터의 속도 변동이 VTR의 화상에 영향을 주므로 고정밀도의 속도제어가 필요해진다. 일반적으로는 FG형 센서를 사용하여 모터의 속도변동 즉 회전 불균형이 적어지도록 속도제어 된다. 또한 릴 모터는 테이프의 장력을 일정하게 하도록 토르크가 제어되게 되어있다.

그림 10-27은 VHS형의 VTR 기구의 개략을 나타낸 것이다. VTR의 기구는 스페이스나 가격에 영향을 주므로 여러 가지 방법이 연구되고 있으며 캡스턴 카세트나 테이프 로딩을 진행하기 위해 마이크로 모터가 사용되는 경우도 있으며, 가장 많이 사용되는 것으로는 1대당 5개의 모터가 사용된다.

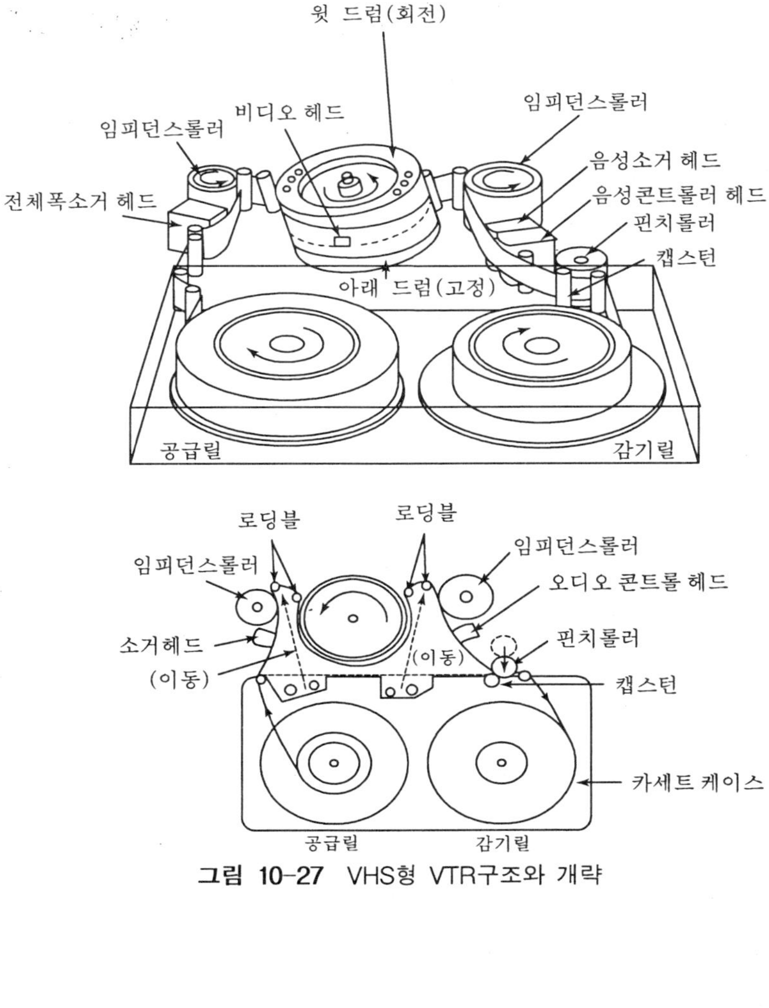

그림 10-27 VHS형 VTR구조와 개략

10-5-2 카메라에 대한 응용

카메라라 해도 영상 기록 매체에 따라 여러 가지로 나뉜다. 여기에서는 기록 매체가 은염재인 즉 스틸 카메라와 영상을 자기적으로 기록하는 전자 스틸 카메라에 이용되는 모터의 응용 예를 설명한다.

(1) 스틸 카메라의 응용

스틸카메라에 사용되고 있는 모터는 몇 가지가 있지만, 많이 이용되는 것은 마이크로 모터이며 그 밖에 코어레스 모터등이 이용되고 있다. 이들 모터는 ① 필름의 전송, ② 자동 초점 조절을 위한 렌즈 구동, ③ 촬영렌즈 줌의 구동, ④ 렌즈가 하나인 리플렉스 카메라 미러의 구동, ⑤ 렌즈 셔터 카메라의 개폐구동 등에 이용되고 있다. 여기에서는 상기 ①, ②의 응용 예를 설명한다.

① 필름 전송용 모터

필름 전송용 모터는 1초당 필요로 하는 촬영 콤마수에 따라서도 달라진다. 필름 전송을 고속으로 하는 경우에는 시동 토르크가 커서, 시동 특성이 좋은 코어레스 모터가 이용되고, 저속에서는 마이크로 모터가 사용된다. 또한 이 모터는 0.5 [mm] 정도의 정밀도로 정지시키므로, 전원 전압의 변동이나 온도 변화에 의해 정지 위치의 오차가 커지지 않도록 구동 방법에 있어서 여러 가지 연구가 시도되고 있다.

② 자동 초점 조절을 위한 모터

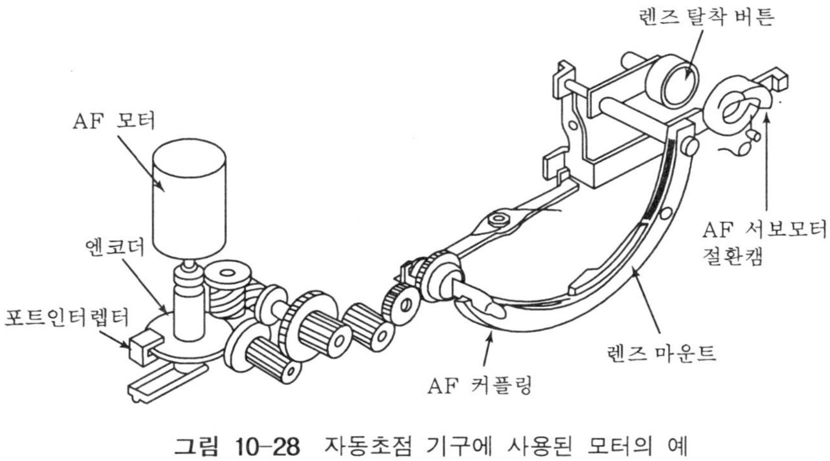

그림 10-28 자동초점 기구에 사용된 모터의 예

자동초점(AF(=auto focus))기구는 카메라에 따라 상이하며, 카메라의 마운트부위를 열어 렌즈를 구동하는 방식이나 렌즈 내에 내장하여 렌즈를 구동하는 방식이 있다. 그림 10-28 전자의 구동 방식의 예를 나타낸 것이다. 이 예에서는 위치 결정 시간을 단축하기 위하여 코어레스 모터가 사용되며 간단한 로터리 엔코더에 의해 속도 제어와 렌즈의 위치결정을 실행한다.

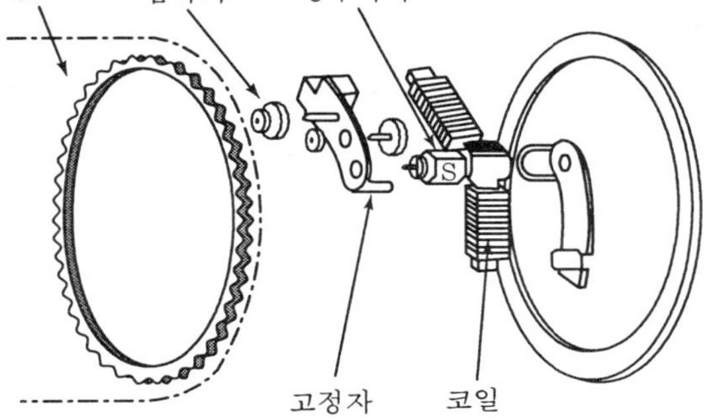

그림 10-29 자동초점기구에 이용된 모터의 예

그림 10-29는 후자의 구동방식의 일례를 제시한 것이다. 구동모터는 스테핑모터가 이용되고 있는데, 저소음이나 저속에서 큰 토크를 위해 감속 기구가 불필요하고 간단한 구성을 할 수가 있는 등의 이유로, 그림 10-30과 같은 초음파 모터가 이용된 예도 있다.

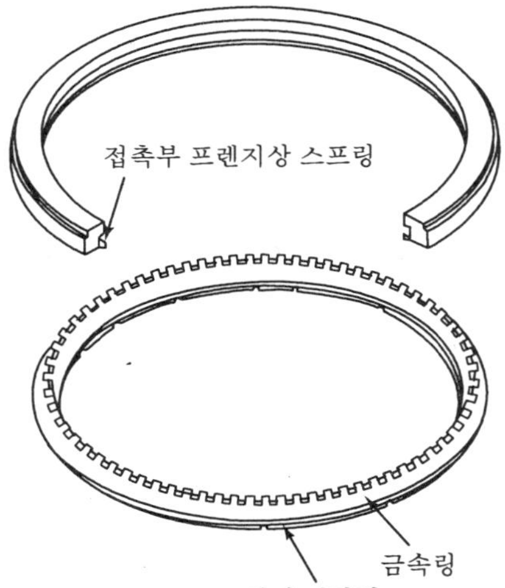

그림 10-30 초음파 모터의 개략구성

(2) 전자스틸 카메라

전자스틸카메라는 영상을 자기적으로 기록하므로 영상 기록 부분에는 플로피 디스크용과 마찬가지이지만, 카메라는 제한된 공간 속에서 사용되므로 초소형화 하는 외에 ① 고회전 정밀도, ② 저소비전력, ③ 셧터 속도를 빠르게 하기 위한 성능을 만족시키기 위해 고정밀도의 FG, 스핀들부의 고기계 정밀도, 시동시간의 단축화 등이라는 점이 고려된 모터로 되어 있다. 높은 출력과 정밀도를 고려하여 희토류 자석이 사용되며, FG 출력도 전추 적분형이고, 축도 정밀도 높은 볼 베어링이 채택된다. 그림 10-31은 모터 구조의 개략적 단면을 제시한 것인데, 높이가 12[mm] 정도, 회전자의 직경이 21[mm] 정도의 모터로 되어 있다.

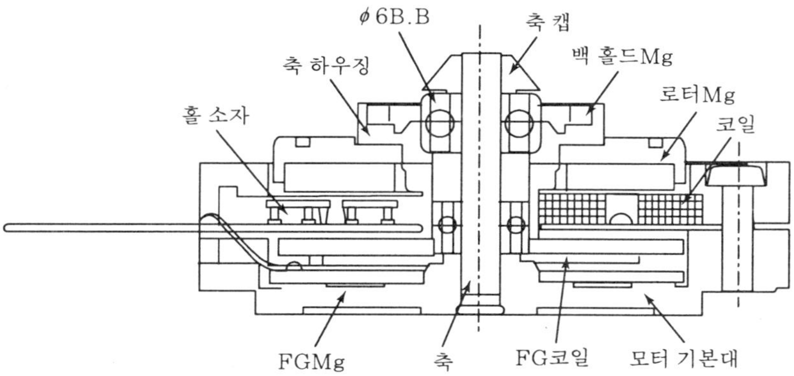

그림 10-31 모터구조의 단면도

참고문헌

(1) 人見忠, 月橋章 : ヘッドホンステレオ搭載の小形モータとその制御回路, 電子技術, 1987-8, pp. 69～74

(2) 人見忠, 月橋章 : 省電力, 高信頼性に重点 普及型テレコにもブラシレスDC, 日経メカニカル, 1989, 8. 21, pp. 76～84

(3) 松浦圭吾, 江間則之 : CD プレーヤへの小形モータの応用と制御回路の設計, 電子技術, 1986-4, pp. 44～49

(4) 宍倉正美, 大井上博, コンパクトディスク用モータ, 機械設計, 1988-5, pp. 28～38
(5) 糸見和信編著 : 小形モータ技術活用マニュアル, 総合電子出版社
(6) 田村秀一 : スティルカメラ用モータに要求される特性について, '90小形モータ技術シンポジウム, 日本能率協会
(7) 大徳晃一 : カメラ, 精密小形モータの活用事例, 工業調査会
(8) 西川三男, 井上了活 : 電子スチルカメラ用スピンドルモータ, 精密小形モータの活用事例, 工業調査会
(9) 佐々井宏二 : 自動車電装品用パワーモータ, アクチュエータ, 電気学会(1987)
(10) 佐藤肇, 吉岡茂樹 : 電磁アクチュエータの自動車への応用, オートメーション, 34, 1
(11) 林孝俊 : 自動車用電装品小形モータ, 機械設計, 32, 6
(12) 日産セドリックサービス週報(1987. 9)
(13) トヨタクラウン新型車解説書(1987. 9)
(14) 自動車工学便覧 第7編
(15) 日産セフィーロサービス週報(1988. 9)
(16) 日産ローレルサービス週報(1986. 10)

개정판

小形모터

개정판 인쇄 2008년 3월 1일
개정판 발행 2008년 3월 5일

지은이 | 김영조 · 신재화
발행인 | 김병계
발행처 | 도서출판 보문당
등록 | 1990년 6월 15일(제1-1066호)
주소 | 서울시 마포구 신수동 448-6 우)121-110
전화 | 704-7025/704-0635
팩스 | 704-2324
홈페이지 | www.bomoondang.co.kr
전자우편 | bmdpub@naver.com

값 16,000원

ISBN 978-89-8413-146-0